测绘地理信息科技出版资金资助

长江经济带水源涵养生态补偿机制研究

Study on Ecological Compensation Mechanism of Water Conservation in the Yangtze River Economic Belt

徐子蒙 著

测绘出版社

·北京·

内容简介

长江经济带是我国生态文明建设的先行示范带，其生态安全对于全国经济社会可持续发展至关重要。本书梳理了生态补偿、生态系统服务、生态系统服务空间流动及水源涵养研究理论的研究进展，生态系统服务空间流动的理论假说作为研究基础，以长江经济带水源涵养服务为例，基于地理信息数据和高程数据模拟水源涵养服务的空间流动过程，并结合区域发展差异，构建生态补偿模型，提出长江经济带生态补偿机制的政策建议，进而为长江经济带生态优先、绿色发展提供决策参考。

图书在版编目（CIP）数据

长江经济带水源涵养生态补偿机制研究 / 徐子蒙著. —北京：测绘出版社，2020.6

ISBN 978-7-5030-4303-1

Ⅰ. ①长…　Ⅱ. ①徐…　Ⅲ. ①长江经济带—水资源保护—补偿机制—研究　Ⅳ. ①TV213.4

中国版本图书馆 CIP 数据核字(2020)第 098545 号

责任编辑　刘策　**封面设计**　谷通佳雨　**责任校对**　石书贤　**责任印制**　吴芸

出版发行	测绘出版社	**电　　话**	010—83543965(发行部)
社　　址	北京市西城区三里河路 50 号		010—68531609(门市部)
邮政编码	100045		010—68531363(编辑部)
电子信箱	smp@sinomaps. com	**网　　址**	www. chinasmp. com
印　　刷	北京华联印刷有限公司	**经　　销**	新华书店
成品规格	169mm×239mm		
印　　张	16	**字　　数**	310 千字
版　　次	2020 年 6 月第 1 版	**印　　次**	2020 年 6 月第 1 次印刷
印　　数	0001—1000	**定　　价**	68.00 元

书　　号　ISBN 978-7-5030-4303-1

审 图 号　GS(2020)3421 号

前　言

近年来，随着国家对于生态文明建设的重视，先后发布了《长江经济带发展规划纲要》《国务院办公厅关于健全生态保护补偿机制的意见》等重要政策措施，对于推动长江流域的高质量发展指明了方向。中国共产党第十九届中央委员会第三次全体会议审议通过的《中共中央关于深化党和国家机构改革的决定》《深化党和国家机构改革方案》，对于自然资源综合管理提出了新要求。新成立的自然资源部统一行使全民所有自然资源资产所有者职责，统一行使所有国土空间用途管制和生态保护修复职责，包括负责自然资源的合理开发利用，以及牵头建立和实施生态保护补偿制度等。

本书主要是面向自然资源领域的工作者，以长江经济带水源涵养生态补偿机制研究为例，将长江经济带发展与生态补偿机制建设有机地结合起来，探索提出了基于地理国情监测成果的生态服务价值核算模型，深刻剖析了不同地域水源涵养量、价值量的时空动态驱动机制，系统分析了长江经济带水源涵养量的时空分布特点和流动变化特征，建立了基于水源涵养空间流动和区域发展差异的生态补偿核算模型，提出了长江经济带水源涵养直接补偿与异地横向补偿、现金补偿与实物补偿相结合等政策建议，为建立跨行政区跨流域的生态补偿机制合作提供了新的视角。

笔者长期致力于自然资源综合管理工作，谙熟自然资源领域的专业知识。本书正是笔者基于生态经济学思想，对于改革自然资源事业所进行的思考，也是对于新时代自然资源综合管理的探索，对于从事自然资源相关研究工作的人员具有一定的启发和参考。

由于笔者水平有限，书中难免有疏漏与错误之处，衷心希望广大读者批评、指正。

目录

Contents

第1章 引 言

1.1 选题缘由及研究意义

1.1.1 选题缘由

1. 我国生态环境保护已取得一定成效，但仍面临巨大压力

生态文明建设是中华民族永续发展的根本大计。习近平总书记多次强调，"绿水青山就是金山银山"，"要坚持节约资源和保护环境的基本国策"，"像保护眼睛一样保护生态环境，像对待生命一样对待生态环境"。李克强总理多次指出，要加大环境综合治理力度，提高生态文明水平，促进绿色发展，下决心走出一条经济发展与环境改善双赢之路。中国共产党第十八次全国代表大会以来，我国开展了一系列影响深远的工作，作出了一系列重大决策部署，将生态文明建设上升为国家战略，纳入"五位一体"总体布局，生态文明建设认识程度的提高、实践开展深入的程度、推进的力度前所未有。总体上看，我国生态环境质量有所改善，大气污染防治初见成效，主要城市细颗粒物年均浓度明显下降，大江大河干流水质明显提高，到2019年，全国森林覆盖率提高至22.96%，荒漠化和沙化状况得到有效控制，全国化学需氧量和二氧化硫、氮氧化物、氨氮排放总量持续下降。天然林保护、防护林体系建设、退牧还草、退耕还林还草等重大生态保护与修复工程有效实施，水土流失有所改善。

然而，随着工业化、城镇化的快速推进，我国生态文明建设处于压力重叠、复杂多变的关键期，生态环境也面临着巨大的压力，还有很多难关要攻克，很多顽疾要根治，很多硬骨头要啃。主要表现在：稳定的生态承载力与不断增长的生态足迹矛盾日益突出；水资源短缺且时空分布不均、水质污染严重；生态资源破坏严重，生态空间被蚕食侵占，生物多样性受到持续威胁。这些都关系到社会经济的可持续发展，影响着国家的总体安全。生态文明建设是一项功在当代、利在千秋的伟大事业，需要进一步完善体制机制，释放政策制度红利和技术红利，提高生态环境质量，增加生态产品供给，提供更多优质的自然生态产品和服务，以满足人民群众不断增长、生活条件不断改善、生态环境不断美好的需求，让中华大地天更蓝、山更绿、水更清、环境更优美。

2. 长江经济带生态文明建设尤为重要，但水源涵养理论与方法有待深化研究

长江是中华民族的母亲河，自古以来都是中华民族永续发展的重要支撑。长

江经济带区域的生态系统，是我国珍贵的自然资源宝库和生态环境涵养地。长江经济带由西向东覆盖我国九省二市，分别是云南、贵州、四川、湖北、湖南、江西、安徽、江苏、浙江、重庆、上海，是我国国土空间开发最重要的东西轴线，其生态与经济的战略地位非常重要，可持续发展极具潜力。长江经济带的发展，必须坚持生态优先、绿色发展的战略定位，这不仅是尊重自然、顺应自然、保护自然的体现，更是遵循社会规律和经济规律的体现。2014 年 9 月 12 日，《国务院关于依托黄金水道推动长江经济带发展的指导意见》指出，要将长江流域建成绿色生态廊道，保护长江生态环境，引领全国生态文明建设。中国共产党第十九次全国代表大会的报告要求："以共抓大保护、不搞大开发为导向推动长江经济带发展。"2017 年中央经济工作会议指出："推进长江经济带发展要以生态优先、绿色发展为引领。"2018 年 4 月，习近平总书记在深入推动长江经济带发展座谈会上强调："推动长江经济带发展是党中央作出的重大决策，是关系国家发展全局的重大战略。"2018 年 5 月 18 日，习近平总书记在全国生态环境保护大会上再次强调扎实推进生态文明建设的极端重要性，将生态环境的重要性提升到前所未有的战略高度。当前，长江经济带自然资源和生态环境保护的形势不容乐观，区域之间发展不平衡不协调问题较为突出，亟须建立健全自然资源管理和生态环境保护修复协同发展的体制机制。新时代推动长江经济带高质量发展，核心是要把握生态环境保护和经济发展的关系，处理好绿水青山和金山银山的关系。生态环境保护和经济发展不是矛盾对立的关系，而是辩证统一的关系。生态环境保护的成败归根到底取决于经济结构和经济发展方式，坚持共抓大保护、不搞大开发，将发展与保护融为一体。

拥有全国 40%的可利用淡水资源是长江流域最重要的公共资源，是长江经济带经济发展的必要条件，也是全国淡水资源的战略保障。长江经济带以水为纽带，水资源的合理配置和科学利用，既涉及长江经济带区域的协同发展，也关乎全国生态功能区建设与国土空间的均衡开发，需要保护和修复水生态，保护和利用水资源。习近平总书记指出："山水林田湖是一个生命共同体，人的命脉在田，田的命脉在水，水的命脉在山，山的命脉在土，土的命脉在树。"水作为重要的生态介质，水源涵养价值在各项生态系统中处于中心地位，其功能的完善对生态过程的各项功能都会产生较大影响。

随着长江经济带生态环境保护工作的不断推进，在科学研究层面上，长江经济带生态系统服务效益等方面的研究也越来越受到学者的关注，但是目前国内外相关研究的关注点侧重于生态资源时空变化、植被覆盖时空演变、多源地表一体化综合作用、生态系统服务模型构建及水源涵养价值评估等方面，而对水源涵养服务的空间流动规律研究则相对欠缺。水源涵养服务效应是流域地表植被、气象水文和人为干扰等因素综合作用的系统结果，而现有评估结果难以真实反映植被覆盖提升带来的水源涵养功能价值改善。因此，对水源涵养效益进行深化研究，清晰认知植被的水源涵养功能价值、定量关系及其动态变化规律，对指导长江经济带自然资源和生态环境的保护修复具有重要的理论与实际意义。

3. 长江经济带生态环境水问题突出，需要系统研究生态地表要素关系

长江为亚洲第一长河，全长约 6 300 千米，直接为我国 4 亿人口提供饮用水源，其水量及水质直接关系到国民经济发展与生命安全保障。在长江流经的沿线城市中，往往上一个城市的排污口可能正是下一个城市的取水口，牵一发而动全身。因此，水的使用存在系统消耗与补偿问题。长期以来，化工围江、小水电过度开发、非法采砂等一系列问题，让长江饱受重负，并造成了污染、浪费等现象。与此同时，源自城市、行业、产业等实体内部及其之间的无序低效竞争、产业同构等问题也非常突出，其根本原因是发展与环保的尖锐冲突。

水源涵养是改善生态环境与保障经济建设的重要基础，具有显著的水土保持、防洪蓄洪、净化水质等作用。因此，水源涵养也越来越引起人们的重视，研究水源涵养的生态和补偿方式，并分析水源涵养对利益相关者和社会福利的影响，有助于构建经济激励机制促进水源涵养地建设，更好地提供环境服务，服务生态文明建设。

当前，长江经济带作为生态文明建设的核心区和示范区，系统研究沿线生态农业、生态林业、生态水业，分析相关的工矿企业、高新技术产业、现代服务业等，可为国土空间优化和长江上、中、下游产业布局调整提供重要决策依据。在协调生态保护与经济发展的关系中，应把生态环境作为最稀缺的发展要素，倒逼经济结构调整和发展方式转型，努力实现发展与保护的良性互动。实现这一长期目标，需要首先从空间位置和范围建立不同时期各类生态地表的定量关系。然后，通过变化监测和追踪，统计得到各区段长江水量与周边水源涵养载体的关系。进而，从整个长江经济带进行布局，科学、综合地服务空间规划决策。可见，对长江水源及其周边生态地表进行定量化的现状分析与变化监测，是水源涵养和补偿机制研究的现实基础，具有重要的理论和现实意义。

4. 长江经济带生态环境问题需要加快统筹建立生态补偿机制

随着城镇化、工业化、基础设施建设、产业结构升级的不断发展，受自然资源稀缺性限制和人为因素扰动，长江经济带的生态环境问题呈现出较为明显的区域空间分布特征。改革开放后的一段时间内，长江经济带部分省市曾过度追求经济指标的快速增长，忽视了长江生态容量的有限性和资源环境承载能力的脆弱性，经济发展目标与生态发展目标长期失衡。尽管政府相应采取重点生态工程、重点防治工程、重点保护区建设、天然林保护工程、长江流域保护工程等一系列防治措施，但是，长江经济带的经济社会发展与生态环境保护仍然面临着冲突矛盾，国土空间的开发布局与自然资源要素的合理配置难以融为一体，传统发展方式造成资源环境承载能力面临巨大压力，自然资源保护和生态环境修复的风险日益严峻，人民群众

对于美好生态环境的需求同当前生态系统服务供给能力的不足之间的矛盾愈加突出，以当前自然本底条件承担现代化建设的压力不断加大。整体上来说，长江经济带的生态“账户”透支严重，生态环境问题依然严峻，呈现出生态文明建设严重滞后于物质文明建设的趋势。

长江经济带以长江流域为载体，流域内生态环境要素通过生态链紧密相连，子区域间生态环境依存度较高，进而影响相邻子区域的经济社会发展和生态环境状况，呈现联动效应。因此，长江经济带生态环境的改善，不仅取决于流域内部生态环境的改善，还必须依靠区域之间的生态补偿，要按照“谁受益谁补偿”的原则，在综合考虑区域生态系统服务价值、供给区和受益区发展机会成本、自然资源和生态保护修复成本的基础上，对生态系统服务的供给区进行合理补偿，对生态系统服务的受益区进行合理调剂，界定清楚自然资源生态保护者与受益者的权利义务关系，探索长江经济带供给地区与受益地区的横向生态补偿机制，激励生态建设地区部门的积极性，保障长江经济带全域人民享有同等发展权，建立公平的长江流域环境生态补偿机制。

1.1.2 研究意义

1. 有利于丰富完善生态经济学理论与技术方法研究

生态系统服务供给区提供的生态系统服务，不仅使供给区域本身受益，还可以使供给区域外甚至整个流域、国家都得到惠益。一旦生态服务供给区生态环境遭受破坏，脆弱的生态系统所提供的生态服务不仅无法满足区内需要，更不能惠及外部受益地区。生态系统服务在地理空间的流动是一个极为复杂的过程，其流动的程度、空间的范围和规律均与生态介质相关。针对生态系统服务跨流域、跨行政区的流动问题，开展以生态介质为主要驱动因素的生态服务空间流动效应评估研究，研究基于生态系统服务空间流动的生态补偿理论，是生态经济学领域的前沿阵地，对于了解、使用和管理生态系统服务，弥补生态补偿理论短板尤为重要，但相关实质性研究仍然相对较少。

本书将在已有生态系统服务流动研究相关成果和前人生态经济学研究的基础上，基于地理学的区域关联与尺度转换视角，融合自然生态与经济社会领域知识，尝试性地开展长江经济带水源涵养服务空间流动研究、供给受益的效益研究、时空分异规律研究，系统评价区域的生态系统服务特征。对于深化多元尺度生态系统服务转换与关联等生态学机制研究，揭示复杂生态过程的动态演变机理，提高生态系统服务评价的客观性、科学性和评价结果的实用性尤为关键，能够为精准识别生态补偿主体、生态补偿对象，优化生态补偿路径、补偿标准和补偿方式，强化生态补偿监管评估等提供科学理论支撑，具有重要的理论意义，可为相关研究和应用提供参考。

2. 有利于推进长江经济带发展

长江经济带是我国生态功能区的重要组成部分，长江经济带的生态安全对本区域乃至全国经济社会的可持续发展具有重要的作用，其生态环境质量的好坏将直接关系到全国中长期生态系统格局的总体水平和生态环境质量的演变趋势。建设长江经济带是新时代推进中国经济持续、稳定增长的重大战略举措之一。

但是，长江经济带生态环境仍然存在着跨流域、跨区域的问题，政府相关规划或政策局限于局部条件较好的省市，缺乏统筹指导的跨区域专项政策，导致长江经济带的经济社会协调发展与生态环境保护等方面统筹考虑略显不足。例如，在保护治理方式上，表现为重短期项目合作，没有长效的协作机制，统筹层级较低，缺乏顶层设计；在保护领域上，表现为生态保护领域范围狭小，区域不平衡等问题；在生态合作机制框架构建上，还存在着权责不清，缺乏长效监督机制、考评机制等问题。

建立公平合理的生态补偿机制是建设生态文明的重要制度保障。本书开展基于生态系统服务空间流动的长江经济带生态补偿机制研究，旨在通过调查分析长江经济带水源涵养价值的时空变化特征，模拟水源涵养服务的空间流动过程，识别水源涵养服务的供给区和受益区，揭示长江经济带水源涵养服务流动规律，创新区域生态补偿模型，测算区域间的生态补偿价值。根据区域内经济社会发展和生态环境保护的差异，研究提出构建长江经济带生态补偿机制的政策建议，对于推动解决长江经济带自然资源保护、生态环境监管等重点问题，改革创新长江经济带生态环境保护的体制机制，创新实践“自下而上”科学评价与“自上而下”统筹管理相结合的管理模式，推动提升国家治理能力现代化，具有较强的实践意义。

3. 以水资源为出发点构建服务长江经济带国土空间规划决策与生态环境监管的重要依据

长江作为黄金水道和全国国土空间开发的重要轴线，其开发利用中存在诸多问题。水污染问题复杂多样，污染物排放量大、支流和地下水使用超标、湖泊和近海域水体污染现象频发，由此对临近区域的生态环境造成恶劣影响。生态功能方面存在景观破坏、湿地减退、平原沙化等现象。沿江的岸线多出现滑坡、崩塌等地质灾害。长江沿岸存在大量的低效、高耗产业企业，空间集约利用水平低下。开发与保护的矛盾突出，长江流域的生态环境保护修复和水资源开发利用对长江流域天然径流的影响之间的矛盾仍难以有效协调。以水为出发点，涉及众多的资源环境与风险问题，如岸线资源开发及生态环境影响、流域气候变化与生态环境风险评估、资源环境承载力评价等，由此实现以点带面的研究方法。

在国土空间规划中，可利用本书研究方法，选取典型流域范围进行技术抽样，开展长江经济带水量和水质循环机理研究，形成系列数据成果，为制定国土空间规划提供重要的决策依据。同时，可根据长江上、中、下游的区位条件的差异，因地制宜定制科学管理标准，为开展生态环境监管、审计等工作提供决策依据。

4. 基于生态系统服务流动和区域发展差异的生态补偿框架为健全生态补偿政策体系提供参考

制定全面、精准的生态补偿政策，是新时代发展急需解决的重要议题。当前我国生态补偿政策体系还不够完善，缺乏系统性和可操作性，缺少有效的生态补偿监督评价体系。生态补偿实践受制于行政区域和部门间的桎梏，市场化机制尚未建立，补偿标准相对局限，政策制定缺乏科学依据。

本书以生态经济学为理论基础，基于水源涵养空间流动规律和时空变化特征，结合区域发展差异特征，探索搭建生态补偿的研究框架，系统构建生态补偿模型，测算生态补偿价值，初步建立较为科学合理的生态补偿机制，根据研究区域的经济社会发展水平，合理确定生态补偿金额，规范生态补偿标准，创新生态补偿路径，完善监管评价体系，探索提出健全生态补偿政策体系的政策建议。

1.2 研究现状综述

生态经济学是从经济学角度出发，研究自然生态系统和经济社会系统所构成的复合系统的结构、功能、行为及其规律性，探索自然生态与经济社会可持续发展路径的交叉学科。近几十年来，在可持续发展理论基础上对于生态经济方向的理论探索和应用研究，成为学术界研究的热点和前沿领域，生态补偿正是生态经济学前沿探索的重要阵地。

1.2.1 生态补偿研究综述

生态补偿的思想是伴随着自然资源价值的提出而形成的。1979 年，自然资源学家 E. F. Cook 提出了自然资源价值理论，认为自然资源开发利用是不可逆的过程，必须以经济手段对自然资源的开发使用进行补偿。20 世纪 90 年代以来，生态补偿作为自然资源和生态环境保护的生态经济措施，纳入宏观经济管理政策体系中。《环境科学大辞典》将自然生态补偿(natural ecological compensation)定义为，自然生态系统受到人类活动影响，所体现出来的抵御人类活动影响、完善自身状态、维持生存的能力，是对人类活动造成的生态系统紊乱和破坏所起的自身修复和补偿作用。Cuperus 等(1996)指出，生态补偿是指生态系统的生态功能破坏的修复补偿措施。Pagiola 等(2002)提出，生态补偿与传统的行政手段不同，可以引入市场化机制，发展成为更高效率的生态环境措施。William 等(2005)认为生态补偿是在区域协商合作条件下，土地利用变化对于生态效益影响的措施，并认为生态补偿是指生态系统服务的付费、交易、奖励、惩罚和赔偿等综合的统称。Porras 等(2005)认为，生态补偿作为经济手段措施，可以提升自然资源管理效率。

我国学者从 20 世纪 80 年代开始对生态补偿概念、补偿手段、补偿机制构建等进行理论研究与实践探索。一些学者认为区域生态补偿应该明确区域的生态保护者和破坏者、生态系统服务供给者和受益者等，辨析区域主体之间的产权和利益博弈，利用行政和经济措施、制度安排，解决区域发展差异和生态环境的矛盾，实现自然资源生态系统的保护修复，达到提升整体生态质量的目的。此外，一些学者重点对生态补偿机制等方面进行了探索。杜万平、石培基、王小刚、张惠远等学者分别对西部区域和西部大开发的生态补偿机制进行了探讨，提出了生态补偿的政策建议(杜万平，2001；石培基，2004；王小刚，2003；张惠远 等，2004)。

1.2.2　生态系统服务研究综述

20 世纪 60 年代生态系统服务概念首次提出后，逐渐成为生态经济学研究的热点和前沿问题。Costanza 等(1997)提出的全球自然资本核算和生态系统服务的价值评估，引起了国内外众多学者的广泛讨论。学术界在概念上基本形成共识，即生态系统服务是自然生态系统及其生物群落和生态过程为人类提供生存必备的物质基础、效益和服务(Daily, 1997)。

经过多年探索，生态系统服务的研究领域主要集中在概念界定、类型划分、价值估算等方面。研究角度从社会经济价值探讨(Costanza, 2008；Daily et al, 2009；De Groot et al, 2010；Swetnam et al, 2011)到生态学过程机制的研究(Carvalheiro et al，2010；Wall，2004)。研究区域从涵盖全球(Alcamo et al，2003；Costanza et al，1997)到局部区域(陈龙 等，2013；谢高地 等，2003a；张志强 等，2001；Kreuter et al，2001；Viglizzo et al，2006)的多种尺度，覆盖农田(肖玉 等，2005；孙新章 等，2007；Björklund et al，1999)、森林(吴钢 等，2001；赵同谦 等，2004；Kundhlande et al，2000)、草地(谢高地 等，2003b)、海洋(陈尚 等，2006；石洪华 等，2007)、湿地(傅娇艳 等，2007；刘晓辉 等，2008)等多种生态系统类型。服务类别分别包括土壤保持(陈龙 等，2013；鲁春霞 等，2006；肖玉 等，2003)、水源涵养(刘璐璐 等，2013；李士美 等，2010；张彪 等，2009)、娱乐(鲁春霞 等，2001；Fleming et al，2008)与生物多样性维持(Peters et al，1989)等多种专项服务的专题研究。生态系统服务的研究对于分析区域自然资源概况和生态环境质量，提供重要支持。但是，生态系统存在空间异质性，供给能力和受益效益的时空分布不均衡，需要进一步研究生态系统服务的时空流动规律(谢高地，2012)。

1.2.3　生态系统服务空间流动研究综述

生态系统服务空间流动的研究，是政府职能部门进一步完善生态补偿政策的科学支撑，根据空间流动规律对其进行模拟测算是攻坚难题。

国外相关研究中，学者首先对生态系统服务的含义不断丰富，如 Costanza 等(1997)和 Daily(1997)对于生态系统服务定义的不断完善；De Groot 等(2002)指出生态系统功能是生物界与非生物界交互作用的结果；研究机构对全球生态系统进行了评估（Assessment，2005）。虽然这些研究成果已得到一定的认同，但是仍存在不足，如生态系统服务价值评估“双重核算”的前提条件是要明确界定生态系统服务受益者（Boyd et al，2007；Wallace，2007）。此后，由于考虑到这些局限性，一些学者尝试基于受益对象的研究方法建立了与“绿色核算体系”结合起来的评估方法，如“绿色 GDP”等评估方法（Haines-Young et al，2010；Nahlik et al，2012）。Tallis 等（2008）则指出生态学的进展取决于生态群落在动态变化中的扩散特征和运动特性能否被科学地分析。虽然这些成果已经开始涉及宏观地理科学问题，即生态系统服务效益的产生、流向和使用，然而并未对其做深层次的探讨。

随后，一些学者尝试建立生态系统服务流动的空间格局，以受益区对象为研究目标，如 Boyd 等（2003）提出可以通过景观分析法来评价环境交易和生态补偿，从而得出生态系统服务的受益范围；Ruhl 等（2007）和 Fisher 等（2009）阐述了供给区到受益区的生态服务流动格局，同时指出生态系统和其受益者并非同时存在；Kareiva 等（2011）和 Semmens 等（2011）对于水文服务、由迁徙物种提供的授粉和其他服务做了相关研究；Syrbe 等（2012）在充分考虑空间异质性和景观异质性的情况下，提出了利用服务供给区（SPAs）、服务受益区（SBAs）和服务连接区（SCAs）之间的物质、能量和生物的转移来综合评估景观单元；Brouwer（2000）分析了生态服务价值转移的研究现状、研究前景、潜在应用价值，探究了下一步研究的技术路径；Maass 等（2005）针对墨西哥查梅拉（Chamela）地区热带干旱森林生态系统的九项生态系统供给服务进行评估，绘制了供给区到受益区的流动示意图；Spash 等（2006）研究了生态系统服务价值流动的可替代方法；Palomo 等（2013）利用调查法，对西班牙沿海国家公园的生态系统供给服务、调节服务和文化服务进行模拟分析，并提出了供给区和受益区之间的服务流动概念模型；Troy 等（2006）提出了生态服务功能价值转移决策框架；Turner 等（2012）尝试建立空间流动模型来评估获得生态系统服务效益的人口数量；Serna-Chavez 等（2014）建立了生态系统服务流动的研究框架，提出受益区面积作为受益效益指标的重要性；Radford 等（2011）认为城市化引起了生态系统的主要功能和服务的退化，并针对美学、精神思想、娱乐、水流调控、碳汇、气候变化、授粉、生物多样性和降噪共九项生态系统服务，详细评价了大曼彻斯特的四个不同类别的城市化地区（城区、郊区、城市周边地区和农村）服务价值的梯度变化，同时指出，通过学科交叉所得到的新的评价方法将为城市化进程中的生态系统服务研究带来新的视角。虽然上述研究已经能粗略地区分出受益区的大致范围，并能够定量地评价受益效益，但由于缺乏系统科学的模型分析框架，大部分研究中所采用的静态标绘方法不足以体现供给区和受益区的动态连接关系。

美国佛蒙特大学 Bagstad 等（2013）开展了生态系统服务人工智能（the

artificial intelligence for ecosystem services，ARIES）的研究，建立了分布式服务路径网络（service path attribution network，SPAN）模型，并在 SPAN 的框架下分别针对景观舒适度、河流洪水调节、供给渔业、娱乐和碳汇五种类型设计方案，在五种情境下按照生态系统服务的供给、受益、消耗和流动的形式标绘为不同的趋势图，这些趋势图为不同类型资源的管理、规划和保护提供了决策支持。与前人相比，Bagstad 等（2013）的研究系统考虑了生态系统服务空间流动的机理，通过与人工智能的结合，将供给、受益、消耗和流动的相互影响过程充分体现出来，这也是未来生态系统服务领域与人工智能新技术结合的重要发展方向。但是，生态系统过程非常复杂，服务类型众多，该研究的普适性和充分性还需要进一步探索和加强。

国内学者也在空间流动方面做了一些探索研究。郭中伟等（2003）认为生态系统服务空间流动是生态系统服务领域最值得研究的问题之一；杨光梅（2007）认为在生态产品供给服务过程中，生态产品随着生态系统服务的供给保障而变化；范小杉等（2007）以北京市门头沟区为例，构建了生态资产空间流动评价技术模型，对生态资产的流动情况进行了分析评价；乔旭宁等（2011）以新疆渭干河流域为例，对生态服务功能空间流动特征进行了分类，根据引力场及场强作用原理，构建了价值流动评价模型方法，计算出流域上下游各县流动的生态服务功能价值；李洪波等（2015）以泉州湾河口湿地为研究区，利用能值分析方法，模拟分析生态系统服务空间流动过程；韩永伟等（2011）以黑河下游重要生态功能区为研究区，对其主导的生态系统防风固沙服务功能由空间流动而产生的辐射效益进行了初步评估，得出不同林地资源的防风固沙能力大小的对比结果，为重要生态功能区生态系统辐射效应的评估，以及区域生态保护政策的制定提供了一定的参考；高吉喜（2015）认为生态服务作为公共产品或公共服务，由于风、水等生态介质的驱动和社会供需的驱动等，促使生态服务的数量或价值在空间和时间尺度上发生流动，因此生态服务和产品除具有鲜明的地域属性外，还具有显著的跨区域性，考虑驱动因素及阻力因素的影响，对生态服务流转类型和特征进行了分类，确定流动范围主要发生在流域、风域和资源域等生态域内；肖玉等（2016）梳理了国内外 20 世纪 90 年代以来生态系统服务相关研究的各类观点，对生态系统服务空间流动研究的发展脉络及其出现的必要性进行了总结。

1.2.4 水源涵养服务研究综述

水是生命之源，生态系统的维持离不开它，水对于经济社会可持续发展和人类生存具有重要作用（Haddadin，2001）。水流是重要的生态系统服务介质。通过水流传载的生态系统服务类型多样，随着传输距离的变化而影响着地球物质流和能量流的传递。因此，水源涵养服务也是生态系统服务研究的重要内容，涉及水文过程及水文过程综合效应（喻荣岗 等，2007）。张彪等（2009）将水源涵养服务概念分为狭义和广义，狭义概念是指调节地表径流量功能，广义概念是指水文过程效应的综合影响。

肖寒等(2000)以海南岛尖峰岭地区为研究区，评估了森林生态系统服务经济价值，利用径流系数与降水乘积估算了森林生态系统的水源涵养量。谢高地等(2003a)通过建立中国陆地生态系统服务价值表，得到青藏高原水源涵养服务价值为 1 542.1×10^8 元/年。聂忆黄等(2009)以青藏高原为研究区，利用水量平衡法估算出青藏高原年平均水源涵养量为 3.45×10^{11} m^3/a。赖敏等(2013)利用 InVEST 模型和 SCS 模型分别对 2000 年、2008 年三江源自然保护区的产水量和地表径流量进行估算，得到研究区的水分调节量增加了 185.7 亿立方米。

水源涵养的研究方法主要有年径流量、水量平衡、多因子回归、综合蓄水等(王晓学 等,2013)。模型工具主要是 ARIES 模型、InVEST 模型等。其中，InVEST 模型使用较为普遍。InVEST 模型主要是基于水量平衡模型，利用气象、土地、高程等基础数据来计算研究区流域的径流量。Hoyer 等(2014)利用 InVEST 模型分析了水源涵养服务的空间分布与驱动力，借助模型进行景观规划与土地管理决策。Bangash 等(2013)利用水量平衡法分析了地中海区域的水供给服务变化情况。

关于水源涵养服务流动方面，水资源具有典型的空间异质性，造成水源涵养服务供给与需求时空错位，而水源涵养服务经过空间流动在一定程度上能够协调优化水资源的供给需求问题。水源涵养服务的空间流动涉及三个维度：数量(如总产水量)、时间(如流动的季节分布)、质量(如污染物消除与分解、沉积物留存等)(Masse et al, 2007)。森林生态系统的高度、密度和不规则的树冠会导致叶面积指数较高、反照率较低，根系在土壤水平层面的扩展范围大，水平分布与垂直覆盖范围广，因此，森林生态系统被看作是与水相互作用的主要生态系统。

水源涵养服务空间流动研究相对较少，供给与需求地区之间没有给出实际的流动路径。在相关研究中，Per-Erik 等(1999)在流域尺度上，分析了生态系统服务的供需关系。此外，也有学者基于分布式水文模型，研究生态系统服务流动的供给平衡和空间分异特征(Bárbara et al, 2012;Chapman et al,2011)。在生态系统服务供给与需求空间错位的条件上，Locatelli 等(2011)利用专家打分和模糊数学的方法，模拟生态系统服务流。Jiang 等(2016)以三江源为研究区，利用 InVEST、RWSQ、CASA 模型，分析了生态系统服务流动情况，包括土壤保持、产水量、碳沉积和食物供给服务。Romain 等(2017)以雨洪调节服务的空间流动为研究方向，在水文调节服务流动过程中，考虑上游的水补给，测算了水流的流向和汇流过程。Ling 等(2017)构建了水源涵养服务流动模型，计算了栅格尺度和区域之间的水源涵养服务流动路径，初步建立了供给与需求之间的时空路径联系。

1.2.5 研究现状评价

通过对生态补偿和生态系统服务研究的回顾可以看出，国内外学者的研究主要聚焦于生态补偿的研究、生态系统服务实物量和价值量的研究、生态系统服务的概念界定等。这类研究均是以区域生态价值评估为理论基础，来分析区域生态环境的时空变化和价值特征等，为我们揭示了区域生态环境的变化规律，为区域生态补偿机制提供了支持。同时，我们也应该看到，生态系统服务的价值评估固然不能等同于生态补偿，但如果我们从生态系统服务的空间流动角度进行分析，对于供给区域和受益区域进行科学划定，结合区域发展差异和受益效益分析是否可能有新的发现。结合综述内容逐一分析和评价如下。

第一，生态系统服务空间流动作为连接供给区与需求区的纽带，实现生态系统服务效益的监测评估。传统研究往往忽视了生态系统服务流动的空间异质性和供给受益平衡，很难对生态系统服务价值作出准确评估。因此，需要针对地理要素空间分布特征和生态过程的传输扩散机制，科学模拟描述生态系统服务在时空上的流动表达，将经济社会发展要素与生态环境保护深度耦合。

第二，受益区的范围和效益的确定则是进行生态资产保护、景观规划、生态补偿、自然资源资产负债表、生态修复的科学支撑。生态系统服务的供给、流动、受益过程与人类活动存在较为显著的相关关系，界定受益区范围，不仅要考虑自然要素变化特征，也要考虑经济社会发展等驱动力因子。由于供给区和受益区并非经常同时存在，供给区提供的生态系统服务可能需要较长时间的积累和流转才能扩散至受益区；即使供给区和受益区同时存在，其相互影响也是存在反馈机制的。生态系统服务从供给区向受益区流转的过程中，部分功能发生了不同程度的转换，最终使得受益区得到多元化的生态系统服务功能，这一转换过程将同样影响受益区的范围界定。

第三，构建基于生态系统服务流动与区域发展差异的生态补偿框架和核算模型，制定全面、精准的生态补偿政策，是新时代解决高质量发展的重要课题。当前我国的生态补偿政策法规体系还需要进一步健全，如《中央财政森林生态效益补偿基金管理办法》《国务院办公厅关于健全生态保护补偿机制的意见》等，对于区域横向生态保护补偿等进行了探索，但总体缺乏系统性和可操作性，没有监管评估体系。国内的生态建设补偿实践主要以财政转移支付为主，相对集中在水利、林业、农业等部门内，受制于行政区域和部门间桎梏，涉及跨区域、跨部门的生态补偿实践进展缓慢；市场化机制不够完善，政府主导的模式仍是当前工作的主要思路，从而导致生态补偿的模式单一。生态补偿标准在具体实践中也有一定局限性，已经不能满足当地生态保护的需求，存在诸多不合理的问题，基本采用“一刀切”的政策；生态补偿政策制定缺乏科学依据，仅凭短期财政支持作出补偿依据，很难统筹考虑未来中长期供给区的投资保护，较少体现因地制宜，致使在执行过程中出现许多矛盾。因此，解决生态补偿的主体、标准、形式及机制构建等问题，仍需要不断探索实践。

1.3 研究目标与框架

1.3.1 研究目标

本书研究主要有以下两个目标：一是利用生态学的生态系统服务理论推演出关于生态系统服务空间流动的理论假说，以此作为本书的研究基础；以水源涵养服务为例，从生态系统服务供给、需求、流动路径角度出发，模拟水源涵养服务的空间流动过程。二是利用生态经济学理论，基于水源涵养服务的空间流动模拟和区域发展差异，构建生态补偿模型，探索提出生态补偿机制的政策建议。

1.3.2 研究框架

研究框架如图 1.1 所示。

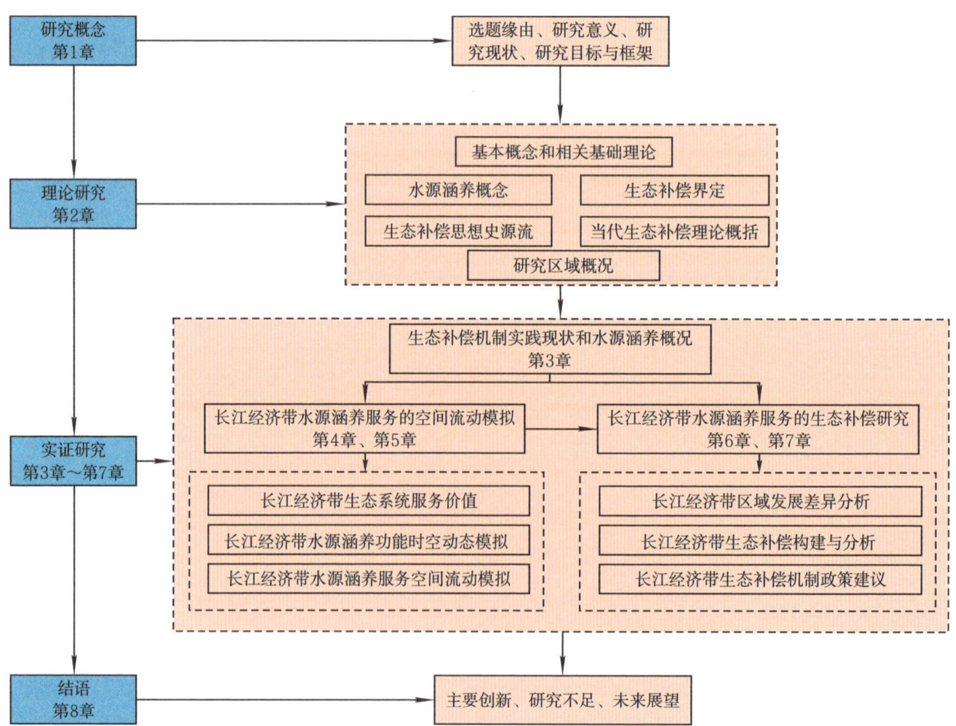

图 1.1 长江经济带水源涵养生态补偿机制研究框架

1. 研究内容

1)水源涵养服务的时空动态模拟

(1)研究区植被状况变化。主要通过样地调查和遥感反演方法,重点掌握研究区土地利用变化情况、地表覆被类型、占地面积和净初级生产力等数据资料。

(2)研究区水源涵养功能价值变化。在充分收集研究区气象数据、土壤数据和植被覆盖数据的基础上,利用多年份的地理国情普查和监测数据,基于 InVEST 模型和水量平衡方程,构建研究区水源涵养功能时空动态变化模型,测算研究区水源涵养服务的实物量和价值量。

(3)研究区水源涵养服务的驱动力分析。根据区域土地利用和土地覆盖变化驱动力指数评价方法,分析评估影响研究区水源涵养服务价值变化的主要驱动力因素,包括气象因素、植被因素、产业与人口因素、经济发展水平、土地覆被因素等。

2)水源涵养服务的空间流动模拟

(1)流向模拟。主要基于研究区水系分布和径流路径,对供给区水源涵养服务流动的路径和方向进行动态模拟,并确定受益区的范围。

(2)流量模拟。主要基于栅格运算,通过构建模型,测算从供给区流动至受益区的水源涵养服务的实物量。

(3)受益效益分析。在受益区需求端,基于土地覆被数据、人口数据、经济社会发展数据,计算农业、动物、工业、居民用水消费,得到需水量的空间格局。通过构建模型,综合评估水源涵养价值的受益效益。

3)水源涵养服务的生态补偿机制建议

(1)区域内发展差异分析。基于研究区的受益区划分情况,结合区域内人口、产业结构与生态功能定位,开展区域发展差异分析。

(2)构建生态补偿模型。主要根据水源涵养价值时空变化特征、水源涵养服务驱动力因子影响分析结果及水源涵养服务的空间流动模拟,结合区域发展差异分析结果,构建生态补偿模型。

(3)生态补偿政策建议。结合长江经济带协同发展功能定位,根据区域内经济发展水平、产业结构调整目标、生态环保和社会保障的发展差异,有针对性地提出区域生态补偿政策建议。

2. 研究方法

本书是一项涉及生态学、经济学和地理学的综合研究,需综合运用多种研究途径与方法。主要研究途径及方法包括文献调查法、3S 技术、定量遥感反演法、问卷调查及典型访谈法、专家咨询法、实证分析法等的综合运用。

(1)宏观、中观相结合的层次化、立体化、关联性研究视角。从国内外的背景、中国生态补偿的总体形势,到研究区域的差异研究,整个研究的视角从宏观到中观,多层次、立体化地分析了当前中国生态补偿差异的研究背景、现状格局、发展机制及优化调控的战略和对策建议，充分凸显了研究的地域层次性、区域综合性、尺度关联性的研究特色与优势。

(2)文献调查与专家咨询相结合的方法。梳理与总结国内外相关文献，归纳理论支撑。同时，针对研究中对生态补偿的补偿类型、补偿标准、补偿主体等核心问题，咨询相关专家，提升研究中指标体系的权威性和科学性。

(3)实地考察调研、问卷调查及典型访谈相结合的方法。为掌握案例区生态补偿的差异，运用实地考察调研法，收集相关资料。同时，针对生态环境建设现状、生态补偿意愿、生态补偿标准、生态补偿机制等核心问题，对公众及相关部门开展问卷调查及典型的访谈。

(4)计量方法与3S技术相结合的方法。在对生态补偿的差异等问题进行定量分析中，需要运用地理数学方法、数量统计学方法等计量方法。同时，为有效开展案例区相关空间信息的采集、处理、管理与分析，需要综合运用3S技术，即全球导航卫星系统(global navigation system, GNSS)技术、地理信息系统(geographic information system, GIS)技术和遥感(remote sensing, RS)技术。

(5)定量遥感反演方法。本书所选的研究区域为长江经济带，涉及国土总面积约205万平方千米，属于较大尺度下的生态服务价值核算研究。因此，在部分生态服务功能的核算过程中不可能完全靠监测站、实验站等定点观测、实验方法来实现，而定量遥感的方法可以运用相关模型，对植被、气候、地形地貌等多重因子进行反演，给大尺度下研究多时相生态服务价值问题提供了可能。

(6)理论研究与实证分析相结合的方法。理论研究上，基于生态经济学领域中生态补偿方面的研究成果，以可持续发展理论、区域生态学理论、生态经济学理论和生态补偿理论等为理论基础，从生态经济学视角提出长江经济带生态补偿研究的理论框架，是研究的主要指导思想和基本骨架所在。实证分析中，通过建立假设、统计分析、数据验证等，运用研究区域历年的相关数据，引入数量模型，对长江经济带水源涵养服务的变化特征，以及构建生态补偿模型进行一般性和客观性的检验，对理论起到一定的验证与修正作用，并在实证分析的基础上升华到理论的高度，使二者相互补充和有机结合，为完善生态补偿机制提供支撑。

3. 研究路线

本书以长江经济带为研究区域，重点开展研究区域内水源涵养服务价值和生态补偿机制研究。以可持续发展理论、生态经济学理论、区域生态学理论和生态补偿理论为理论基础，综合采用地理信息系统(GIS)、遥感(RS)解译和反演及数理分析等技术方法，分别采用InVEST模型、水量平衡方程、水源涵养受益效益评估方法等，模拟水源涵养服务的空间流动过程，总结出长江经济带水源涵养服务流动规律，进一步揭示出水源涵养服务的供给区和受益区。在此基础上，根据区域内社会经济发展差异，构建生态补偿模型，建立生态补偿机制，研究提出针对性的生态补偿政策建议，对推动长江经济带水资源综合利用、水土流失综合治理等重点生态问题和区域可持续发展具有重要的决策参考意义。具体开展研究的技术路线如图 1.2 所示。

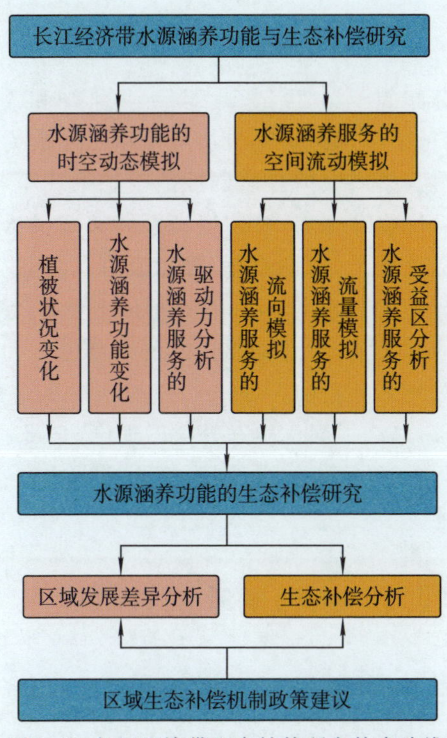

图 1.2 长江经济带生态补偿研究技术路线

第2章 基本概念和相关基础理论

生态补偿相关研究起源于20世纪70年代，是维护和改善生态系统服务的重要手段。近年来，生态补偿的理论研究与实践探索已经成为国内外学界研究的热点问题之一。生态补偿是指以保护自然资源的生态系统服务功能为目的，运用财政转移支付、市场交易、税收等措施，协调生态系统服务供给者、保护者、受益者和破坏者之间利益矛盾的政策措施(谢高地 等，2016)。生态补偿领域涵盖生态学、经济学、地理学、资源与环境学等多学科，是典型的多学科交叉领域，因此系统地研究生态经济学视角下的水源涵养补偿机制，需要积极借鉴和融合前人已有的研究成果。本章在界定相关概念的基础上，回顾了生态补偿的思想史渊源，系统地梳理了生态补偿的理论基础，总结了当代生态补偿的理论，介绍了长江经济带的基本情况和数据来源，分析了长江经济带的自然特征，为全书构建了理论分析框架，利于后续研究的展开和论述。

2.1 水源涵养的基本概念

水源涵养是陆地生态系统核心生态服务功能之一，包含着大气、水、植被和土壤等自然过程，其变化对区域气候、水文、植被和土壤等状况产生直接影响，是区域生态系统状况的重要指示器(龚诗涵 等，2017)。水源涵养的内涵随着学者的认识不断拓展。广义的水源涵养概念不仅包含生态系统内的水文过程，同时也涉及多个水文过程所产生的综合效应(喻荣岗 等，2007)。狭义概念是指调节地表径流量的功能(张彪 等，2009)。水流是重要的生态系统服务介质。通过水流传载的生态系统服务类型多样，随着传输距离的变化而影响着地球物质流和能量流的传递。水是生命之源，生态系统的维持离不开它，对于经济社会可持续发展和人类生存具有重要作用(Haddadin，2001)。因此，本书将水资源的供给功能作为水源涵养服务功能最重要的方面进行研究。

水资源是流域的核心资源，决定了流域生态系统的服务功能和服务价值。《不列颠百科全书》中定义："水资源是自然界一切形态的水(包括液态、固态和气态)。"世界气象组织和联合国教科文组织定义："水资源是指可供利用，具有足够数量，能适合某地对水的需求而长期供应的水源。"《中国大百科全书》认为："水资源为地球表层可供人类利用的水。"从自然属性理解，水资源包括海洋水、河流水、大气水、地下水、冰雪含水等各种形态存在的水体总量；从社会属性理解，水资源则仅指被人类开发利用的淡水资源。本书研究的水资源指人类逐年可以恢复和更新的淡水量。水资源是发展国民经济不可缺少的重要自然资源。尽管地球表面约四分之三的面积被水体所覆盖,但直接利用的水资源非常有限,目前可供人类利用的淡水资源的储量仅占全球总储水量的十万分之七,而且时空分布极不均衡。我国水资源严重匮乏且时空分布的不均衡更甚。长江流域是我国最主要的水资源供给流域,评估和分析长江经济带的生态系统水源涵养功能空间特征、流动及其影响因子,对于科学合理保护我国生态系统水源涵养,制定并完善生态补偿机制具有十分重要的意义。

2.2 生态补偿的界定

2.2.1 生态补偿

生态补偿概念主要包括三个方面:一是自然"生态补偿"的概念,指自然生态系统对人类活动所产生影响的抵御、缓和、调节和恢复能力。《环境科学大辞典》把生态补偿定义为"类似条件反射的一种反应,当在面对外界的干扰时,自然生物或生态系统对其干扰而调节自身来缓和其伤害进而保护自己并维持生存能力,或者是面对生态负荷时的还原能力,或者是当人类社会活动干扰破坏到自然生态系统时后者所表现出的缓和与补偿的作用"。二是生态学中的"生态补偿",指人类采取经济、行政等措施补偿生态破坏的行为(Cuperus et al,1996)。三是生态经济学中的"生态补偿",指自然资源和生态环境保护修复的行政手段和经济措施(万军 等,2005)。我国学术界关于"生态补偿"的含义经历了从生态学意义到经济学意义的发展(陈洪波 等,2003),经济学上的生态补偿由生态补偿费逐渐扩展至针对保护资源环境的补偿(杨光梅,2007)。

本书认为生态补偿是指运用经济、行政和技术措施,对在经济建设活动中,尤其是生态环境和自然资源开发利用中,造成的生态环境与资源的减损及其相关权益人的权益损失、发展机会与发展空间的损害而给予的补偿。补偿的方式可以是货币形式、实物(治理修复)形式、移民搬迁、自然保育等多种形式。

2.2.2 生态补偿机制

生态补偿机制是保障自然资源与生态环境补偿运行的法规、政策、体制和制度组合体系。生态补偿机制的内涵包括补偿的主体、客体、范围、标准、模式等。其中,补偿范围决定了生态补偿机制的研究领域。补偿主体、客体、补偿标准与补偿模式是构建生态补偿机制的核心内容,在后面的章节会深入研究分析这三个方面的内容。

生态补偿主体是根据生态保护者、受益者在生态破坏和修复过程中的主体定位来界定，界定原则主要包括三个原则，即破坏者付费原则（polluter pays principle，PPP）、受益者付费原则（beneficiary pays principle，BPP）、保护者得到补偿原则（protector gets principle，PGP）。

生态补偿标准主要根据以下几个方面进行界定：生态系统服务价值、生态保护者的直接投入和机会成本、生态受益者的受益评价、生态破坏恢复成本。生态补偿标准主要以生态服务价值评估作为参考，但是生态服务价值评估并非直接决定生态补偿标准。因为，作为生态补偿投入方，中央政府、地方政府和企业，目标是成本投入最小化。而生态补偿的损失者，地方政府和农民，目标是最大化收入补偿。由于双方利益冲突，两者不可能存在统一标准。另外，生态服务价值是基于收益效益评估，而补偿的标准应该是基于成本，所以中间核算衔接也会存在矛盾。因此，生态补偿的标准主要取决于损失者的损失和谈判效力。谈判效力与政治结构、损失者的组织程度、项目实施者的地位有关。在集权的政治社会中，损失者缺乏有效的沟通渠道，由政府主导的生态补偿项目可能导致谈判效力极低。这不仅违背了帕累托效率原则，也违背了罗尔斯的社会正义原则。

2.2.3 生态补偿模式

生态补偿模式与生态系统服务外溢价值相关，在实践中只能采取因地制宜的方案。常见的生态补偿模式包括政府补偿和市场补偿。政府补偿是以政府部门为主体，以生态供给区的保护者为补偿对象，以财政转移支付、生态保护工程和生态环境税制度等为主要手段的补偿方式。市场补偿是指以市场化机制为基础，利用市场交易体现生态系统服务价值。目前我国主要是试点尝试，如新安江流域水环境补偿试点项目等（杨晓萌，2013）。

2.3 生态补偿的思想史源流

2.3.1 中国古代的生态补偿思想

在漫长的历史时期，我国多是以农业为主的自然经济，朴素的生态补偿思想在我国源远流长。中国古代思想家们很早就对自然界与人类生产、生活的关系有所认识，并逐步形成了“天地与我并生，万物与我为一”的中国古代生态观。中国古代的生态经济思想通过道家、儒家、法家等学派体现，其中先秦时期的道儒法墨四家和《易经》更是凝聚了古代生态经济的思想。

《易经》作为中华文化的源头，经过了七千多年的发展演变，有着丰富的内容，包含了深邃的生态文明思想与深厚的生态经济理论。《易经》生态经济思想的核心是“天人合一”，强调人与自然的统一，并通过特殊的文字、特殊的语言以特有的表达方式进行表达。例如，古人发现昼夜的交替、四季的变化带来的影响，以《易经》中的六十四卦来进行表达，概括了生长发育衰落的大周期、天地人的和谐相处、物阜民丰的收成愿景等，并警示了肆意使用生态资源会产生的严重后果和危机。

儒家在中国古代的地位尤为显著，特别是在西汉“罢黜百家，独尊儒术”，儒家一度成为被帝王政权认可的一种思想，但儒家蕴含着丰富的生态伦理思想。孔子、孟子和荀子三位大师的思想是儒家思想的主要体现。孔子的生态经济思想认为要达到人和自然的和谐相处就要做到“仁”“礼”，在对待生态资源方面，孔子反对滥用自然资源，主张“节用而爱人，使民以时”；孟子认为人与自然的关系应该遵循“尽心、知性、知天”的规则，以“诚”为人天连接的桥梁，秉持“仁民而爱物”可持续利用资源的思想；荀子认为人与万物共存于天地之间，人是万物至尊但需要“礼仪法度”约束，要做到以“草木荣华滋硕之时则斧斤不入山林”的方式开发生态资源。三位大师都将“天人合一”的生态经济思想深深地嵌入儒家思想体系之中，并不断传承下去。

以庄子、老子为代表的道家主张“自然为本、天性为尊”，以“道”为本，遵循“天道”。道家的“天”与其他流派相比不是具有神性的天，更加强调人与自然的和谐统一。物质方面，虽然庄子对物质财富看得淡薄，但是仍然十分认可物质生产观。庄子重视物质需求，但是反对从自然过度索取，强调对待生态资源要“四时得节，万物不伤”。

墨家学派的经济思想中体现了丰富的生态因素，细化于生产领域、消费环节和分配制度中。墨子的生态经济思想中把“节用”放在首位，鼓励“量腹而食，度身而衣”，提倡要从衣食住行各个方面制定相应的消费标准，对改变当时诸侯奢靡享乐成风的社会风气作出了巨大贡献。墨子的生产观念强调劳动的重要性，认为合理分工是促进劳动效率最大化的必要因素，他还认为通过“食饥息劳”可以保障生产力的持续性。

两千多年前，中国在生态管制、生态修复和生态补偿等方面也存在生态经济思想。古人非常重视人与自然的关系，提出“天人合一”思想，就是主张人与自然应作为统一的整体来看待，不仅要发挥人的主观能动性，利用自然和改造自然，更要尊重自然的客观规律，在保护好自然资源和生态环境的基础上，进行人类的生活和生产活动，建立一种人与自然共存共荣、和谐共生的关系。早在周朝，古人就已提出遵循自然规律、保护生态环境的思想，《逸周书 · 大聚解》：“春三月，山林不登斧，以成草木之长。夏三月，川泽不入网罟，以成鱼鳖之长。”而且，中国古代已经深刻认识到发展与生态环境之间的紧密关系，形成了适度开发自然资源的朴素生态管制思想。孟子也曾指出只要不用过于细密的渔网捕鱼，水产就不可能吃完；伐木砍柴者如果按适当的节令砍伐树木，木材就不可能用尽。荀子在《荀子 · 王制》中提出：“圣王之制也，草本荣华滋硕之时，则斧斤不入山林，不夭其生，不绝其长也……春耕、夏耘、秋收、冬藏,四者不失时,故五谷不绝,而百姓有余食也;污池渊沼川泽,谨其时禁,故鱼鳖优多而百姓有余用也;斩伐养长不失其时,故山林不童而百姓有余材也。”另外,中国古代已经有了农牧结合、豆谷轮作、农林牧相结合等生产经验,北魏贾思勰在其所著的《齐民要术》中指出:“谷田必须岁易”;“麻欲得良田,不用故墟”;“稻无所缘,唯岁易为良”。即,无论是谷田、草场还是稻田都可以通过轮作修复生态,达到提高产量的效果。可见,我国古代已经有了朴素的生态修复、自然生态补偿思想和实践。

2.3.2 古典经济学的生态补偿思想

自19世纪以来,人口快速增长与自然资源产出率之间的矛盾愈加突出,自然资源的稀缺性与经济社会发展之间的不平衡成为古典经济学家分析研究的主要问题。古典经济学奠基人威廉·配第就已经认识到自然条件会约束劳动创造财富的能力,强调应将劳动和土地看作是价值的两个同等重要的源泉:“我们认为,土地为财富之母,而劳动则为财富之父和能动的要素。”这是古典经济学对土地资源生产要素的重视。重农学派的理论认为社会财富来源于土地。亚当·斯密主张劳动价值论,认为劳动创造价值,资本的积累是生产性劳动和非生产性劳动的结果。关于土地,他认为土地的自然力是劳动的一种形式。斯密所处的时代是工业革命还没有蓬勃发展的时代,土地资源非常丰富,劳动者可以自由使用土地,没有地主来分享其劳动产品,所有的劳动产品都归劳动者所有,最终国民收入增加。而随着人口的增加,土地成为一种稀缺资源,劳动的边际报酬随着土地资源的稀缺程度增加而递减。但斯密认为土地的稀缺并不会带来经济发展的停滞,稀缺性是可以通过商品的价格体现出来,进而可以通过市场来调节这种稀缺。因此,即使土地成为稀缺资源,经济也可以在这种情况下继续发展。

托马斯·马尔萨斯在《人口原理》中提出人口以几何级数增长,但是土地资源有限,食物供给增长较慢。自此,西方经济学家逐渐认识到生态资源承载力和环境容量可能会约束经济的发展。大卫·李嘉图则认为技术进步促进了经济的增长,在其《政治经济学及赋税原理》中提出土地报酬递减规律,即土地资源减少与人口数量增长导致农产品价格上升。李嘉图理论揭示了生产要素和社会资源分配的不均衡性,成为现代生态经济学重要的理论基础。

在综合考虑马尔萨斯和李嘉图的资源稀缺性理论的基础上,约翰·穆勒提出了“静态经济”的概念,即他认为生态环境、人口和社会财富应该保持在一个相对静止的状态,以防止生态失衡。此外,他还指出:“在物质世界中,劳动总是而且仅仅是用来使物体产生运动。其余的事便由物质的性质即自然规律去做。人类的技能和才智主要用于发现靠人力可以实现的而且能带来预想效果的运动。”穆勒对技术进步的认识存在一定的局限性,他认为技术的进步能够暂时抑制因自然资源稀缺而对经济发展的限制，但并不能阻止“静止状态”的到来，经济迟早会进入一种静止状态。穆勒已将劳动、资本和自然资源定义为构成生产的三个要素。但是，古典经济学一般将资源环境置于市场经济体系和经济学研究框架之外，仅作为人类物质生产活动的外部条件，当作社会经济发展的外部要素，无法从根本上解决可持续发展问题（刘思华，2014）。

2.3.3　马克思恩格斯的生态补偿思想

在 19 世纪 40 年代，工业革命推动了社会生产力水平快速提高和社会巨大发展，但也带来生态环境不断被破坏的问题，马克思、恩格斯深刻认识到了经济社会发展与自然环境之间的关系。在马克思的很多理论中都包含着对生态经济主义的阐释，可以说马克思著作充满了生态经济思想的光辉，如商品劳动二重性、剩余价值论等，为马克思主义生态经济思想的形成发挥了重要作用。许涤新先生认为：“马克思在诸多著作中，特别是在《资本论》中，曾多次提出生态平衡及人与自然的物质变换等问题。”马克思关于劳动就是人与自然的物质变换，本身就包含了生态体系的意义，具有人类与所处自然生态系统之间的相互关系的意义，这些正是生态经济学要研究的重要内容。更重要的是，马克思开创了自然生态是社会经济发展的内在因素的研究先河（刘思华，2014）。

马克思的唯物主义立场，坚持并强调自然界对于人类的优先地位，《1844 年经济学哲学手稿》《德意志意识形态》提出了外部自然界的优先地位，一方面强调自然的客观性，另一方面强调人类生存和社会经济发展对自然的依赖，这为人类生产生活的生态优先原则提供了理论基础。马克思强调“劳动不是一切财富的源泉”，但劳动本身就是一种自然力、劳动力；恩格斯也指出，“我们不要过分陶醉于我们人类对自然界的胜利。对于每一次这样的胜利，自然界都报复了我们……”。自然界是劳动资料和劳动对象的第一源泉，只有把自然界纳入劳动过程当中，劳动才能够成为使用价值的源泉，因而成为财富的源泉。马克思循环利用的思想为可持续发展提供了理论基础，如《资本论》中：“对生产排泄物和消费排泄物的利用，随着资本主义生产方式的发展而扩大。”

马克思在当时历史条件下，就已经提出了生态修复和生态补偿思想。“经济的再生产过程……总是同一个自然的再生产过程交织在一起。”（《资本论》第二卷第十九章）他指出人类发展的过程就是大量消耗自然资源的过程，而且随着经济社会的发展，这种消耗的速度和强度都在不断增加。但按照生态系统循环规律，生态系统需要休养生息的过程，人类要实现可持续发展就必须对自然生态系统进行必要的补偿，包括实物补偿和价值补偿。因此补偿不应仅局限于两大部类之间，还必须考虑对自然进行补偿。就是，当代人要减少给后代人的自然资源造成损耗的行为，以及避免对自然环境造成破坏的行为，并且采取适当的“储蓄”“贴现”等补偿措施降低不良后果的影响。马克思说得好，人类“必须像好家长那样，把土地改良后传给后代”；否则，就不可能有经济社会与生态环境的可持续发展。马克思也曾深刻地指出，劳动本身的目的如果仅仅在于增加财富，它就是有害的、造孽的。一味追求财富增加而对自然的劳动创造的价值进行破坏，相比它造成的生态环境的破坏，人类福祉就不是增加而是减少；它所导致的“有害的、造孽的”结果不仅使发展不可持续，甚至可能危及人类的生存。

马克思、恩格斯认为，只有在社会主义制度下才能实现人类与自然和谐共生，社会化的人和生产者能够合理地调整社会活动和自然间的物质变换，把二者有效地平衡控制，而不是利用自然的力量来作为统治的工具，合理地利用资源做到最小的消耗，并在最适合人类本性的条件下来进行这种物质变换。因此，在中国特色社会主义思想指引下，探索中国国情的生态补偿机制，可为全世界提供可持续发展的中国方案。

2.3.4 中国特色社会主义生态补偿思想

人类正处在生态革命的历史时期，它将创造更高级的生态文明，并向更高层次发展。这正是社会主义不断前进、日益完善的时期(刘思华，2014)。中国特色社会主义的根本任务是解放和发展生产力，不断满足人民日益增长的美好生活需要，实现中华民族的伟大复兴。而生态文明是解放和发展生产力的重要因素，是满足人民美好生活需要的基础。因此，生态文明与中国特色社会主义事业具有内在统一性(汪希，2016)。

中国共产党人历来重视生态文明建设。中华苏维埃政府(毛泽东同志时任主席)1932 年就颁布植树造林决议，鼓励植树造林等生态修复活动，改善生态环境。毛泽东在《论十大关系》中提出了保护资源和环境的问题，认为空气、矿产、森林等自然资源，已成为社会主义建设的影响要素。1958 年毛泽东提出：“要使我们祖国的河山全部绿化起来，到达到园林化，到处都很美丽，让自然面貌要改变过来。”而且，恰恰是毛泽东要求对云阳(今属重庆市)荒山上栽树进行生态修复的决策，培育了现如今的重庆段长江两岸八万亩的生态防护林，创造了巨大的生态防护效益。毛泽东的生态文明思想集中体现了第一代领导集体关于生态文明建设的认识，尽管这些认识还是初步的，尚未形成体系，但为中国特色社会主义的生态文明思想打下了基础。

在改革开放 40 年的社会主义建设实践过程中，中国共产党不断将马克思主义同中国生态环境建设实践经验相结合，积极探索和提升中国特色社会主义生态文明建设思想。邓小平高度重视生态环境保护立法和生态补偿研究实践。在他的倡议和推动下，1979 年 9 月第五届全国人民代表大会原则通过《环境保护法(试行)》。1981 年 12 月，《关于开展全民义务植树运动的决议》颁布实施。1989 年

10 月，四川乐山召开的森林生态补偿研讨会，开启了中国生态补偿的历史进程。江泽民同志吸收和发展了邓小平的生态文明思想，对可持续发展进行了认真思考，“人口盲目膨胀……势必破坏资源和环境，危及后代人的生存和发展”，“在发展中不注意环境保护……甚至造成不可弥补的损失”。同时，以江泽民为核心的党中央广泛开展退耕还林和实施西部大开发等措施，进行生态环境修复，生态文明建设从理念到行动都进入了新阶段。以胡锦涛同志为代表的党中央坚持以人为本的理念，围绕经济社会发展出现的新问题新挑战，提出了全面协调可持续发展的战略，并积极建设资源节约型和环境友好型社会。胡锦涛同志在中国共产党第十七次全国代表大会的报告中首次提出了“生态文明”一词，并为生态文明建设确立了新的目标，“坚持生产发展、生活富裕、生态良好的文明发展道路……实现经济社会永续发展”。坚持以科学发展观为指针是胡锦涛生态文明建设思想不断发展的重要特点。

进入新时代，我国马克思主义理论研究和实践者，积极结合中国的具体实际，不断总结发展生态马克思主义。特别是习近平同志，运用马克思主义基本原理，在继承马克思主义生态思想基础上，结合生态经济学和中国实际，创造性提出“我们既要绿水青山，也要金山银山。宁要绿水青山，不要金山银山，而且绿水青山就是金山银山”的伟大生态文明思想，从而推进马克思、恩格斯生态思想中国化的进程，而且明确提出整体性、系统性和重构性的生态补偿机制，具体要求“建立健全资源生态环境管理制度，加快建立国土空间开发保护制度……建立反映市场供求和资源稀缺程度、体现生态价值、代际补偿的资源有偿使用制度和生态补偿制度，健全生态环境保护责任追究制度和环境损害赔偿制度，强化制度约束作用”，为今后生态补偿研究和实践指明了方向。

2.3.5　生态补偿思想史的简要评价

对生态补偿的思想史溯源可以发现，从古至今、无论中外，均意识到自然资源的有限性，但对于其重要性的认知却是随着水平的提高不断加深的。而且，人类的发展史从另一个角度讲也是探索提高自然资源利用效率的历史。近代以来，伴随着资本主义经济发展，科学技术日新月异，生产力得到快速发展，人口数量出现指数增长，人类物质需求的增长和自然资源的有限性之间的矛盾日益尖锐。西方主流经济学忽视经济与生态之间的关系，但与之相反的是，资源有限性问题在西方主流经济学中却占有极其重要的地位。从另外一个意义上讲，资源有限性假设本身就是古典经济学得以存在的基础。正如萨缪尔森(1991)指出：“如果资源是无限的，生产什么、如何生产和为谁生产都不会成为问题。如果能够无限量地生产每一种物品，或者，如果人类的需要已经完全满足，那么，某一种物品是否生产得过多是无关重要的事情，劳动原料是否配合恰当也是无关重要的事……研究经济学或‘节约’就会没有什么必要。”尽管人类认识水平不断提高，人类对自然的影响控制和开发利用不断增强,自然资源的利用范围和效率不断扩大,但并不能从根本上改变自然资源本身的总量,而且更加剧了对自然资源的消耗。

从自然观看,资本主义经济发展的过程就是对自然界掠夺的过程,无视自然资源的有限性。马克思指出:“在私有财产和钱的统治下形成的自然观,是对自然界的真正蔑视和实际的贬低。”正如恩格斯所说:“支配着生产和交换的一个一个的资本家所能关心的,只是对他们的行为最直接的有益效果……出售时要获得利润,成了唯一的动力。”“在资产阶级看来,世界上所有东西都是为金钱而存在的,连他们自己也不例外,因为他们活着就是为了赚钱,唯一的幸福就是发财,唯一的痛苦就是金钱损失,除此外,没有与之相比的幸福与痛苦。”资本主义生活方式是消费主义,也无视自然资源的有限性。人类在错误的道路上走得太久,直接导致了各种生态危机。这时,人类才更加深刻地意识到生态系统与经济系统之间的有机联系,认识到经济系统仅是生态系统整体的有机组成部分,生态系统对经济系统具有制约作用,技术的进步并不能完全解决所有生态限制的问题。

进入 20 世纪,生态系统的状况对于人类发展显得极其重要。人口的增加和人类活动规模的扩大,使自然资源愈发成为社会发展的稀缺资源。要实现可持续发展,人类社会必须在自然界的生态承载能力范围内生产生活。考虑到可持续发展的代际公平,人类对生态环境实行保护的目的在于维持自己和后代的发展道路的可选择性。于是,生态经济学应运而生。生态经济学不仅遵循经济规律,如价值规律、供求规律、稀缺性法则等,还遵循自然规律,如能量守恒定律、牛顿第一定律等,采用当前相关学科主流的研究方法,如系统论、控制论、系统动力学、价值分析等来耦合生态和经济系统,提出有度有序保护和利用资源环境的理论、方法和制度体系,如生态补偿、生态修复、自然资源资产负债表等理论方法。

2.4 当代生态补偿的理论概括

2.4.1 生态补偿的起因——经济学解析

1. 外部性理论

外部性理论是生态经济学的基础理论之一。亚当·斯密在《国民财富的性质和原因的研究》中认为,“在追求他本身利益时,也常常促进社会的利益”。涉及外部性的特点。约翰·穆勒和亨利·西奇威克对灯塔问题进行探讨时,认为在自由经济中,个人并不是总能够为他所提供的劳务获得适当的报酬,这种个人提供的劳务与报酬之间的差异,正是本书所研究的“外部性”。阿尔弗雷德·马歇尔在《经济学原理》中提出“外部经济”概念,将企业内部由于分工和专业化带来的效率提高称为内部经济,将受益于其他企业而导致效率的提高称为外部经济。

自马歇尔之后，越来越多的经济学家从成本、收益、经济利益、产权制度等多个角度对外部性进行界定。庇古(Pigou)在 1912 年《财富与福利》中认为，外部性实质上是由边际私人成本与边际社会成本、边际私人收益与边际社会收益的不一致造成的，通过征税（边际私人成本小于边际社会成本）和奖励、津贴（边际私人收益小于边际社会收益），就可以实现外部效应的内部化，即“庇古税”。庇古在《福利经济学》中提出“外部不经济、边际私人净产值、边际社会净产值、私人边际成本、社会边际成本”等内容，建立了外部性理论。“庇古税”理论应用到生态补偿领域的前提条件是信息完全，为政府开征环境保护税进而实现生态补偿提供了理论依据。这种方式可以约束对环境造成负外部性市场主体的行为，同时也激励对环境造成正外部性市场主体的行为，实现外部不经济向外部经济转化。

奈特、阿温·杨、埃利斯和费尔纳、鲍莫尔分别在不同时期阐述了动态的外部经济思想，更加关注现实生活中的“外部不经济”。科斯 1960 年在《社会成本问题》中提出了外部性的相互性，他认为，如果交易费用为零，只要产权明确，就可以通过自愿协商解决外部性问题；如果交易费用不为零，需要比较各种政策手段的成本收益才能确定是否能够解决外部性问题。这一理论称为科斯定理，即如果产权清晰，在没有交易费用或者交易成本可以忽略不计时，可以通过市场交易机制实现外部性内部化。科斯定理表明，只要交易能够达成，最后一定能使社会的总收益达到最大化，由此成为生态补偿市场机制的理论基础。由于在生产或经营活动中，外部性理论没有较好体现，生态环境保护很难达到帕累托最优，生态补偿机制的建立可以有效地缓解资源与环境保护领域的外部性问题，有利于资源和环境的保护和开发。

外部性问题在长江经济带的水源涵养中体现得非常明显，而且正、负外部性的两种表现形式同样存在。长江经济带以水为纽带，水资源的合理配置和科学利用，既涉及长江经济带区域内的协同发展，也关乎全国生态功能区建设与国土空间均衡开发。长江经济带某区域自然资源与生态环境的改变会对其他区域产生非常明显的影响。一方面，部分区域加大生态环境保护力度并节约使用水资源，创造了良性循环的水生态系统，并增加了长江经济带可用水资源的数量，为其他区域带来正效应，产生了外部收益，而前者却并没有获得收益，此时社会边际收益大于私人边际收益，正外部性由此体现；另一方面，部分区域对生态环境和自然资源过度开发使用，造成流域水源涵养能力下降，并减少了其他区域的可用水资源数量，为其他区域带来负效应，产生了一个外部成本，而前者却并没有为此付出成本，此时社会边际成本大于私人边际成本，负外部性由此体现。外部性的存在，使得长江经济带水源涵养保护与开发的利益相关方之间的环境利益和经济利益发生了错位，严重影响了长江经济带生态资源的可持续利用与区域健康发展。因此，将外部性理论作为本书研究的理论基础之一，构建长江经济带水源涵养生态补偿机制是解决长江经济带水源涵养外部性问题的具体举措，运用政府和市场手段来解决外部性问题。

2. 公共产品理论

大卫·休谟最早发现并提出“搭便车”理论，亚当·斯密对政府职能作出了经典性的界定，至今视为至理；瓦格纳提出“公共支出不断增长法则”，点燃了公共思想的火花；林达尔通过分析两个消费者共同纳税，负担一件公共产品的成本问题，提出了公共产品供给的“林达尔均衡”思想，指出“林达尔价格”就是消费者从公共产品消费中所享有的效用价值，“林达尔均衡”极大促进了公共产品理论的形成与发展；真正将公共产品与私人产品两个概念明确区分的是萨缪尔森，他1954年在《公共支出的纯理论》中提出了公共产品的理论。私人产品则是满足私人个别需要的产品或服务。公共产品理论的成型来自詹姆斯·布坎南和公共选择学派的不断发展。詹姆斯·布坎南与戈登·图洛克、肯尼思·阿罗创立了公共选择理论，为公共产品理论走向成熟作出了重要贡献。

经过众多学者的研究，丰富了公共产品的基本特征，主要包括消费上的非排他性、外部性、效用不可分割性和非竞争性四个方面。纯公共物品区别于私人物品主要有以下三个特征：一是效用的不分割性，即公共物品具有共同受益或联合消费的特点；二是消费的非竞争性，即增加一个消费者不会减少任何一个人对公共物品的消费，边际成本为零；三是受益的非排他性，即在技术上无法阻止拒绝付费的企业或居民享受公共物品。

长江经济带范围内的水资源可以定义为准公共物品。从排他性的角度来看，由于水资源开发使用不能排除他人对本区域水资源的开发使用，因此具有非排他性。从竞争性角度来看，长江经济带区域内的水资源的总量是有限度的，具有典型的竞争性和非排他性，属于准公共物品，长江经济带各地区和各主体都能无偿或较低成本(不足以补偿资源价值)使用流域水资源，即“搭便车”情况。在后续发展中，各地区主体为实现利益最大化，会对水资源无序开发，导致短缺甚至枯竭，“公地悲剧”将难以避免。

为了实现长江经济带水资源的可持续利用，应当积极探索生态补偿机制，对受益者收费，对水资源的供给者进行补偿，完善水资源的合理开发使用，实现长江经济带水资源可持续使用。因此，公共物品理论也决定了水源涵养生态补偿的重要性，也是构建长江经济带水源涵养生态补偿机制的理论基础之一。

3. 博弈理论

博弈论来自英文“game theory”，主要是指博弈方的策略抗衡的对策选择，也称为对策论，即一个组织，面对特定环境条件下，在各自允许选择的行为或策略中进行选择并实施。

由于生态资源具有稀缺性和外部性，不同主体对各自利益的追求会导致不同的经济行为与利益关系的博弈。生态补偿的相关利益者包括生态资源的受益者、生态资源保护的实施者和政府。博弈的实质是“在自然资源和生态环境保护者与受益者之间重新分配的社会净收益之目的，都是追求自身的利益或社会福利最大化”。从博弈论的视角看，生态补偿是为了走出生态“囚徒困境”的一种制度安排。张维迎在《博弈论与信息经济学》一书中曾指出：“公共物品的纳什均衡供给量与帕累托最优供给量之间的差距将伴随着受公共物品影响人数的增加而扩大，随着对公共产品偏好的增强而缩小，同时随着收入分配差距的扩大而缩小。”在长江经济带开发建设的过程中，必然面对不同利益主体和利益形式之间的博弈。在以往的长江经济带开发建设过程中，过分注重经济利益，导致长江流域整体性保护不足，生态系统破碎化，生态系统服务功能呈退化趋势。随着 2017 年《长江经济带生态环境保护规划》的出台，以改善生态环境为核心，确保生态功能不退化、水土资源不超载、排放总量不突破、准入门槛不降低、环境安全不失控，必然要求经济利益与生态利益的协调发展。其次，在长江经济带绿色发展的过程中，各种利益主体利益诉求如何达到博弈均衡状态，包括中央与地方政府在管理权利划分上的利益冲突；生态环境保护者与受益者成本分摊与利益分享。博弈论有很多经典模型，如完全信息静态博弈的智猪博弈、囚徒困境、完全信息动态博弈的蜈蚣博弈等。每个模型的研究视角不同，从博弈各方的内在特征、相互影响选择博弈模型，进行博弈分析，实现各方的利益均衡。因此，在博弈论视角下，建立长江经济带生态补偿机制应包括约束、奖惩、合作、诚信和沟通等方面机制，为协调各方利益主体关系、各种利益形式的均衡提供理论指导。

2.4.2　生态补偿的目标——发展学解析

可持续发展是建立在自然资源的稀缺性和不可再生性的前提之上提出来的，是既满足当代生产生活发展需求，又不损害子孙后代满足发展需要能力的发展方式。可持续发展并不是简单地要求保护环境，而是从更长远的角度来协调经济发展与生态环境之间的关系。生态环境是人类赖以生存的基础保障，当人类的活动对生态系统的影响较小时，生态系统可以通过自身的调节来维持系统的平衡；而当人类的干预程度超过了生态系统的承载能力时，自然资源就会遭到破坏，生态系统的自身调节机制就会丧失。

随着城市化和工业化进程的加快，人们的生活水平有了大幅度的提高，但同时人类的生产和生活活动对自然资源的需求也在不断加大，结果使自然资源日益减少，对生态环境也造成了不同程度的破坏和污染。如何补偿社会活动对自然资源的消耗，维持人类生存与发展的物质基础，保障经济持续稳步地发展，成为目前亟待解决的问题。可持续发展是人类文明发展的内在要求，其核心是在保护环境、资源可持续利用的前提下进行经济和社会的发展。可持续发展要求代内的和谐和代际的公平。生态补偿作为一种自然资源保护的经济手段，协调生态系统服务跨区占用和代际分配的要求，保障了自然界对经济发展所需要的资源供给，促进了经济社会与自然生态的协调，充分体现了可持续发展原则。生态补偿作为生态创新的经济活动，是修复和维护生态系统的重要手段，促进经济社会与生态环境的协调发展。

构建长江经济带水源涵养生态补偿机制的根本目的是保护长江流域生态环境，特别是流域水资源的可持续利用。以可持续发展理论为指导，构建长江经济带水源涵养生态补偿机制，确保经济社会发展与资源环境的协调。而且，生态补偿机制能够成为长江经济带各区域各主体保护和修复生态环境的压力和动力，不断提高流域的水源涵养能力。生态补偿机制是长江经济带经济社会发展和生态文明建设的重要保障，是可持续发展理论的应用实例。因此，可持续发展理论也是构建长江经济带水源涵养生态补偿机制的重要理论基础之一，与流域生态补偿机制共同促进长江经济带水资源的可持续利用与发展。

2.4.3 生态补偿的动因——伦理学解析

生态伦理是人类处理自身及所处的自然生态环境之间关系的道德规范。生态理论的思想虽然很早就产生了，但作为一种理论，是现代西方环境保护的产物，生态伦理的实质是人与人之间如何分配自然资源和分摊环境责任，是从道德的视角审视人的经济活动与环境关系的理论。

生态补偿机制是为了协调处理经济利益、社会利益和生态利益三者之间的关系，在此基础上解决环境权、生存权和发展权之间的冲突。通过生态补偿机制，政府部门对自然资源生态环境的保护者给予经济利益补偿，保障生产和生活得以延续，对生态环境的破坏者和利用者给予相应的征税或惩罚。因此，协调各方利益均衡是生态补偿制度产生与发展的价值动因，也是其正当性与合理性的法理依据。水资源作为维持人类生存最重要的自然资源之一，长江经济带的水资源保护和利用决定着流域人民群众乃至整个中华民族的生存和发展，长江流域不同区域不同主体间的水资源分配、使用和交换也关系到整个流域甚至全中国的公平和效率。这不仅是长江经济带所追求的目标，也是国家和社会管理所追求的目标。

2.4.4 生态补偿的方略——习近平生态文明思想解析

在人与自然的关系认识上，习近平指出人与自然是个生命共同体，人与自然要和谐相处。自然是人类生存之本、发展之基，它为人类创造了适合生存的环境和条件，创造了各种生物物种及整个生态系统。经济的快速发展不能以牺牲环境为代价，人类在改造和利用自然时必须尊重自然、顺应自然、保护自然。这不仅继承了马克思人与自然是和谐共处的有机整体的思想，而且也打开了以整体观、系统观推进生态文明建设的新局面。习近平生态经济思想是植根于马克思主义基本原理与中国实践的理论总结，继承创新了马克思和恩格斯的生态思想，从而推进了马克思和恩格斯生态思想中国化的进程。

马克思认为，自然生产力就是人类开发利用生态环境，将其提供的自然资源作为生活资料的能力。而社会生产力则是指人类通过对生态环境提供的自然资源作为生活生产所需要的物质资料来支撑社会发展的能力。习近平对马克思的自然生产力进行了创新，提出“我们既要绿水青山，也要金山银山。宁要绿水青山，不要金山银山，而且绿水青山就是金山银山”，这一理念让我们深刻认识到保护生态环境对发展生产力的重要作用，这与马克思主义的自然力思想不谋而合，科学合理地利用自然力就能可持续地发展生产力。绿水青山就是金山银山，不仅是依靠对生态资源科学合理开发利用，创造出绿色工业、绿色农业、绿色旅游业等直接经济价值，而且蕴含着绿水青山的生态资源本身就应该具有经济价值的要义（徐子蒙 等，2018）。绿水青山的保护者不仅给我们提供了赏心悦目的景观，更重要的是提供了清洁的空气、干净的水源，以及吸收二氧化碳、涵养水源的山、林、草等自然资源，正是这些山、林、草，给我们源源不断地提供氧气、淡水等自然资源。但是，为了实现山青水绿天蓝，当地一定是放弃了不少发展工业的机会，甚至有些居民还需移民搬迁，这些付出的成本不应该补偿吗？经济价值往往和权利有关，绿水青山的保护者应该享有收取相应补偿的权利，这就是生态补偿。这就要求尽快从法律层面明确生态资源提供者的法定权利，建立多元多层次的生态补偿机制，以山水林田湖草为一个整体，全面评估各地的生态服务价值，计算出当地各类生态资源的生态服务价值净产出，科学划定供给区和受益区，积极发挥市场化作用，采取市场方式交易生态服务价值，以及通过开征生态资源税的方式，参与资源消耗地区、行业的收入分配，并专项用于供给区的生态资源保护和当地居民教育、医疗、养老等公共服务，倡导节约资源和保护环境理念，形成绿色发展方式和生活方式，实现人与自然的和谐共生。而且，习近平总书记深刻提出生态环境保护和经济发展之间的辩证唯物主义思想。生态环境保护和经济发展是辩证统一的关系，而不是矛盾对立关系。生态环境保护的成败取决于是否找到正确的经济结构和经济发展方式。发展经济不能对生态环境进行“焚薮而田”的掠夺，否则会“来年无兽”。生态环境保护也并非舍弃经济发展，应当把二者和谐统一，使经济社会发展与资源、环境、人口、生态等相协调，使美好河山产出巨大生态效益、经济效益、社会效益。同时，他还明确提出“建立健全资源生态管理制度，加快建成国土空间开发保护制度，强化水、大气、土壤等污染防治制度，建立反映市场供求和资源稀缺程度、体现生态价值、代际补偿的资源有偿使用制度和生态补偿制度，健全生态环境保护责任追究制度和生态环境损害赔偿制度，强化制度约束作用”等要求，这些都为整体性、系统性和重构性的生态补偿机制研究与实践指明了方向。2019年，习近平总书记在长江经济带考察时指出其生态环境协同保护机制亟待健全，以及市场化、多元化的生态补偿机制建立进程缓慢等问题，再次对生态补偿机制研究与实践提出迫切希望。

2.4.5 生态补偿的效益——生态经济学解析

追本溯源才能明晰概念的最本质释义，以帮助我们抓住学术研究的源头和主脉。生态补偿的概念起源于生态学，最基本的含义是当生态系统受到外部干扰时，所表现出来的平缓干扰、自我恢复，或者适应生态新负荷的还原能力。随着学科的演化发展，生态补偿的概念在生态学基础上逐渐被赋予更多的经济社会意义。综合考虑经济社会因素，生态补偿是通过调节人类在利用、维护和改善生态系统服务过程中供给者和受益者的利益关系，以实现生态系统服务外部效益的内部化的一种手段或制度安排。本节依次介绍了生态系统服务概念、服务功能和服务价值，以便全面了解生态补偿的内涵。

1. 生态系统服务概念

德国生物学家 Haeckel 在 1866 年最早提出生态学的概念，他认为生态学就是研究生物与环境之间相互关系的科学。在此基础上，英国植物学家 Tansley 在 1935 年提出生态系统的概念，即生态系统是由生态群落和无机环境组成的统一有机体。当前，关于生态系统比较认可的定义认为，生态系统是由植物、动物、微生物和周围自然环境相互影响而组成的功能单元(MA,2003)。

20 世纪 40 年代以来，生态系统理论不断演化，为生态系统服务的深入研究奠定了科学基础。SCEP 在 1970 年首次提出生态系统服务的概念，指出几项生态系统服务功能；Westman(1977)研究了全球环境服务功能、自然服务功能，认为生物多样性会直接影响生态系统服务功能。自从生态系统服务功能概念提出以来，就一直有人不断尝试采用多种更加贴切的语言来表述其内涵，在发展中形成了两类典型的定义：一类是从生态系统作用视角出发，认为生态系统服务就是生态系统通过产品和服务两种路径来实现对人类社会的作用和影响。其中，产品路径是指可以在市场上用货币交易得到的实物型商品，如食物、木材、工业原材料等，具有非公共的性质；服务路径则是指不能通过市场交易获得，但对人类具有重要影响的非实物型的公共性功能，如水的净化、地下水的交换、营养物质的循环等(Costanza et al,1997)；另一类认为“生态系统服务是指生态系统及其生态过程所形成与所维持的人类赖以生存的环境条件与效用”(Daily,1997)。2003 年，联合国为评估生态系统变化对人类福祉所造成的后果，发布“Millennium Ecosystem Assessment”项目报告，认为生态系统服务即人类从生态系统中得到的收益。

2. 生态系统服务功能

生态系统服务功能是指从生态学角度来看，能为人类带来各种惠益的生态系统结构或生态过程所产生的综合作用(张彪 等,2009)。

1)生态系统服务功能分类

全面认识与科学评估生态系统服务，需要构建生态系统服务功能分类体系

(Wallace,2007)。然而,生态系统服务的依存关系错综复杂,其分类研究一直是个难点问题。国内外已有多位学者分别从不同的角度和内涵理解出发作出分类(欧阳志云 等,1999;谢高地 等,2008;Costanza et al,1997;Daily,1997;De Groot et al,2002;MA,2005),归纳总结当前关于生态系统服务功能的各种观点,形成不同分类方法下的生态系统服务功能划分表,如表 2.1 所示。这些分类体系均能概括生态系统服务功能的主要类别,有利于专项研究生态系统的服务功能。

表 2.1　生态系统服务功能分类方法

17 类分类法 (Costanza et al, 1997)	5 类 1 项分类法 (Daily,1997)	4 类 20 项分类法 (MA,2005)	9 类分类方法 (欧阳志云 等, 1999)	4 项 14 类分类方法 (谢高地 等,2008)
大气调节	**产品生产**	**供给服务**	固定太阳能	**供给服务**
气候调节	食物	粮食	调节气候	初级产品提供
干扰调节	医药品	淡水	涵养水源及稳定	淡水供给
水调节	耐用材料	薪柴	水文	**调节服务**
水供应	能量	纤维	保护土壤	大气调节
侵蚀防止	工业原料	生物化学物质	养分贮存与循环	水文调节
土壤形成	基因资源	遗传资源	维持进化过程	环境净化
养分循环	**再生过程**	**调节服务**	污染物的吸收与	气候调节
废物处理	循环与过滤	气候调节	分解	废物处理
传粉	迁移过程	控制疾病	维护地球生命系	**支持服务**
生物控制	**稳定过程**	调节水资源	统的稳定平衡	养分蓄积
提供避难所	**丰富生活**	净化水源	提供娱乐美学文	土壤保育
食物生产	**选择价值**	**支持服务**	化及社会价值	防风固沙
原材料		土壤形成		维持生物多样性
基因库		养分循环		**社会服务**
娱乐		初级生产		休闲旅游
文化		**文化服务**		促进就业
		精神与宗教		科研文化历史
		消遣旅游		
		美学		
		激励		
		教育		
		地方感		
		文化遗产		

2)生态系统服务功能特点

随着人类对高质量发展理念认识的不断深化,愈发重视维持和保护好生态系统服务功能,这是实现我国生态文明建设的根本保障。生态系统服务功能的特点主要包括空间异质性、整体效益多元化、公共效益性、不可逆性。

(1)空间异质性。独立的生态系统是在一个特定的地理区域内形成的,因此其生态系统服务功能具有明显的地域性特征，在一定程度上向外流动辐射，将生态效益输出至其他区域甚至全球。

(2)整体效益多元化。生态系统服务功能不是由单个要素发挥作用，而是生态系统所有要素综合发挥作用(阎水玉 等，2002)。例如森林生态系统在提供木材的同时，还表现为土壤保育、水源涵养、大气净化、保护生物多样性等作用；湿地生态系统能够调节水循环、固定 CO_2、分解废弃物、文化娱乐等。

(3)公共效益性。生态系统服务功能是依托于生态系统而存在的，生态系统所产出的是生态系统服务功能可以随着生态介质的流动而转移至其他区域，具有较强的公共效益性。例如森林生态系统的经营者无法因受益者不付费而将受益主体排除，无法控制生态系统服务的流动转移。

(4)不可逆性。生态系统通过物质、能量、信息的输入与输出为人类提供相关服务，并维持自身的稳态。当系统稳态受到自然灾害、污染物排放、物种入侵等外来冲击超过其阈值时，会破坏生态系统原有结构，导致生态系统的平衡状态被打破，伴随发生的是，生态系统服务功能随之下降甚至消失，整个过程不可逆。

3. 生态系统服务价值

生态系统服务价值是指生态系统功能被人类获得或消费所带来的经济价值。

1)生态系统服务价值分类

经国内外学者研究，生态系统服务价值存在多种分类方法(欧阳志云 等，1999；孙刚 等，2000；De Groot et al，2002；张明军 等，2004)，其中比较常见的分类是分为直接使用价值、间接使用价值、选择价值、遗产价值和存在价值，如图 2.1 所示。

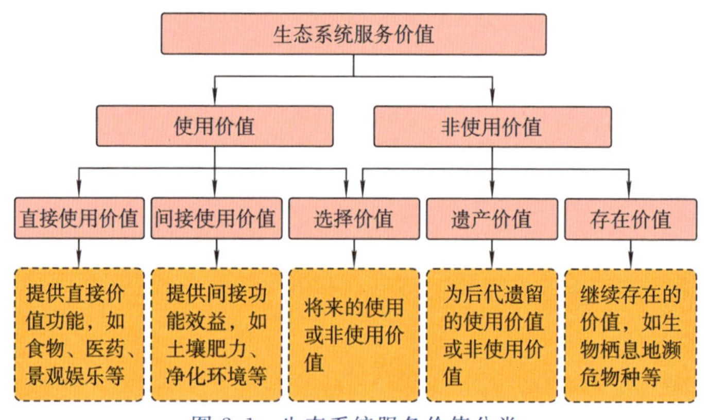

图 2.1　生态系统服务价值分类

(1)直接使用价值。主要是指生态系统产品直接产生的价值，可以用市场价格进行估算，如木材、薪柴、建材、药材、肉类、鱼贝类、毛皮等，可在市场上进行交易。但是实际中，某些生态产品常常无法在市场上流转，而是供自己消费。

(2)间接使用价值。主要是指生态系统产品或服务无法市场化。一般情况下，生态系统的间接价值要远高于其直接使用价值。

(3)选择价值。主要是指为了间接利用和直接利用、间接利用生态系统服务的支付意愿。

(4)遗产价值。主要是指能够留存到子孙后代,在将来被利用的生态系统服务使用价值或非使用价值。

(5)存在价值。主要是指生态系统本身具有自身存在的价值,如生态系统生物多样性功能等。

2)生态系统服务价值评估方法

生态系统服务价值评估方法主要有三种:一是经济价值评估,利用经济学理论对生态系统服务价值进行评估评价;二是能值评价评估,运用能值理论与方法,以生态系统的能量流动为基础,来实现生态系统服务价值的量化;三是生态足迹评价评估,以生态系统中物质流为基础,对生态系统的实物价值开展分析,来实现对生态系统服务的实物价值进行量化。本书主要运用经济学理论和生态经济学思想对生态系统服务进行评估,着重分析经济价值评估方法,主要分为实际市场评估、替代市场评估和假想市场评估三种类型。

(1)实际市场评估技术。主要是指对具有实际市场价值的生态系统服务产品进行评估。

(2)替代市场评估技术。主要是指估算生态系统服务替代品的价值,间接估算其经济价值。主要包括机会成本法、旅行费用法、享乐价格法、防护费用法、恢复费用法、影子价格法、影子工程法等。

机会成本法(opportunity cost method)是指为了生产一种产品而放弃另一种产品的价值。例如计划将一个某湿地生态系统开发为农田,那么开发发展该农田的机会成本就是该湿地生态系统处于原有状态时所具有的全部效益之和。

机会成本法简单实用,容易被公众理解和接受,因此经常被应用于某些生态资源应有的社会净效益不能直接估算的场合,如森林生态系统保持表土的价值(欧阳志云 等,1996;薛达元 等,1999)及森林对有机质循环的贡献等(薛达元 等,1999)。机会成本法无法评估非使用价值及那些有明显外部性且外部性收益很难通过市场化来衡量的公共物品。

旅行费用法(travel cost approach),也可被称为费用支出法或游憩费用法。它的基本假设是人们去某个地区的旅行时间和旅行费用就代表了进入这个地点的价格,也就是使用人们的旅行花费来代表人们间接表达其支付意愿。这种方法应用了传统经济学的方法和理论,是建立在实际发生的市场行为基础之上的,评估结果具有较高的可信度,目前已经普遍应用于森林游憩价值评估中。

享乐价格法(hedonic pricing method)是指愿意享受优质生态产品所支付的价格。它的假设前提就是人们不仅仅考虑商品本身价值,更多的是着重考虑商品及其周围的特性。此种方法要求人们明白其支付意愿是和环境因素相关的，而且人们的选择常常受到很多因素的限制，如收入、年龄、文化等。同时，这种方法要求较高的统计学知识，并且评估结果过度地依赖函数形式的选择和模型的设定。因此，享乐定价模型一般比较复杂，在发展中国家中目前还很少应用。

防护费用法(defend cost method)是指采用保护措施来防止环境恶化或者服务功能消失所承担的费用。

恢复费用法也称重置成本法(replacement cost approach，RC)，是指当面临损害后，通过重置恢复或者重置某种功能所花费的成本来评估其价值，即通过重置恢复生态系统及其服务功能所花费的成本代价来估计该项生态系统服务的价值。例如森林生态系统净化 SO_2 价值采用平均治理费用(余新晓 等，2005)，采用削减粉尘的治理费用来估算森林滞尘价值(欧阳志云 等，1996)。重置或完全恢复生态系统服务基本上是不可能的。有些能够部分代替生态系统的某个产品或服务，但也可能会产生额外的负面效果。同时，此方法假设生态环境受损之后有可能得到完全恢复，实际上有许多生态环境影响是未被充分认识的、长期存在的或不能被完全恢复的，因此这种方法对生态环境变化影响的估计不足。

影子价格法(shadow price method)是指在市场上以相同或相近的产品价格来估算公共生态产品的价值(欧阳志云 等，1996)。

影子工程法(shadow engineering method)是指代替原来受损生态系统服务功能的工程费用(李金昌 等，1999)。

(3)假想市场评估技术。是指通过对生态系统服务设置虚拟市场进行价值评估，主要包括条件价值法和排序法等。

对于某些生态系统服务效益，如景观、文化、审美和历史精神等，假设在市场条件下模拟其经济价值。这种方法即为条件价值法，又称意愿调查法、陈述偏好法和假设评价法等。

条件价值法适用于缺乏替代市场和实际市场的商品价值评估，其评价范围较广，包括从使用价值到非使用价值(如存在价值和遗产价值)，再到各种可用语言表达的无形效益的评估。但是，条件价值法也有其局限性，主要表现在假想性和偏差。假想性是指通过条件价值评估法确定每个人对生态系统服务的支付意愿是以假想数值为基础，而不是依据数理方法进行估算。同时，条件价值法在策略、手段、信息、假想及嵌入效应等都存在一定偏差。

排序法是指对人类喜好进行分级定价，进而对生态系统服务价值进行评估，以估算生态系统服务价值。

此外，因子收益法和人力资本法也可用于生态系统服务价值的评估。不过，由于不同的经济价值评估方法需要满足相应的假设前提和约束条件，因此对不同生态系统服务功能的适用性也不同。

2.5　研究区域概况

2.5.1　自然地理条件

长江经济带是指沿长江附近的经济圈，覆盖上海、江苏、浙江、安徽、江西、湖北、湖南、重庆、四川、云南、贵州等 11 个省市，面积约为 211 万平方千米，约占全国陆域国土面积的 1/5，如图 2.2 所示。长江经济带东西长约 2 200 km，横跨我国大陆三级阶梯，流经山地、高原、盆地（支流）、丘陵和平原等，主要包括青藏高原、横断山脉、云贵高原、四川盆地、江南丘陵、长江中下游平原。平原和盆地面积占比为 17.7%，丘陵和山地占比为 82.3%，如图 2.3 所示（陈雯 等，2015）。该区域包含了鄱阳湖、洞庭湖、太湖及巢湖等国内著名湖泊。

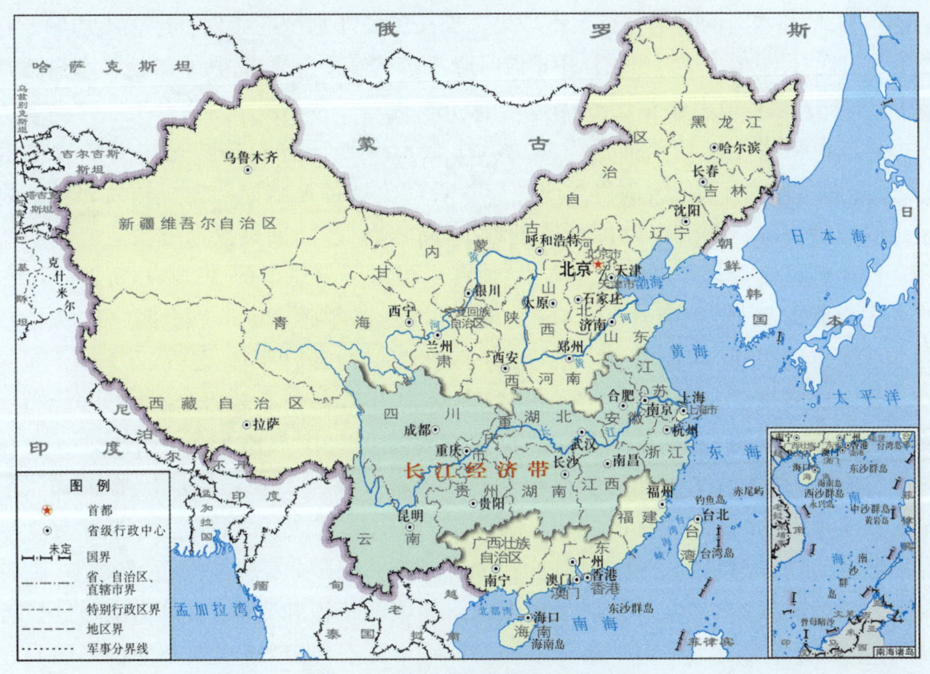

图 2.2　长江经济带地理位置示意

长江经济带气候是在太阳辐射能量、东亚大气环流、青藏高原和北太平洋及各地区不同的地形条件影响下形成的。年平均气温呈东高西低、南高北低的分布趋势，中下游地区气温高于上游地区，江南气温高于江北，江源地区是全流域气温最低的地区。由于地形的差别，在气温的总分布趋势下，形成四川盆地、云贵高原和金沙江谷地等封闭式的高低温中心区。中下游大部分地区年平均气温在 16～18℃，而江源地区气温极低，年平均气温在 −4℃左右。

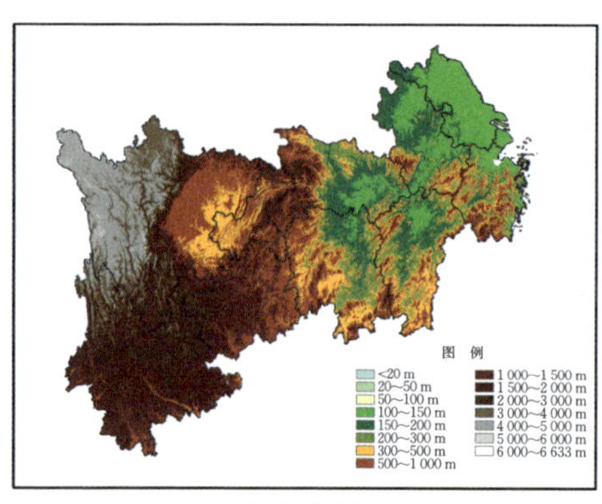

（a）高程

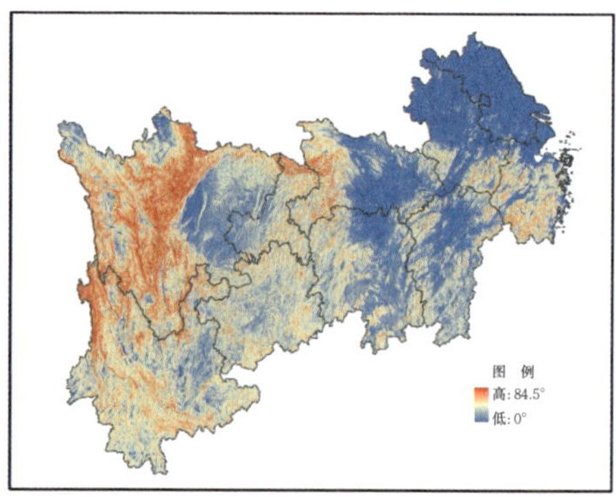

（b）坡度

图 2.3 长江经济带高程和坡度分布

长江流域平均年降水量为 1 067 mm，由于地域辽阔，地形复杂，季风气候十分典型，年降水量和暴雨的时空分布很不均匀。长江流域降水量的年内分配很不均匀。春季降水量逐月增加，6—7 月，长江中下游月降水量达 200 余毫米；秋季各地降水量逐月减少，大部分地区 10 月雨量比 7 月减少 100 mm 左右。冬季降水量为全年最少。

长江流域多年平均陆面蒸发量为 541 mm，其地区分布趋势是中下游大于上游，平原和盆地大于山区，南岸大于北岸。长江流域各地陆面蒸发呈随高程增加而递减的趋势，即高程越高，陆面蒸发量越小；高程越低，陆面蒸发量越大。

长江年径流量为 9 600 亿立方米，约占全国水资源总量的 36%，水资源供给和洪水蓄泄能力较强，拥有 3 600 km 的通航里程（虞孝感，2003；王传胜 等，2010）。生态系统类型多样，植被类型丰富，生物多样性程度较高（张体操 等，2013）。

长江经济带覆盖全国 11 个省市，空间结构极化态势显著（段学军 等，2009）。长江经济带在国土空间结构中的地位及其对全国尺度战略部署的响应，体现在两个方面：一是在效率优先的阶段（1999 年之前），成为要素集聚的优势区域和率先发展的重点区域；二是在区域协调发展阶段（2000 年之后），成为辐射带动全国均衡发展的核心轴带和重点地区（樊杰 等，2015）。区域发展差距逐步缩小，主要表现为三个特点：一是人口依然呈现出东向集聚的特征和趋势，人口集聚程度显著提高；二是经济发展水平由下游至上游呈梯级下降态势，经济规模东部也仍旧明显大于中西部；三是中西部局部城市群区域表现出经济快速增长的态势和潜力，干流沿岸地市和外围地市的经济发展差异逐步缩小。

2.5.2 生态环境

长江经济带在森林、湿地、水土资源方面占据全国总量的近三分之一，尤其是森林资源超过了 40%，是我国重要的生态宝库之一，这也充分突出了长江经济带在我国生态系统中重要的战略地位。目前，长江经济带水资源开发利用率较高，导致开发过度。每年用水、蓄水、调水量等非常巨大，影响河流正常的生态用水（杨桂山 等，2011）。水环境和大气环境质量逐渐下降，生态脆弱性和敏感性不断增加，生态退化日趋严重。长江流域需治理的水土流失面积约占全国水土流失治理面积的 35%。因此，长江流域被作为重点区域整治防范水土流失。20 世纪 90 年代以来，随着长江中上游天然林保护工程、退耕还林工程、防护林体系建设工程等重大工程的实施，森林生态系统得到了逐步恢复，缓解了水土流失的恶化。

2.5.3　社会经济状况

长江经济带不仅是一条依托黄金水道的交通物流线，而且是一条产业密集分布的城市经济带，是我国推进区域梯度开发的重要轴线和新型城镇化的主战场，在我国国土开发中的作用日益显著。长江经济带经济发展水平在不断提高，2016 年国内生产总值（gross domestic product，GDP）为 33.72 万亿元，占全国经济发展总量的近 40%，是 2010 年的 1.9 倍，上升幅度较大，并且人均水平要高于全国平均水平。从区域经济发展差异的变化来看，2005—2016 年，长江经济带地区生产总值的变异系数逐渐缩小，由 2005 年的 1.54 逐步下降到 2015 年的 1.28，表明区域发展逐渐走向均衡化。经济发展结构逐步优化，整体呈现“三二一”的结构，但低于全国平均水平。长江经济带作为传统工业重要基地，存在许多不合格、重污染的企业亟须清退与转型，尤其是沿江地区。

截至 2016 年，长江经济带地区农村、城镇居民家庭恩格尔系数平均分别为 33.55%、30.48%，超过全国平均水平的 32.24%、29.30%。随着城镇化建设不断推进，我国居民生活保障也在不断地加强与优化。城镇化率目前达到 58.14%，稍高于全国平均水平 57.35%。在经济社会发展方面，长江经济带整体在人口和经济总量上均占全国近 40%的比重，同时作为我国三大发展战略之一，对我国经济社会发展具有不可替代的作用。长江经济带整体居民生活水平不断提高，公共服务体系逐渐完善，生活保障不断优化。

2.5.4　研究数据来源

本书研究所需的数据包括土地覆被数据、数字高程模型（digital elevation model，DEM）数据、社会经济数据、水文数据、土壤数据、气象数据、遥感数据等。数据选取的时间范围是 2000 年、2010 年、2016 年，主要有三个方面的原因：第一，2000 年以后经济社会快速发展，与资源环境之间的关系迫切需要研究；第二，受到遥感影像资源限制，部分遥感数据只有 2000 年以后才有；第三，本书研究时用到的经济社会发展统计数据（涉及 9 个省 129 个地级市、自治州和 2 个直辖市，本书统称为 131 个地区），很多地区尚未公开发布 2017 版本数据，只能就近采用 2016 年的数据。

1. 遥感数据

高分遥感影像采用 Landsat 作为主要数据源，筛选出长江经济带 2000 年、2010 年、2016 年影像。

DEM 数据从美国 EROS 中心（Earth Resources Observation and Science Center，EROS）下载，利用 ArcGIS 软件进行转换投影，截取研究区范围内的 DEM 数据用于分析。

夜间灯光指数（nighttime light index，NTL）利用夜间灯光影像数据可以直接反映人类活动强度的特性，多应用于城镇化监测、区域经济发展差异、城镇扩张对生态系统的影响等研究。夜间灯光数据有 DMSP/OLS、NPP-VRRIS 等类型，其中 DMSP/OLS 夜间灯光应用较为广泛。DMSP/OLS 数据是美国的国家地理数据中心（National Geophysical Data Center，NGDC）从 1994 年积极开展的基于 OLS 数据进行绘制全球夜间灯光的计划，并开发出稳定灯光产品的时间序列，其影像数据值为无云图幅稳定光的年均灰度（digital number，DN）值，时间尺度包含 1992—2013 年的长时间序列。由于本书的研究时间尺度是 2000—2016 年，因此，2016 年灯光指数数据采用武汉大学的珞珈一号卫星的影像产品。

2. 土地覆被数据

土地覆被数据为 Landsat 解译数据，包含 2000 年、2010 年、2016 年三期，空间分辨率为 30 m。

3. 气象数据

本书多个模型和参数的计算涉及气象数据，对应于土地覆被数据的时间，选取三个时段（2000 年、2010 年、2016 年）研究区内气象站点的日值数据（包括气温、日最高气温、日最低气温、降水、气压、水汽压、相对湿度、辐射、风速和日照时数等），计算得到 2000 年、2010 年、2016 年相应气象参数的平均值（降水为年度总和）。

4. 土壤数据

土壤数据来源于联合国粮农组织（Food and Agriculture Organization of the United Nations, FAO）的世界土壤数据库（Harmonized World Soil Database，HWSD），其中我国的土壤数据来源于中国科学院南京土壤研究所提供发布的 1∶100 万比例尺全国土壤数据。

5. 水文数据

水文数据来源于水文统计年鉴，从中获取本书研究区降水量、水面蒸发量观测站的数据。

6. 社会经济数据

社会经济数据包括地区的地区生产总值、人口数量、交通里程、建筑房屋面积、农产品产量、主要动物产品产量、用水量等，数据来源于统计年鉴（2000 年、2010 年、2016 年）等资料。

第3章　生态补偿机制实践现状和水源涵养概况

本章主要总结了国外生态补偿实践的经验，分析了国外政府主要从法律和财政支持的角度去推动生态补偿实践，并梳理了易北河生态补偿实践及田纳西河生态补偿实践的经验，为我国生态补偿管理工作提供参考。

同时，本章阐述了我国水源涵养和生态补偿机制的发展现状。一方面，总结了我国水源涵养研究所使用的评估指标，并对我国各大流域水源涵养能力的变化进行总结，分析得出1980—2000年我国各流域水源涵养能力的变化大致呈一个U形的变化过程。另一方面，分析了我国生态补偿的进展情况，总结出我国生态补偿存在的问题主要有：①补偿方式单一，补偿标准偏低；②补偿范围过窄，覆盖面不全，补偿力度不够；③市场机制欠缺，资金来源单一；④补偿标准缺乏依据，政策法规不够健全。

此外，本章介绍了长江经济带水源涵养和生态补偿机制的发展现状，总结出长江经济带生态补偿存在的问题主要有：①不同地区生态系统和经济发展禀赋存在差异；②生态补偿的市场条件较欠缺，补偿方式较为单一；③不同地区对资金需求和使用差异较大，"平均分配"模式导致部分资金利用效率不高；④存在财力不足、投入有限、效益不高等问题。当前国内学者对长江经济带的生态补偿机制研究主要集中在生态补偿标准和可持续发展战略及生态补偿方案制定等方面，并指出存在财力不足、投入有限、效益不高、加重政府负担、补偿效果难以评估、可持续保护能力不足等问题，因此迫切地需要长江经济带生态保护长效机制的建立。

3.1　国外生态补偿实践

国外生态补偿的研究与实践起步都较早，在农田、森林、流域、矿产资源、海洋等诸多领域生态补偿理论、方法、技术、制度和机制等方面都积累了大量成功经验，并且日趋成熟。因此，分析和学习国外生态补偿的实践，吸收借鉴其成功经验，对于建立和完善我国特别是长江经济带生态补偿机制非常有必要。

3.1.1　法律推动生态补偿

从国外的成功经验来看，各国政府都充分认识到政府的主要作用主要体现在制定法律规范上，利用法律法规和制度推动生态补偿的进程，解决市场难以自发解决的资源环境保护问题。早在20世纪20年代，美国就出台了《矿山租赁法》，要求保护土地和自然资源。随后，美国的一些州也开始制定地方法律法规，保护矿山生态环境。1939年，西弗吉尼亚州颁布了第一个关于采矿修复的法律《修复法》。法国于20世纪60年代通过一项法律，授权在自然区域和敏感区域征收特别费用，作为土地管理方面的费用。1979年，法国颁布的《法国环境法典》规定，矿业开采人应将受到破坏的场所恢复原貌。20世纪70年代，日本颁布的《水源地区对策特别措施法》以法律形式将生态补偿机制作为普遍制度固定下来。德国的跨境流域管理，受到欧盟的《水框架指令》和国家的《联邦水法》的约束，各州也建立起相应的水法案。日本《森林法》规定国家对被划为保安林的所有者加以适当补偿，同时要求保安林受益团体和个人承担一部分补偿费用。

3.1.2 生态补偿资金多元化

在制定颁布相关法律法规基础上，各国都相应建立了有效的生态补偿资金筹措机制，积极拓宽生态补偿资金的来源渠道，争取到来自政府、国际组织、企业、公益机构等多方的补偿资金，突破了以往单一依赖政府财政转移支付的补偿方式和资金不足的困境，并且采用多样化补偿方式，如资金补偿、物质补偿、能力建设、技术协助、提供就业等。通过资源权益金调节不同资源使用者之间的关系，如通过自然资源出让金和自然资源有偿使用费调节国家与使用人之间的关系；通过具有生态特征的消费税等来调节自然资源消费者与社会的关系，如政府使用财政资金购买生态服务、复垦费和修复费、生态补偿基金和实物补偿。例如德国与捷克对易北河流域整治的经费来源于居民和企业的排污费、财政贷款、研究津贴及下游对上游的经济补偿等多种渠道。

3.1.3 生态补偿模式多样化

污染者付费和受益者付费是当前生态补偿的两种主导性原则。其中，污染者付费原则（谁污染、谁付费）是以庇古为代表的新古典经济学家提出的解决外部成本性问题的重要原则。《里约环境与发展宣言》将污染者付费原则界定为污染者原则上应承担污染成本，该原则在国际上跨境资源环境处理中得到广泛认可和运用，如欧盟的《多瑙河保护公约》、德国与捷克的《国际保护易北河委员会公约》、美国与加拿大的《边界水域条约》等。受益者付费原则（谁受益、谁付费）则主要基于科斯为代表的新制度经济学家从产权激励角度提出解决外部成本性问题的原则，这一原则逐步受到国家社会的重视，目前主要实践案例出现在省际间或私人部门间的协议，用于弥补污染者付费原则的不足。生态保护不再是政府的强制性行为和社会的公益事业，而成为投资和收益相对称的经济行为，需将政府与市场两种方式相互结合。其中，政府主导模式是当前国外最为普遍的主流模式，具体分为政府唯一补偿和政府主导两种。市场主导模式包括市场化运作模式和生态产品认证两种模式。市场主导模式和政府主导模式互为补充。主要模式案例如表3.1所示。

表3.1　生态补偿模式典型案例

补偿模式	典型案例	具体方式
政府主导模式	美国土地休耕保护计划	由政府补贴,农民实施10～15年的休耕还林还草等长期性植被恢复保护计划
	德国和捷克易北河流域保护机制	成立双边合作组织,处于下游的德国通过资金补偿捷克,用于改善上游污水处理和企业排污设施,对捷克相关企业因此造成的成本和经济损失给予补偿
	英国保护生物多样性的北约克摩尔斯农业计划	该计划相当于英国政府向私有土地主购买生态服务;农场主和国家公园主管机构按自愿参与原则达成协议,长久保护农业风光和生态
市场主导模式	法国Perrier Vittel矿泉水公司为保持水质对水源地农民付费	法国Perrier Vittel矿泉水公司与水源地农民协商签订补偿协议,约束和补充农民保护水质
	哥斯达黎加森林生态保护补偿	政府设立国家森林基金,专门用于管理和实施森林生态效益补偿
	澳大利亚新北威尔士地区农民向上游付费	组织下游的农民向新南威尔士林业部门支付费用,用于其植树造林,解决土地盐渍化

3.1.4　建立多层次共同治理体系

国际上十分注重生态系统的完整性,对跨境生态补偿逐渐从传统的单一对象管理到基于生态系统的综合管理转变,并将经济发展、社会福利和环境的可持续发展纳入决策过程与政策框架中。跨境生态补偿需要打破部门、地区和行业界限,通过相应的双边或多边协议,成立执行委员会,建立有效的协调与合作机制,实现有效沟通、共同治理。例如,欧洲莱茵河流域通过成立流域国际保护委员会,统一协调制定协议,并由流域内各国派驻代表统一监督落实。德国和捷克两国达成易北河双边协议,成立由两国专业人士组成的双边合作组织,共同治理易北河。此外,北美洲密西西比河流域、南美洲亚马孙流域、非洲尼罗河流域等均采用公约框架作为基础,并设立常设机构的责任共担协作机制,开展流域生态补偿和生态修复工作。

3.1.5　差异化生态补偿标准

补偿标准的制定是生态补偿机制建立的重点,直接关系到机制的实现及效果,国外积极探索生态补偿标准的制定和完善,目前制定依据主要包括基于损失的直接成本及机会成本和生态服务价值等。其中,以损失的直接机会成本作为补偿标准的代表有墨西哥的土地平均机会成本和哥斯达黎加的造林机会成本核算。从生态效益角度出发,通过生态服务价值确定标准的代表有加拿大温哥华机场扩建对鸟类栖息与迁移影响、法国 Perrier Vittel 公司为上游保持水质付费等。由于国家在经济发展水平和补偿内容、保护效果等方面的差异，补偿标准的确定也存在一定差异，往往还会综合考虑区域特点、补偿主体意愿等实际情况进行综合分析。例如美国不同地区、不同时间的“土地休耕保护计划”项目补偿标准(租金率)有所差异，一般由农场主参与项目竞标时提出。

3.2 国外生态补偿案例

3.2.1 德国与捷克易北河生态补偿

易北河流域上游为捷克，中下游为德国。1980 年之前，由于未开展流域整治，水质快速下降。为提高农用水灌溉质量，保持流域生物多样性，减少流域污染物排放，根据其自然地理特点，德国和捷克于 1990 年达成双边协议，成立双边合作组织，共同治理易北河流域。

根据协议，德国在流域两岸建成了 7 个国家公园和 200 个自然保护区，禁止在保护区内办厂、修房或者从事其他影响生态环境的活动。双边合作组织共同制定措施筹措流域治理经费，主要包括三个方面：第一，下游德国对于上游捷克的生态补偿，德国环保部于 2000 年提供 900 万马克用于建设两国交界的城市污水处理厂；第二，对于流域治理工作提供政策性贷款；第三，对于企业和居民统一征收排污费，一部分用于污水处理厂的运维，另一部分纳入国家环保部门专项资金。经过近三十年的治理，易北河流域的生态环境状况得到较大改善。

3.2.2 美国土地休耕保护计划

美国政府根据 1985 年的食品安全法案，于 1986 年实施了“土地休耕保护计划”(conservation reserve program, CRP)。以自愿参与为原则，由政府补贴，农民在 10～15 年内进行休耕还草、还林等植被恢复保护活动。该计划的主要目标是对那些极易被生长环境中的化学成分侵蚀和适应能力比较差的农作物用地进行政府补贴，激励农作物种植者积极保护植被，达到改善水质、控制土壤侵蚀、改善野生动植物栖息地环境的目的(冉瑞平，2007)。

美国 CRP 工程的补偿主要由植被保护的实施成本和土地租金补贴两部分组成。由于不同耕地类型所需要的生产条件不同，农业部门根据当地土地的租金价格和相对生产率来确定每一类耕地单位年最高的补偿金额。同时，CRP 工程还向农民提供成本补偿，用于植树、植被和种草的管理与护理，但补偿额度不超过农民总成本的 50%。农民获准参加 CRP 工程后，根据自己的意愿与农业部门签订休耕合同，按照批准的面积和合同协商的补偿标准享受补贴(何沙 等，2010)。

3.2.3 法国 Perrier Vittel 公司水质补偿

Perrier Vittel(以下简称 Vittel)矿泉水公司是法国最大的天然矿物质水制造商。20 世纪 80 年代,其水源地受到当地养牛业的污染,为恢复原有水质,提高竞争力,Vittel 公司以购买土地所有权和服务补偿的方式,向水源地农民和林地拥有者支付生态服务。

方式之一是,公司以高于市场价的价格向水源地的土地所有者购买土地,同时,承诺将土地使用权无偿返还给愿意改进土地经营措施的农户(吕晋,2009),农民必须控制奶牛场规模,减少杀虫剂使用,放弃谷物种植及改进对牲畜粪便的处理方式等(冯俏彬,2014)。方式之二是,公司与同意将土地利用转向的农场签订长期合同,每年按面积向农场支付可观的补助,并提供免费的技术支持,同时为新的农场设备购置和农场建设支付费用,合同期内建筑和设备的所有权归 Vittel 公司,并且其使用受公司的监督。

3.3 我国生态补偿机制情况

3.3.1 我国生态补偿机制进展

生态补偿是我国自然资源管理工作的重要内容。具体来看,从 2001 年起,国家每年支付 10 亿元在全国 11 个省份的 658 个县(单位)和 24 个国家自然保护区对管护费进行试点,广东、浙江、福建等省的财政也拿出一定资金进行配套,开展地方公益林补偿的试点。另外,还有退耕还林工程、天然林保护工程和防沙治沙工程中以造林费、管护费、种苗费等形式进行经济补助,来实现森林的生态补偿。

在政策方面,中国共产党的十六届五中全会(2005 年)通过的关于制定“十一五”规划的建议首次提出,“按照‘谁开发谁保护、谁受益谁补偿’的原则,加快建立生态补偿机制。”中国共产党第十八次全国代表大会的大会报告要求“建立能反映市场供求和资源稀缺程度、体现生态价值和代际补偿的资源有偿使用制度和生态补偿制度”。党的十八届三中全会再次强调“完善对重点生态功能区的生态补偿机制,推动地区间建立横向生态补偿制度”。2014 年中央 1 号文件提出进一步完善生态补偿制度,“建立江河源头区、重要水源地、重要水生态修复治理区和蓄滞洪区生态补偿机制”。2014 年政府工作报告强调“推动建立跨区域、跨流域生态补偿机制”。2015 年中央出台的《关于加快推进生态文明建设的意见》指出:“健全生态保护补偿机制。科学界定生态保护者与受益者权利义务,加快形成生态损害者赔偿、受益者付费、保护者得到合理补偿的运行机制。”2016 年“十三五”规划纲要提出“加快建立多元化生态补偿机制,完善财政支持与生态保护成效挂钩机制”,以及“建立健全区域流域横向生态补偿机制”,明确了未来几年水资源生态补偿的工作重点。2016 年 5 月,国务院颁布《关于健全生态保护补偿机制的意见》，明确“森林、草原、湿地、荒漠、海洋、水流、耕地等分领域重点任务，提出建立稳定投入机制、完善重点生态区域补偿机制、推进横向生态保护补偿、健全配套制度体系、创新政策协同机制、结合生态保护补偿推进精准脱贫、加快推进法制建设等体制机制。”2016 年 12 月，财政部与国家发展和改革委员会等四个部门联合印发了《关于加快建立流域上下游横向生态保护补偿机制的指导意见》，明确了建立健全补偿机制的指导思想、基本原则及治理目标，进一步明确流域上下游不同补偿方面的基准和标准，建立起该流域上下游联合治理防范机制，以及与上下游各单位部门签订生态保护的补偿协议，明确了通过区域各地方政府自主签订约束性补偿协议来实施中央财政对该流域的资金补偿机制。将流域跨界断面的水质水量作为补偿基准，流域上下游双方自主协商确定监测指标和补偿方式，并通过联席会议制度协商推进流域保护与治理，国家有关部门会同地方共同制定跨界断面水质水量监测方案，并辅以中央财政奖励支持，具体内容如表 3.2 所示。2017 年，中国共产党第十九次全国代表大会的报告提出“坚持人与自然和谐共生”，“统筹山水林田湖草系统治理，实行最严格的生态环境保护制度”，“要加大生态系统的保护力度”，“建立市场化、多元化生态补偿机制”。

表 3.2 流域上下游横向生态保护补偿机制的具体措施

内容	具体措施
补偿基准	将流域跨界断面的水质水量作为补偿基准。流域跨界断面水质只能更好，不能更差，国家已确定断面水质目标的，补偿基准应高于国家要求
补偿方式	流域上下游地区可根据当地实际需求及操作成本等，协商选择资金补偿、对口协作、产业转移、人才培训、共建园区等补偿方式，鼓励流域上下游地区开展排污权交易和水权交易
补偿标准	流域上下游地区应当根据流域生态环境现状、保护治理成本投入、水质改善的收益、下游支付能力、下泄水量保障等因素，综合确定补偿标准，以更好地体现激励与约束
联防共治	流域上下游地区应当建立联席会议制度，按照流域水资源统一管理要求，协商推进流域保护与治理，联合查处跨界违法行为；流域上游地区应有效开展农村环境综合整治、水源涵养建设和水土流失防治；流域下游地区也应当积极推动本行政区域内的生态环境保护和治理，并对上游地区开展的流域保护治理工作、补偿资金使用等进行监督
补偿协议	上述补偿基准、补偿方式、补偿标准、联防共治机制等，应通过流域上下游地方政府签订具有约束力协议等方式进行明确
保障措施	中央财政对跨省流域上下游横向生态保护补偿给予支持，对达成补偿协议的重点流域，中央财政给予财政奖励；加强跨界断面水质水量监测，国家有关部门和地方共同制定跨界断面水质水量监测方案，完善重要流域跨界断面监测网络，按照统一的标准规范开展监测和评价

在法律方面，关于生态补偿的法律框架还有较大补充空间。我国于 2014 年首

次将“生态补偿”写入新《环境保护法》，此次法律修改首次明确了保护优于开发的工作方针。我国大力发展生态保护并对相关区域政府给予财政转移支付。相关地方政府部门应当确保生态保护补偿金的有效、准确、有力实施。生态保护区的地方人民政府可以与受益地区进行协商，也可以按市场规则来实施生态保护补偿。至此，我国关于生态补偿方面的基本法律依据初步建立。但由于基本法律本身的宏观指导性质所限，在生态补偿的具体实践中仍然缺少可以依靠的实施准则，如果再深究至不同生态背景、不同地域条件的生态补偿工作更是无法可依。以水资源保护为例，虽然我国有关水资源保护的法律较完善，如《水法》《水污染防治法》等，但其中极少提到有关生态补偿的具体细则，因此在实际工作中有关流域生态补偿的相关具体问题也暂时处于无法可依的状态。经过这些年的不断探索，生态补偿制度在国家政策体系中地位更加重要，水资源生态补偿的内容也不断丰富。

在实践方面，根据中央精神，近年来各地区、各部门进行了生态补偿机制建设的积极探索。省级政府间的合作如广东与广西、广东与江西、广东与福建、天津与河北等正在分别推进九洲江、东江、汀江—韩江、引滦入津等流域或调水的上下游横向生态补偿工作，具体内容如表 3.3 所示。其中，广东还肩负着向香港地区供水的职责，根据粤港供水协议，广东省人民政府向广东省供水公司授出供水权利。

表 3.3　流域上下游横向生态保护补偿机制的主要内容

流域	协议	补偿主体	有效期	主要内容
汀江—韩江流域	《汀江—韩江流域水环境补偿协议》	福建、广东	2016—2017 年	广东、福建共同出资设立 2016—2017 年汀江—韩江流域水环境补偿资金，每年两省各投入 1 亿元，合计投入资金 4 亿元。同时，依据考核目标完成情况中央财政确定相应的奖励资金，拨付给流域上游省份，专项用于汀江—韩江流域水污染防治工作。采用双考核指标，既考核水质达标率，又考核污染物浓度。同时，采用“双向补偿”原则，基于双方确定的水质监测数据为考核依据，当上游来水水质稳定达标或改善时，则用下游拨付资金补偿上游；当上游水质发生恶化，则用上游拨付资金补偿下游，从而两省共同推进跨省界水体综合整治
九洲江流域	《九洲江流域水环境补偿协议》	广东、广西	2015—2017 年	治理期间广西、广东两地各出资 3 亿元，共同设立九洲江流域生态补偿资金。此外，中央根据年度考核结果，完成协议约定的污染治理目标任务，将获得 9 亿元的专项资金支持

续表

流域	协议	补偿主体	有效期	主要内容
东江流域	《东江流域上下游横向生态补偿协议》	江西、广东	2016—2018年（暂定）	资金补偿同水质考核结果直接关联。广东、江西两省共同设立补偿资金。依据考核目标完成情况中央财政将补偿资金拨付给江西省，专项用于东江源头水污染防治和生态环境建设等工作。广东、江西共同加强补偿资金监管，确保补偿资金按规合规利用
引滦入津上下游	—	天津、河北	—	初步方案为建立补偿试点，国家按照国土江河流域综合整治试点形式给予资助，河北、天津另各自投入部分资金，以体现谁受益谁补偿的原则

我国水资源生态补偿的实践始于20世纪90年代初期，但至今从国家到地区各层面的实践经验并不丰富。过去，各地方人民政府在对水资源生态方面的补偿方式主要有财政转移支付、征收资源税及建立生态补偿基金，时至今日，各地政府的补偿方式仍停留在这些方面（马超 等，2015）。

3.3.2 我国生态补偿机制存在的问题及应对措施

上述方法均是从特定环境条件下的实践中摸索得出，但在不同环境的运作与推广上至今没有形成统一的标准，尚未建立可靠的制度保障。生态补偿制度的建立是一个逐步完善的过程，我国关于“生态补偿”的宏观指导已经逐渐成熟并开始生效。但是从微观层面上看，在政策指导和法律法规给出大框架的前提下，关于生态补偿工作的具体实施与专门立法还存在较大空白，而且生态补偿涉及的利益关系较为复杂，这也导致了生态补偿制度的建设进展缓慢，进而给生态补偿工作的实践推进带来了相当多的问题和障碍，主要表现在以下几个方面。

1. 生态补偿领域仍存在空缺地带

目前我国南水北调工程、粤港供水、福建向金门供水工程等都已制度化运行，并形成了规范条例，并征收了水资源税作为补偿资金。但部分省与省之间、地市之间、县与县之间等仍存在跨流域跨行政区治理和补偿的难题，补偿措施尚未完全覆盖。在跨国补偿方面，我国与老挝、缅甸、泰国、柬埔寨、越南五国签署了合作协议，提出建设澜沧江—湄公河环境合作中心，共同促进可持续发展。自澜沧江—湄公河环境合作中心成立以来，联合开展了淡水生态系统管理研究和基础设施研究等，但生态补偿方面的实质性进展仍未看到。此外，除上述合作国家外，与我国接壤的国家还有朝鲜、俄罗斯、蒙古、哈萨克斯坦、吉尔吉斯斯坦、塔吉克斯坦、阿富汗、巴基斯坦、印度、尼泊尔、不丹等，与这些邻国之间的生态补偿研究仍然是空缺，需要进一步加强对于边境地区的生态补偿研究。

2. 生态补偿主体划分粗糙

以河流生态补偿为例，流域的水资源补偿多以梯度划分。目前的河流生态补偿围绕上游排污达标与否进行。即上游若治理排污达标，则下游对上游进行经济补偿；若上游排出水质不达标，则对下游进行用于治污的经济补偿。但污染测定与治污补偿多以行政单位总量控制为主，对于污染制造方的责任主体划分并不明确，对于经济补偿的受益方利益分配也不明确，多以行政区划整体为单位进行。不同流域梯度的受益水平、经济发展水平、治污水平、环境条件等因素也均未考虑在内，仅根据流域梯度划分有可能造成上下游行政单位的利益博弈。另外，污染制造方和利益受损方常常为微观主体或个人，对于生态补偿的宏观模式也会产生利益冲突，因此微观利益相关方的惩罚与补偿也需要与生态补偿机制挂钩。

3. 补偿标准缺乏定量依据

对于各类环境的生态补偿标准，目前还没有相对统一的共识，大多数定量模型较为科学，但是由于实际情况复杂，所以仅停留在理论研究阶段。对于生态补偿的实践多数为一次性补偿、定额持续补偿或二者配合，对于集体的量化数额常常没有法定的科学模型标准，因此可能产生种种的利益冲突与权力寻租，出现部分定额补偿连基本的机会成本都无法覆盖的情况。对于不同地域、不同条件的环境资源也缺乏细分管理，常常采用一刀切的标准来进行补偿，难以形成公平、可操作的长效机制。

4. 市场化补偿机制进展缓慢

我国较早开始探索生态产权交易市场，逐步形成了碳排放权、排污权、水权、节能量交易四大板块。但由于上述生态补偿主体划分问题与补偿标准量化问题始终存在，当前大多数地方政府正在建立自然资源清单管理，并且需要相当长的时间形成明晰的产权界定，因此在很多自然资源板块暂时无法形成交易市场。缺乏市场化补偿机制将导致政府资金承担绝大多数生态补偿支出，仅凭补贴式的资金支持会造成企业参与相关领域的积极性不足，市场金融力量无法在公益性与逐利性之间找到平衡点，因此对于生态资源权属的确定、定价与交易模式的研究将是未来改革的重点。

5. 生态补偿方式多样性不足

目前我国生态补偿的方式主要是以财政转移支付为代表的经济补偿，缺少多样化的生态补偿方式。从长远来看，单纯依靠财政转移支付进行补偿并不能够根本改善生态环境状况。而通过生态修复、生态开发和劳动力转移等实物补偿方式，一方面可以改善生态状况，另一方面可以改进生产方式。根据现有的实践经验，采用多样化的手段支持补偿对象进行相关的产业改进，发展生态型、可持续型产业是可行的，需要政策带动企业、相关责任个体多方参与，使生态补偿达到标本兼治的效果。

6. 生态补偿需加强关注资源消耗

现阶段生态补偿主要关注环境污染、资源占用等情况，对于不可再生资源的开采与消耗关注相对不足，现行规定大多采取收取资源税的方式进行生态补偿。但由于部分资源的不可再生属性，单纯的税收调控很难反映资源价值的真实损失。因此，资源开采应制定科学的定价标准，定价应全面反映市场供需、资源稀缺度、生态环境损害成本、生态修复成本等多重价值，所收取的开采费用也应全部用于环境养护，将不可逆损失降到最小。

3.4 长江经济带生态补偿机制现状

3.4.1 长江经济带生态补偿进展

2016 年 1 月 5 日，习近平总书记在推动长江经济带发展座谈会上指出，长江经济带的建设应当秉承生态优先、绿色发展的理念，落实生态环境保护第一的原则，将长江生态环境的修复工作放在第一位置。2018 年 4 月 26 日在武汉举行的第二次座谈会上，习近平总书记提出，要从建立健全体制机制上做好长江经济带的生态环境保护，全方位加快生态补偿机制建设进程，建立健全生态环境约束机制。与此同时，为了达到全流域协同管理的要求，长江经济带各地区应进一步加强生态环境治理方面的协作。因此，通过研究建立长江经济带生态补偿机制，调节上下游之间的利益，调动各省市共同加大对长江生态环境保护的积极性，这对于长江经济带水资源优化配置和质量改善及生态修复非常紧迫，是实现国家“共抓大保护”的最优路径，也是长江经济带发展战略的实施保障。

国内学者积极探索深入研究长江经济带生态补偿机制的建立。熊兴等(2017)通过建立生态足迹模型计算了 2013 年长江经济带生态补偿标准。王坤等(2018)探索设计由各级政府主导下的长江经济带上下游生态补偿方案，具体框架体系如图 3.1 所示。在方案中，详细探讨了补偿主体及客体的确定、补偿方式的选择、补偿资金来源及补偿途径、补偿标准的建立、资金使用和评估、补偿资金筹措、补偿资金初始分配等具体措施。

近年来，针对长江经济带生态环境保护的相关法规政策逐步趋于完善，建立健全长江经济带生态补偿机制的相关工作不断开展，生态保护补偿机制也成了调动长江沿线各省市生态保护积极性的重要手段。国务院在《关于健全生态保护补偿机制的意见》中提出，“在长江、黄河等重要河流探索开展横向生态保护补偿试点”。2016 年 9 月《长江经济带发展规划纲要》正式印发，明确“建立长江生态补偿机制，激发沿江省市保护生态环境的内在动力。……实行分类分级的补偿政策。按照‘谁受益谁补偿’的原则，探索建立开发地区、受益地区及生态保护地区开展横向生态补偿机制”。中国共产党第十九次全国代表大会的报告中指出，“以共抓大保护、不搞大开发为导向推动长江经济带发展”。2017 年底召开的中央经济工作会议提出，“推进长江经济带发展要以生态优先、绿色发展为引领，同时提出要研究建立市场化、多元化生态补偿机制”。

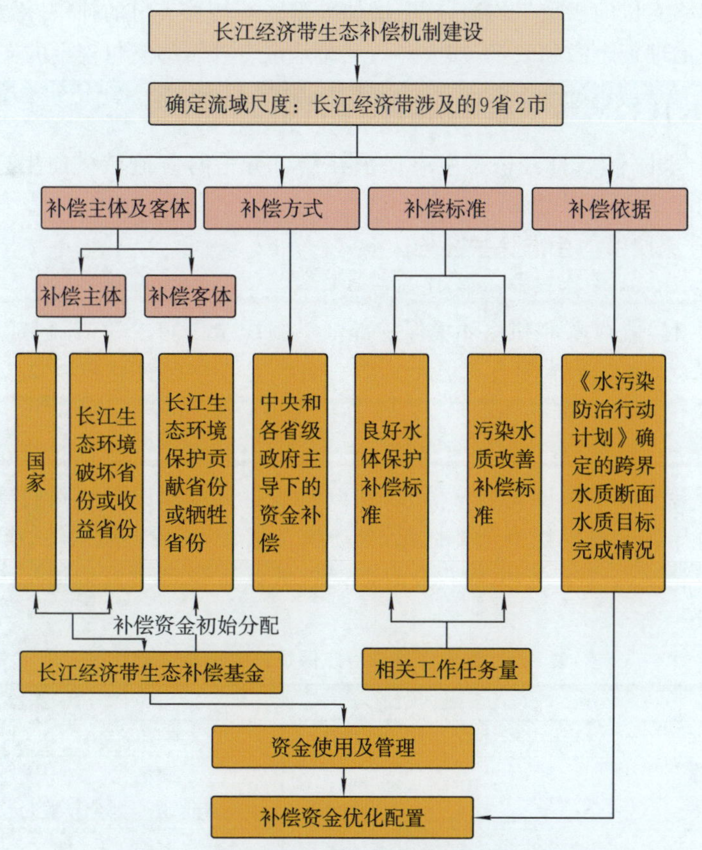

图 3.1　长江经济带生态补偿机制的框架体系

2018 年 1 月 30 日，为了对长江经济带提供全方面的生态环境保护与补偿支持，财政部联合国家发展和改革委员会、水利部、原环境保护部三个部门讨论通过了建立长三角地区生态补偿和长效保护机制，印布了关于《中央财政促进长江经济带生态保护修复奖励政策实施方案》。同年 2 月，四部门为进一步推进长三角地区生态治理修复工作，以及补偿长江流域横向生态机制的确定和建立于重庆召开联合会议。会议指出，长三角经济带的生态治理修复和奖补机制是建立补偿长江流域横向生态机制最为关键的组成部分，因此，经济带地区政府应当尽快明确落实已制定的相关奖补政策方案。2017 年，财政部计划并通过了关于长江经济带水污染专项治理修复资金安排。2018 年 2 月 13 日，财政部颁布了《关于建立健全长江经济带生态补偿与保护长效机制的指导意见》(财预〔2018〕19 号)。文件指出，各地方政府应当统筹规划一般性和专项转移支付的相关资金，增加中央财政资金的投入量并建立起修复补偿长效奖励机制。同时，地方政府也应当增加财政资金的投入，用于探索如何建立起有效生态修复治理和保护奖励机制的资金统筹规划。简单来说，就是通过加大转移支付的权重来均衡分配，增加关键区域转移支付的补偿，落实长三角地区生态修复治理资金激励政策，加大对长三角地区专项转移支付资金的支持力度等。

3.4.2 长江经济带生态补偿的典型借鉴

根据补偿主体，长江经济带生态保护补偿可分为跨省流域横向生态保护补偿和省内横向生态保护补偿。

1. 跨省流域横向生态保护补偿

1)新安江流域生态保护补偿机制试点

2011 年起，由财政部和原环境保护部牵头组织全国首个跨省流域新安江生态补偿机制试点，每年安排资金 5 亿元。第一期新安江生态补偿机制试点以 2012—2014 年作为三年试点期。

2016 年底，安徽、浙江两省签订第二轮生态补偿协议，并提高了资金补助的标准。中央资金三年总额度仍为 9 亿元，并按照逐步退坡原则分年拨付安排；安徽、浙江两省每年各安排补偿资金 2 亿元，各新增 1 亿元，实现环境同治、成本共担、效益共享。两轮试点以来，中央财政及皖浙两省共计拨付补偿资金接近 40 亿元，如表 3.4 所示。

表 3.4　新安江流域生态保护补偿资金安排

拨款方	第一轮(2012—2014 年)		第二轮(2016—2018 年)	
	补偿资金	共计	补偿资金	共计
中央	3 亿元/年	15 亿元	9 亿元 (按逐步退坡原则分年拨付)	21 亿元
安徽	1 亿元/年		2 亿元/年	
浙江	1 亿元/年		2 亿元/年	

根据安徽、浙江两省联合的监测数据显示，在过去的六年时间里，新安江上游流域总体水质总体为优，千岛湖湖体水质总体稳定保持在Ⅰ类，是目前全国水质最好的河流之一。新安江每年向千岛湖输送超过 58.9 亿立方米的干净水，占千岛湖年均入库水量的七成以上。

总体而言，新安江流域生态补偿工作主要有以下特点：一是建立省际联防联动工作机制。安徽、浙江两省通过加强横向沟通，建立了政府间协作机制，统筹推进全流域治理，形成了新安江流域环境保护合力。二是构建生态保护长效机制。围绕工业点源、农村面源、城镇垃圾和污水治理等多个方面，通过搬迁或关停工业污染企业、加强循环经济园区建设、整治规模养殖、建设农村生活污水处理设施等方式手段，逐步建立起生态保护长效机制，全面提升新安江流域的保护和发展水平。三是通过拓宽融资渠道完善投入机制。为解决资金不足问题，黄山市按照“政府引导、市场推进、社会参与”的原则，以试点资金为引导，吸引社会资金参与生态环境建设，与国家开发银行签订 200 亿元融资战略协议，同时推进生态与文化旅游等新业态融合发展新模式，提升生态效益和经济效益。新安江流域生态补偿机制试点创造了良好的生态效益、经济效益和社会效益，对推进全国建立规范化的生态补偿机制提供了良好的经验借鉴。

2)赤水河流域横向生态保护补偿试点

2018 年 2 月，云、贵、川三个省级地区经协商后，签订了赤水河流域横向生态保护补偿协议，约定按照根据 1∶5∶4 的投入比例，合计投入人民币 2 亿元，设立赤水河流域生态补偿资金，分配比例为 3∶4∶3，如表 3.5 所示。

表 3.5　赤水河流域横向补偿资金筹集和分配情况

省份	出资	共同出资	补偿金分配
云南	2 000 万元	2 亿元	6 000 万元
贵州	1 亿元		6 000 万元
四川	8 000 万元		8 000 万元

该协议明确，此次生态补偿实施年限暂定为 2018 年至 2020 年，补偿目标为赤水河生态环境质量达标并保持稳定，水质不恶化。其中，云南省清水铺、贵州省鲢鱼溪等干流国控断面水质年均值达到Ⅱ标准。同时，在茅台镇上游增加监测断面，由四川省和贵州省共同担责；贵州省再增加桐梓河、习水河入赤水河断面为考核断面；在大同河、古蔺河增加跨省界监测断面，责任方为四川省。根据目标，各责任断面考核水质若未完全达标或不达标，其补偿金将被适当或全部扣减，拨付给下游地区。具体操作措施如表 3.6 所示。

表 3.6　赤水河流域横向生态保护补偿实施机制

干流流域	责任方	条件	结果
清水铺	云南	未达标	云南被扣减的补偿金拨付给下游贵州、四川两省
鲢鱼溪	贵州	未达标	贵州被扣减的补偿金，拨付给四川
大同河、古蔺河	四川	未达标	四川被扣减的补偿金，拨付给贵州
桐梓河、习水河	贵州	未达标	贵州被扣减的补偿金，拨付给四川
茅台镇上游断面	四川、贵州	未达标	贵州、四川两省被扣减的补偿金，拨付给下游区县

云、贵、川三省于 2018 年共同签署《赤水河流域横向生态保护补偿协议》，落实补偿资金和项目安排，并通过完善联防联控机制，轮值召开年度赤水河流域环境保护工作协调会，建立环境信息共享机制，强化联合查处和打击，实行流域上下游环评会商及环境污染应急联动，促进三省之间关于赤水河流域保护的沟通协调。同时，三省将进一步深化流域协作，坚持流域统筹与属地管理相结合，实施流域环境保护统一规划、统一标准、统一环评、统一监测、统一执法，落实长江流域“共抓大保护、不搞大开发”的战略部署，共同提升赤水河流域环境保护整体水平。

2. 省内横向生态保护补偿

目前，全国已有北京、河北、山西、辽宁、江苏、浙江、江西、湖北、广东等 9 省

(市)实现了行政区划内全流域生态补偿。2018 年 2 月 1 日,江苏省无锡市和常州市,浙江省开化县和常山县,重庆市永川区、璧山区和江津区也分别签署了跨界水环境横向生态补偿协议。

3.4.3 长江经济带生态补偿中存在的问题

长江经济带生态补偿机制工作取得了一定成效,但仍存在如下问题:

一是长江经济带沿线不同地区生态系统和经济发展禀赋存在差异,生态补偿工作实践进展不一,不同地区的重点工作方向亟待进一步明确。长江经济带涉及覆盖全国 11 个省(市),流域跨度较大,还有一些省份之间存在互为上下游、左右岸的关系。

二是生态补偿的市场条件较欠缺,补偿方式较为单一。目前长江经济带生态补偿主要资金来源仍为财政资金,即根据跨界断面水质目标完成情况,流域下游向上游实施补偿(受偿),难以充分调动社会资本的有效参与,并且不利于形成生态环境保护的长效机制。而且,上游生态补偿的边际收益无法充分体现,流域水环境质量改善的效果难以长期巩固。

三是不同地区对资金需求和使用差异较大,"平均分配"模式导致部分资金利用效率不高。部分地区经济补偿金额远不足以弥补生产转产或生活方式转变应需资金,如涉及畜禽养殖清拆、居民搬迁等;还有部分地区因生态环境良好,但由于经济发展水平不高,无须建设重大治理工程,对治理工程的资金需求不多,导致部分专项资金执行率较低,"钱不够"和"花不出"的现象同时存在。

四是存在财政资金供给不足、投入效益有限等问题。因此,省级财政部门要结合环境保护税、资源税等税制改革,形成生态环境保护的稳定投入机制。

3.5 我国水源涵养情况

3.5.1 我国水源涵养总体情况

根据龚诗涵等(2017)研究,2000—2017 年,我国陆地生态系统水源涵养服务得到了一定程度的恢复与提升。我国生态系统水源涵养总体呈现由东到西逐渐递减的特征。极重要区域主要分布在相对海拔高的原始森林地带。东部地区生态状况较好,水源涵养服务功能保有率超过 60%,应将保护优良生态系统作为生态保护与建设的优先战略。西部地区生态环境较为脆弱,经济社会发展对自然生态系统的压力较大,生态系统持续退化的态势虽已得到初步遏制,但生态保护与建设任务仍十分艰巨,应对已有的重大生态工程进行巩固与整合,全面提升生态保护与建设工程的生态成效。我国生态系统水源涵养功能与自然地理条件、气候变化及人类活动相关性较好。自然地理条件和气候因子包括降水、蒸散、坡度、温度等,其中降水较为重要，直接决定地表径流量和水源涵养功能。人类活动主要是改变生态系统格局和干扰生态系统过程，其中国内生产总值（GDP）、人口密度等因子与生态系统水源涵养功能呈负相关。

3.5.2　我国水源涵养评价指标概况

我国水源涵养评价研究中所选取的评价指标共34个，主要包括林冠及灌草截留能力、枯落物持水能力和土壤蓄水能力三个方面，如表3.7所示。其中使用频度最高的指标为枯落物蓄积量、土壤稳渗速率和林冠截留率。林冠层和灌草层是水源涵养的第一和第二主要作用层，通过对降水进行拦截起到水源涵养的作用；枯枝落叶层的枯落物可以对降落到林地的雨水动能进行彻底消灭，对部分的林内穿透雨进行吸收，增加地表粗糙度，对地表径流进行过滤，是水源涵养的第三主要作用层，因此将枯落物蓄积量作为水源涵养评价的指标之一；土壤层是水源涵养的第四主要作用层，土壤层作为森林生态系统中最重要的界面，是水源涵养的主体。土壤渗透性能的指标包括初渗速度、稳渗速度、初渗系数和稳渗系数等，其中土壤稳渗速率最能体现出森林的水源涵养能力。

表3.7　水源涵养服务评价指标

<table>
<tr><th>水源涵养能力</th><th>指标</th><th>水源涵养能力</th><th>指标</th></tr>
<tr><td rowspan="10">林冠及灌草截留能力</td><td>林冠截留率</td><td rowspan="17">土壤蓄水能力</td><td>土壤稳渗速率</td></tr>
<tr><td>林冠层水容量</td><td>土壤非毛管隙度</td></tr>
<tr><td>灌草层最大持水量</td><td>土壤总孔隙度</td></tr>
<tr><td>灌草层生物量</td><td>土壤最大持水量</td></tr>
<tr><td>林冠层最大持水量</td><td>土壤厚度</td></tr>
<tr><td>林冠层最大吸水率</td><td>土壤非毛管持水量</td></tr>
<tr><td>林冠层叶面积指数</td><td>土壤容重</td></tr>
<tr><td>林冠层生物量</td><td>土壤毛管持水量</td></tr>
<tr><td>林分生物量</td><td>土壤平均入渗速率</td></tr>
<tr><td>林分起源</td><td>土壤有效持水量</td></tr>
<tr><td rowspan="7">枯落物持水能力</td><td>枯落物蓄积量</td><td>前30 min累计入渗量</td></tr>
<tr><td>枯落物最大持水率</td><td>土壤初渗速率</td></tr>
<tr><td>枯落物最大持水量</td><td>土壤排水能力</td></tr>
<tr><td>枯落物有效持水量</td><td>土壤毛管孔隙度</td></tr>
<tr><td>枯落物自然持水量</td><td>土壤田间持水量</td></tr>
<tr><td>枯落物厚度</td><td>土壤侵蚀量</td></tr>
<tr><td>枯落物水容量</td><td>地表径流量</td></tr>
</table>

3.5.3　我国各流域水源涵养能力变化状况

根据徐翠等（2013）的研究可知，三江源的水源涵养量随草地退化而呈显著降低趋势。根据邵全琴等(2016)的研究,三江源的草地退化格局在20世纪70年代就已经形成,直至2004年三江源保护和建设工程的实施,使得三江源草地退化趋势有所好转,并伴随着三江源水源涵养量的逐渐升高。1997—2012年三江源的水源涵养服务呈现在波动中逐渐提升的趋势,在三江源保护和建设工程的实施之前,1997—2004年三江源年平均水源涵养量为142.49亿立方米,而工程实施之后,2005—2012年三江源年平均水源涵养量为164.71亿立方米,增加趋势为每10年19.35亿立方米,水源涵养量相比增加了15.60%。与此同时,长江、黄河和澜沧江流域水源涵养量在工程实施后均有所提高。

根据聂忆黄等(2010)的研究,1982—2003年雅鲁藏布江源头水源涵养能力呈减弱的趋势,而其中游河谷地带的水源涵养能力呈逐渐增加的趋势。根据段锦等(2012)的研究,随着林地面积的减少,东江流域2000—2008年的水源涵养价值呈逐渐降低的趋势。张浩等(2011)将乌鲁木齐河下游生态系统划分为森林、草地、水源和农田等四种类型,分别对这四种生态系统进行水源涵养价值的评估,结果表明,随着土地覆被类型的变化,在森林面积增加、农田面积基本稳定的情况下,1989—2007年乌鲁木齐河下游森林生态系统和农田生态系统的水源涵养价值呈逐渐上升的趋势,而草地面积在1989—2007年先减少后增加,因此草地生态系统的水源涵养价值呈先减少后增加的趋势。根据周德成等(2010)的研究,阿克苏河流域1960—2008年水源涵养服务价值呈先减少后增加的趋势。根据王原等(2014)的研究,纳木错流域1976—2007年水源涵养服务呈不断增加的趋势,共增加了0.154 5亿元。根据肖玉等(2003)的研究,1990—2000年莽措湖流域水域和湿地生态系统遭到严重的破坏,导致其生态系统水源涵养价值呈逐渐降低的趋势。综上所述,1980—2000年我国各流域水源涵养能力的变化大致呈一个U形的变化过程,即水源涵养能力呈先降低后增加的势头。

3.6 长江经济带水源涵养现状

3.6.1 长江经济带水源涵养情况

长江流域降水充足,植被类型丰富,在我国主要流域中水源涵养程度最高,如图3.2所示(龚诗涵 等,2017)。

还有一些学者对长江流域上游的水源涵养功能进行了研究。李双权等(2011)对长江流域上游水源涵养功能进行分析认为,2007年长江上游森林生态系统水源涵养功能平均值为79.33 mm,森林生态系统水源涵养总量为1.6675×10^{10} t。空间分布方面,长江上游森林水源涵养功能由北向南呈先减少后增加的趋势,由西向东呈现出近似幂函数递增的趋势。从垂直方向来看,森林对于水源的涵养作用会随着海拔的升高相应增加，但是当海拔升至 4 200 m 左右时，森林对水源的涵养作用会变小。程根伟等(2004)对长江上游森林涵养水源效益和经济价值的研究表明，1999 年长江上游地区的水源年涵养总量为 1 288.5 亿立方米。1999 年长江上游各省 GDP 为 6 300.67 亿元，而长江上游地区森林生态系统水源涵养的总价值相当于八个省区 GDP 的 6.85%，可见，长江上游生态系统水源涵养价值是非常巨大的。

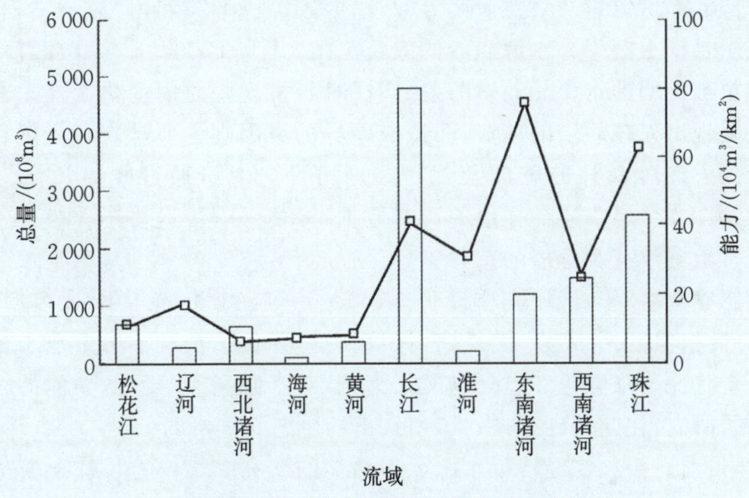

图 3.2　我国主要流域的水源涵养情况

3.6.2　长江经济带水源涵养政策进展

1989 年，为改善长江流域的生态环境状况，做好长江上游水源涵养的保护工作，四川省人民代表大会常务委员会颁布了一部保护长江上游环境的重要法规《四川省长江流域水源涵养保护条例》，从植被保护、土壤保护和水源保护三个方面对水源涵养的主要内容进行了规定和阐述，该条例于 1988 年 12 月 7 日在四川省第七届人民代表大会常务委员会第六次会议上正式通过(冯永钦，1985)，并在 1997 年 10 月 7 日的四川省第八届人民代表大会常务委员会第二十九次会议上进行了修正和完善。

3.6.3　长江经济带水源涵养研究进展

长江经济带水源涵养功能的研究主要包括水源涵养机制、水源涵养功能、水源涵养价值量和效益，以及结合生态安全格局和区域安全评价等方面的研究。

在水源涵养机制研究方面，主要是基于不同生态系统类型进行的水源涵养机制差异的探讨，如孙艳红等(2006)分析了缙云山四种森林类型的水源涵养机制。

在水源涵养功能研究方面，成晨等(2007)从林冠层、枯落物层及土壤层三个层次对缙云山自然保护区四种主要森林类型的水源涵养功能进行了定量研究，分析了林内透雨量、树干径流量与降雨量、降雨强度之间的二元线性关系。胡国红等(2008)对长江上游森林生态系统的水源涵养功能进行了研究，得出常绿阔叶灌丛林水源涵养量最大，亚热带山地落叶松林最小的结论。白杨等(2014)研究了城市发展对武汉城市圈水源涵养功能的影响，发现人为活动导致的植被覆盖度变化和土地覆被类型的改变是水源涵养功能下降的重要原因。

在水源涵养价值量及效益研究方面，邓坤枚等(2002)利用“影子工程法”等计量和评述了长江上游森林水源涵养的效益。张文广等(2007)研究了岷江上游地区四种森林植被类型的水源涵养量的差异及原因，发现随时间变化岷江上游地区水源涵养量呈现出先减后增的趋势，而造成差异的原因则主要是森林景观在不同时段分别受到人类对森林的破坏及保护。刘勇等(2014)通过收集长江三峡库区22个区(县)、30个退耕还林样地的调查数据，评估了六种退耕还林模式下的涵养水源与保育土壤效益及价值的差异。

在生态安全格局与区域安全评价方面，董伟等(2010)基于PSR模型，采用层次分析-向量相似度-主成分投影综合评价模型，评价了长江上游重点水源涵养区的生态安全状况。张慧等(2016)以南京为例，对水源涵养等服务功能的时空分异特征进行了研究，在此基础上探讨了南京市的生态安全格局。

因此，目前对于长江经济带水源涵养功能的研究多集中在长江上游或部分省份、长江部分支流流域及地域的研究，对整个长江经济带的水源涵养研究较为缺乏。

第4章　长江经济带生态系统服务价值

生态系统服务是指从生态学角度来看，能为人类直接或者间接地带来各种惠益的生态产品或生态过程所产生的综合服务等。生态系统服务作为自然资源资产的表现形式，可以对其功能价值进行量化评估，进而得到生态系统服务价值（谢高地 等，2001）。

水源涵养是陆地生态系统核心生态服务功能之一，包含大气、水、植被和土壤等自然过程，其变化对区域气候水文、植被和土壤等状况产生直接影响，是区域生态系统状况的重要指示器（龚诗涵 等，2017）。水源涵养功能的测算有降水储存量法、水量平衡法、综合蓄水量法、林冠截留量法等多种方法（王晓学 等，2013）。水源涵养驱动力分析是指由于生态系统水源涵养功能的变化特征受到自然地理、经济社会发展等要素的影响，因此需要将影响其变化的驱动力因子和水源涵养变化看作完整的系统，从而综合分析水源涵养功能的变化过程，预测未来变化趋势，为制定和调整区域生态补偿政策提供依据。常用的分析方法有回归分析、多元统计分析、空间自相关分析、人工神经网络等。本书研究主要采用的是多元线性回归分析，分析研究区水源涵养服务与蒸散发、降水、植被指数、植被净初级生产力、植被生长季、灯光指数等各项指标变量之间的关系。

首先，本章以长江经济带为研究区，根据遥感解译数据和数字高程模型数据分析了2000—2016年长江经济带生态系统服务价值的时空动态变化特征，并对水源涵养价值的时空变化特征以及驱动力变化因子影响进行分析。其次，通过水量平衡方程计算出水源涵养量，分析2000—2016年长江经济带水源涵养服务的空间格局及变化情况。最后，确定生态系统水源涵养驱动力分析的关键因素，利用主成分分析法和聚类分析法对水源涵养驱动力因子进行影响分析，分析研究区水源涵养变化的自然驱动力，建立了驱动力因子分析指标体系。

4.1　长江经济带生态系统服务价值时空动态分析

4.1.1　生态系统服务分类及标准价值量确定

生态系统服务的价值评估需要科学的分类标准。本书参考借鉴谢高地等多位学者提出的生态系统服务分类方法及对应的当量因子表，并参照当年国内生产总值（GDP）、粮食价格等因素，将当量因子经济价值量修正为3 755.80元/公顷，如

表 4.1 所示。

表 4.1　生态系统服务类型及价值当量因子

生态系统服务类型		供给服务			调节服务				支持服务			文化服务
一级类	二级类	粮食生产	原料生产	水源涵养	气体调节	气候调节	净化环境	水文调节	土壤保持	维持养分循环	生物多样性	美学景观
农田	旱地	0.85	0.40	0.02	0.67	0.36	0.1	0.27	1.03	0.12	0.13	0.06
	水田	1.36	0.09	−2.63	1.11	0.57	0.17	2.72	0.01	0.19	0.21	0.09
	温室	1.40	0.66	0.00	0.57	0.27	0.00	0.00	2.01	0.13	0.09	0.03
森林	针叶林	0.22	0.52	0.27	1.70	5.07	1.49	3.34	2.06	0.16	1.88	0.82
	针阔混交林	0.31	0.71	0.37	2.35	7.03	1.99	3.51	2.86	0.22	2.60	1.14
	阔叶林	0.29	0.66	0.34	2.17	6.50	1.93	4.74	2.65	0.20	2.41	1.06
	灌木林	0.19	0.43	0.22	1.41	4.23	1.28	3.35	1.72	0.13	1.57	0.69
草地	草原	0.10	0.14	0.08	0.51	1.34	0.44	0.98	0.62	0.05	0.56	0.25
	草甸	0.22	0.33	0.18	1.14	3.02	1.00	2.21	1.39	0.11	1.27	0.56
荒漠	荒漠	0.01	0.03	0.02	0.11	0.10	0.31	0.21	0.13	0.01	0.12	0.05
	裸地	0.00	0.00	0.00	0.02	0.00	0.10	0.03	0.02	0.00	0.02	0.01
水域	水系	0.80	0.23	8.29	0.77	2.29	5.55	102.24	0.93	0.07	2.55	1.89
	冰川积雪	0.00	0.00	2.16	0.18	0.54	0.16	7.13	0.00	0.00	0.01	0.09

4.1.2　生态系统服务价值修正方法及空间化表达

本书按照下列公式对研究区的生态服务价值进行核算，并选用 100 m 作为核算单元，公式如下

$$V_i = \sum_{j=1}^{12} A_{ij} \times V_{ij} \times \frac{G_i}{G'} \times \frac{E_i}{E'}$$

式中，V_i 为第 i 格网内生态系统服务价值量，A_{ij} 为第 i 格网内第 j 类覆盖类型的面积，V_{ij} 为第 i 格网内第 j 类覆盖类型的单位面积生态系统服务价值，G_i 为第 i 格网内植被生态系统生长季天数，G' 为植被生态系统平均生长季天数，E_i 为第 i 格网内植被生态系统增强型植被指数（enhanced vegetation index，EVI）的年内最大值，E' 为植被生态系统的年内 EVI 最大值的均值。

4.1.3　生态系统服务价值时空变化特征分析

1. 我国陆地生态系统服务价值总量及格局特征

2016 年全国生态系统服务价值总量为 402 503.54 亿元，比 2010 年总量增加了 21 469.32 亿元。其主要原因是受国内通胀率的影响，2016 年标准生态系统服务当量因子经济价值比 2010 年增长了 1.06 倍。在不考虑通胀率的前提

下，2016 年生态系统服务价值总量比 2010 年略微增加。相比 2010 年，各省份生态服务价值总量变化差异较大。东北部、西部地区省份生态服务价值总量增加明显，以内蒙古、新疆、西藏、黑龙江和青海增量最大，其主要原因是近年来国家对西部地区实施了大量生态环境保护、修复工程，以及在东北地区实施森林禁伐等政策，利于该地区生态系统服务功能强度的提升。西南、中东和南部地区省份生态服务价值总量减少的省份较多，以云南、四川、江西、广东减量尤其突出，其主要原因是生态服务价值核算的数据源精度差异所致。基于地理国情监测成果转化形成的陆地生态系统数据，能够将上述省份农村分散的大量独户农村居民点区分出来，不参与生态服务价值的核算。而分辨率较高的栅格数据忽略了这些信息，将农村居民点归并到周边占优势的生态系统类型中，参与生态服务价值的核算，导致生态服务价值总量核算值偏高。另外，部分省份经济发展态势迅猛，城市化进程促进大面积高生态服务强度生态系统向城镇生态系统转变也是导致生态服务价值总量降低的原因之一。

我国单位面积陆地生态系统提供的总服务和各项子服务的功能强度在东北部、中部和南部地区较高，西部地区较低，这与石垚等(2012)、谢高地等(2015)的研究结果基本一致。在全国范围内，生态系统供给、调节服务价值量空间分布较支持、文化服务价值量更趋于均匀，其主要原因是受我国自然生态系统地域分异规律和不同生态系统各项生态服务功能供给量强度的影响，如图 4.1 所示。

从全国各省份生态服务价值总量来看，生态服务价值总量较低的省份主要分布在东部沿海及中部黄土高原地区。生态服务价值总量最大的省份是西藏，其次是四川、新疆和青海。生态服务价值总量最小的省份为上海，其次为北京、天津和宁夏。虽然各省份生态服务价值总量差异较大，但由于各省份生态服务价值总量与统计单元面积有关，因此，不能很好地反映生态服务价值的空间特征。从全国各省份生态服务价值单位面积均值来看，生态服务价值均值在各省份呈现由西北向东南增加的趋势。这与中国的降水、年均平均气温空间格局极度相似，主要原因是水、热条件是决定陆地植被种群分布、生长的关键因素，植被又是陆地物质、能量循环的关键载体，是生态系统服务功能的贡献者。因此，生态服务价值总量均值在空间格局上势必反映陆地气候因子的综合特征；从全国各省份生态服务价值人均占有量来看，黄淮海平原及周边地区省份是人均生态服务价值最低的省份。而我国北部、西部、西北部、西南部人均生态服务价值总量较高，主要由于这些省份政区面积广阔，尤其北部黑龙江、西南、广西等省份植被覆盖较好，因此人均生态服务价值总量较高。

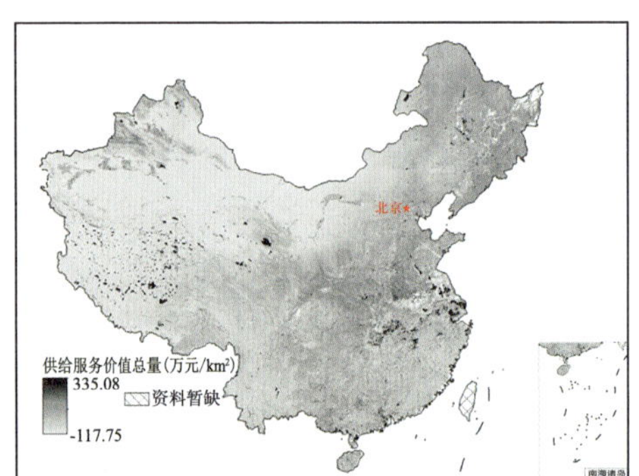

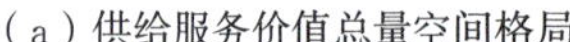
（a）供给服务价值总量空间格局

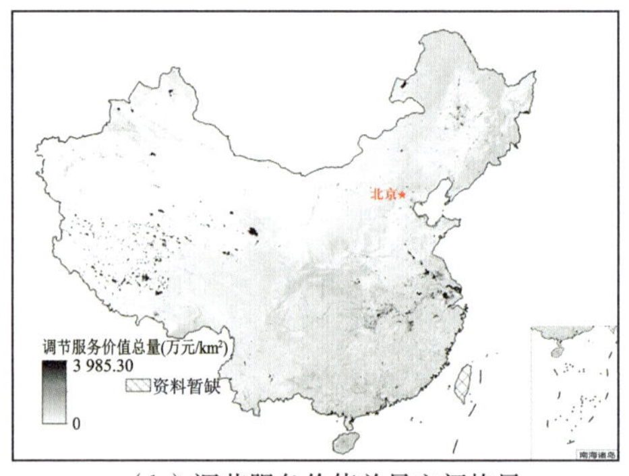

（b）调节服务价值总量空间格局

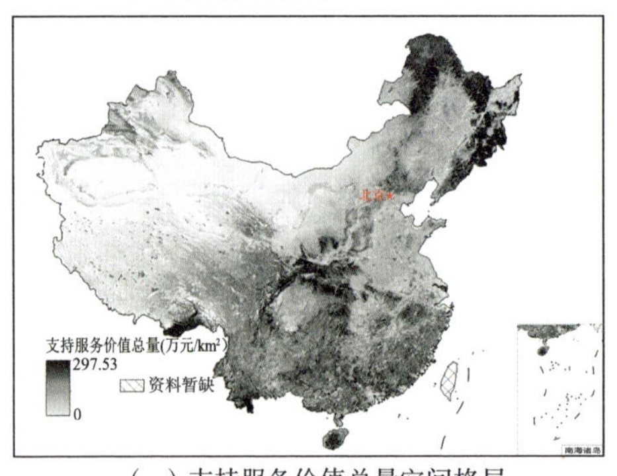

（c）支持服务价值总量空间格局

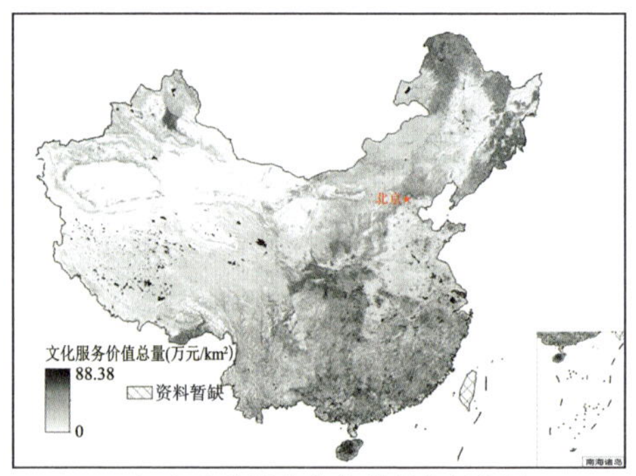

（d）文化服务价值总量空间格局

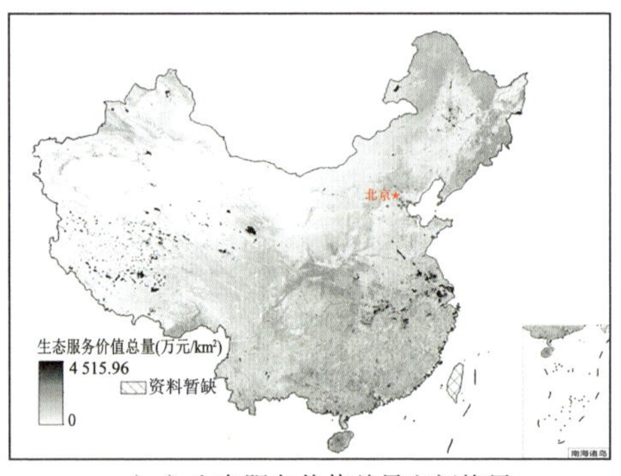

（e）生态服务价值总量空间格局

图 4.1　2015 年我国陆地生态系统供给、调节、支持、文化服务和生态服务价值总量空间格局

2. 长江经济带生态系统服务价值空间格局分析

2000—2016 年长江经济带生态系统服务价值空间格局及其变化情况如图 4.2 所示，在空间格局上呈现出由西到东逐渐增加的趋势。低生态服务价值区域集中分布在西部四川盆地、中部武汉城市群、东北部苏北区域，这是由于这些区域海拔较低、国土空间开发程度较高、人类活动程度较大、植被覆盖程度较低等，因此生态系统服务价值较低。植被生长季较短的西南部山区，也是生态服务价值相对较低的区域，主要由于该区域海拔较高，温度较低，受复杂地形影响，表现出垂直地带性

变化特征，因此森林植被生长季较短，从而相应地提供的水源涵养、气体调节及净化环境等有效生态服务的时间较短，生态服务价值总量相对较低。高生态服务价值区域集中分布在西北部和西南部山区，以及中东部的生态屏障区。

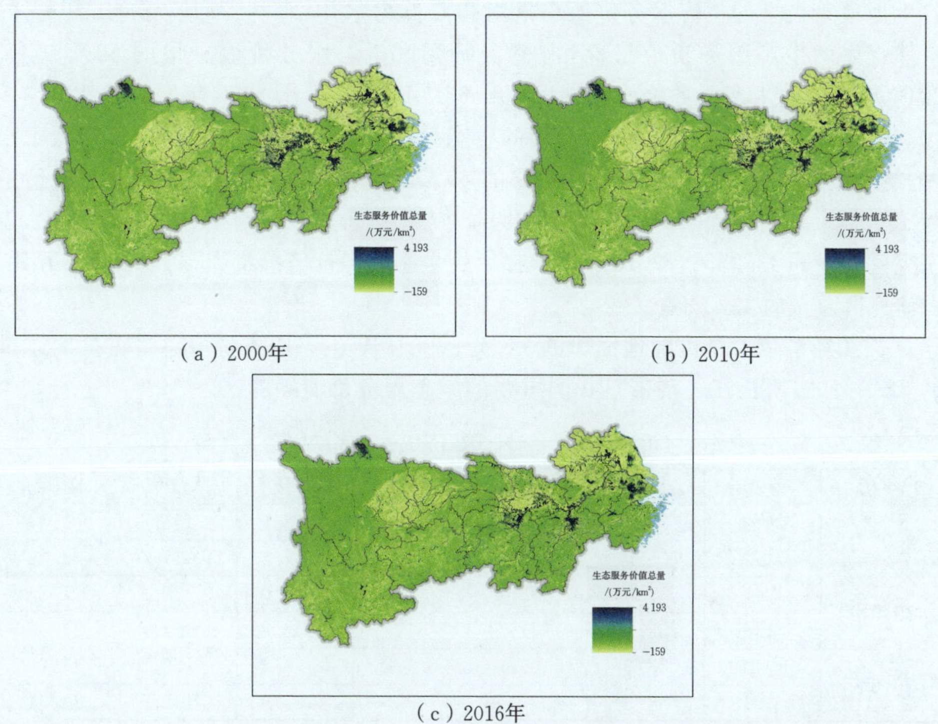

（a）2000年　（b）2010年

（c）2016年

图 4.2　2000—2016 年长江经济带生态系统服务价值空间格局及其变化情况

统计分析长江经济带 2000—2016 年土地覆盖数据，并结合各省份的行政区划，分别核算了长江经济带区域内和省级行政区内各种生态系统的生态服务价值，如表 4.2、表 4.3、表 4.4、表 4.5 和图 4.3、图 4.4、图 4.5 所示。结果表明，2000 年、2010 年、2016 年三个年份长江经济带区域各生态系统所提供的生态服务价值总量分别为 3 047.0×10^6 万元、2 927.6×10^6 万元、3 138.5×10^6 万元，近十几年增加了 91.5×10^6 万元，增加了约 3%；均值分别为 155.1×10^6 万元、149.1×10^6 万元、159.8×10^6 万元，增加了约 3%。从服务类型来看，各类型服务价值总量由高到低为调节、供给、文化、支持服务，其中调节服务占比最高，约占 60%以上，供给服务占比约为 25%，文化服务占比约为 12%，支持服务占比最低，约为 3%。水源涵养服务价值占比由 2000 年的 2.95%提高至 2016 年的 3.1%。这表明，近 16 年来随着长江经济带生态环境保护工作的持续开展，生态系统服务价值逐渐提高，主要以调节服务为主，如水文调节、大气调节等，其中水源涵养占比也不断增加，水源涵养的作用日益突显。从省级行政区来看，四川、湖北、江苏、湖南、江西等省份生态系统服务价值较高，贵州、重庆、上海等省市生态系统服务价值较低。从地表覆盖类型来看，长江经济带生态服务价值空间格局整体上与土地覆盖类型相关性较大。湖泊河流是流域内主要的水体，是生态服务价值最高的区域。各土地覆盖类型的生态服务价值总量由高到低为水体、森林、草地、湿地、灌木林。水体提供的生态服务价值最高，占整个研究区生态服务价值总量的 60％以上。2016 年水体的生态服务价值总量为 198.65×10^6 万元，比 2000 年增加了 12.19×10^6 万元。作为研究区覆盖面积最大的生态系统，森林生态服务价值总量略低于水体，约占整个研究区生态服务价值总量的 45％以上，2016 年森林的生态服务价值量为 135.77×10^6 万元。2016 年草地提供的生态服务价值总量为 41.86×10^6 万元，占研究区总量的 13.98％。2016 年湿地提供的生态服务价值总量为 12.63×10^6 万元，占研究区总量的 4.22％。

长江经济带占全国陆地面积的 21.4％，2016 年生态服务价值总量占全国总量的 78.0％，表明长江经济带是我国重要的生态服务价值涵养区。

表 4.2 2000—2016 年长江经济带生态系统服务价值量 单位：10^6 万元

年份	类型	供给	调节	支持	文化	总价值	水源涵养
2000 年	均值	38.5	93.2	4.4	18.5	155.1	1.14
	总量	755.5	1 829.9	85.6	362.8	3 047.0	22.29
2010 年	均值	37.3	89.0	4.2	18.0	149.1	1.24
	总量	732.2	1747.9	81.7	352.8	2 927.6	24.38
2016 年	均值	38.6	97.9	4.2	18.4	159.8	1.20
	总量	758.3	1 922.7	83.5	361.0	3 138.5	23.54

表 4.3 2000 年各省份不同覆盖类型生态服务价值量 单位：10^6 万元

行政区	总价值	耕地	森林	草地	灌木林	湿地	水体	苔原	人造地表	裸露地表	冰川积雪
安徽	19.70	−12.02	6.03	0.48	0.00	1.35	23.85	0.00	0.00	0.00	0.00
重庆	4.48	−5.70	5.49	1.04	0.07	0.09	3.49	0.00	0.00	0.00	0.00
贵州	12.42	−8.16	12.46	5.18	0.22	0.03	2.69	0.00	0.00	0.00	0.00
湖北	40.37	−11.41	13.51	1.68	0.00	0.92	35.66	0.00	0.00	0.00	0.00
湖南	37.31	−8.96	18.88	2.65	0.00	1.07	23.67	0.00	0.00	0.00	0.00
江苏	40.29	−10.86	0.36	0.07	0.00	1.05	49.67	0.00	0.00	0.00	0.00
江西	30.81	−6.44	15.52	1.91	0.01	3.27	16.54	0.00	0.00	0.00	0.00
上海	1.05	−0.63	0.00	0.00	0.00	0.17	1.51	0.00	0.00	0.00	0.00
四川	56.44	−16.35	30.16	23.08	1.01	7.13	10.80	0.00	0.00	0.01	0.60
云南	32.83	−13.76	27.43	7.49	2.17	0.14	9.06	0.00	0.00	0.00	0.29
浙江	14.89	−4.82	9.26	0.64	0.04	0.28	9.51	0.00	0.00	0.00	0.00
合计	290.59	−99.11	139.10	44.22	3.52	15.50	186.45	0.00	0.00	0.00	0.00

表4.4　2010年各省份不同覆盖类型生态服务价值量　　单位：10^6 万元

行政区	总价值	耕地	森林	草地	灌木林	湿地	水体	苔原	人造地表	裸露地表	冰川积雪
安徽	21.46	−11.80	6.04	0.50	0.00	0.84	25.88	0.00	0.00	0.00	0.00
重庆	4.54	−5.71	5.60	0.82	0.07	0.06	3.70	0.00	0.00	0.00	0.00
贵州	11.99	−8.11	12.44	5.06	0.23	0.04	2.34	0.00	0.00	0.00	0.00
湖北	36.38	−11.53	14.05	0.99	0.00	1.27	31.59	0.00	0.00	0.00	0.00
湖南	33.96	−8.99	19.02	2.71	0.00	1.34	19.88	0.00	0.00	0.00	0.00
江苏	40.15	−10.48	0.34	0.12	0.00	0.66	49.50	0.00	0.00	0.00	0.00
江西	30.46	−6.41	15.19	1.88	0.01	3.27	16.52	0.00	0.00	0.00	0.00
上海	0.78	−0.52	0.00	0.00	0.00	0.08	1.21	0.00	0.00	0.00	0.00
四川	55.59	−16.51	29.79	23.19	1.14	6.92	10.49	0.00	0.00	0.02	0.56
云南	29.79	−13.79	25.77	7.06	2.25	0.06	8.17	0.00	0.00	0.01	0.26
浙江	14.11	−4.59	8.95	0.61	0.03	0.14	8.97	0.00	0.00	0.00	0.00
合计	279.21	−98.44	137.19	42.94	3.73	14.68	178.25	0.00	0.00	0.03	0.82

表4.5　2016年各省份不同覆盖类型生态服务价值量　　单位：10^6 万元

行政区	总价值	耕地	森林	草地	灌木林	湿地	水体	苔原	人造地表	裸露地表	冰川积雪
安徽	20.27	−11.28	5.95	0.53	0.00	0.97	24.11	0.00	0.00	0.00	0.00
重庆	5.88	−5.42	5.62	0.81	0.07	0.02	4.78	0.00	0.00	0.00	0.00
贵州	14.08	−8.18	12.60	5.00	0.22	0.01	4.42	0.00	0.00	0.00	0.00
湖北	32.13	−11.25	13.68	0.97	0.00	0.92	27.79	0.00	0.00	0.00	0.00
湖南	37.78	−8.67	18.96	2.65	0.00	1.26	23.58	0.00	0.00	0.00	0.00
江苏	35.13	−9.50	0.40	0.11	0.00	1.89	42.24	0.00	0.00	0.00	0.00
江西	40.22	−6.09	14.94	1.74	0.01	0.23	29.39	0.00	0.00	0.00	0.00
上海	1.13	−0.44	0.02	0.01	0.00	0.10	1.43	0.00	0.00	0.00	0.00
四川	60.05	−15.84	29.51	22.78	1.10	7.08	14.68	0.00	0.00	0.03	0.71
云南	32.93	−13.37	25.17	6.68	2.01	0.08	12.13	0.00	0.00	0.00	0.23
浙江	19.80	−3.89	8.92	0.58	0.03	0.07	14.10	0.00	0.00	0.00	0.00
合计	299.40	−93.93	135.77	41.86	3.44	12.63	198.65	0.00	0.00	0.03	0.94

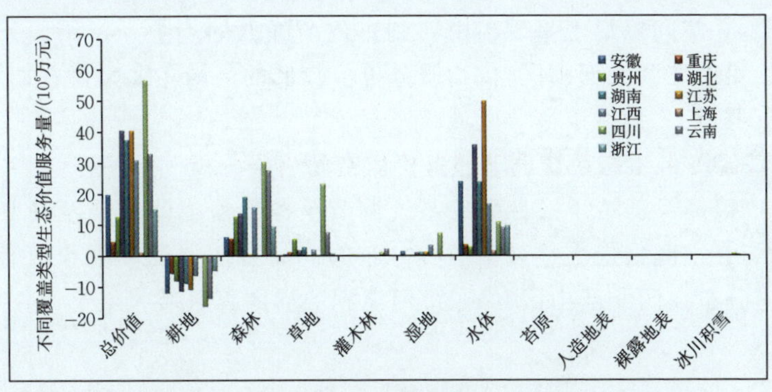

图4.3　2000年各省份不同覆盖类型生态服务价值量

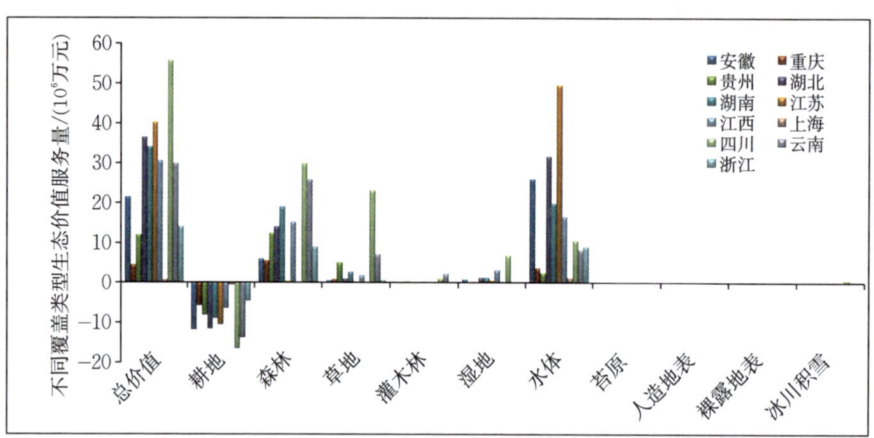

图 4.4　2010 年各省份不同覆盖类型生态服务价值量

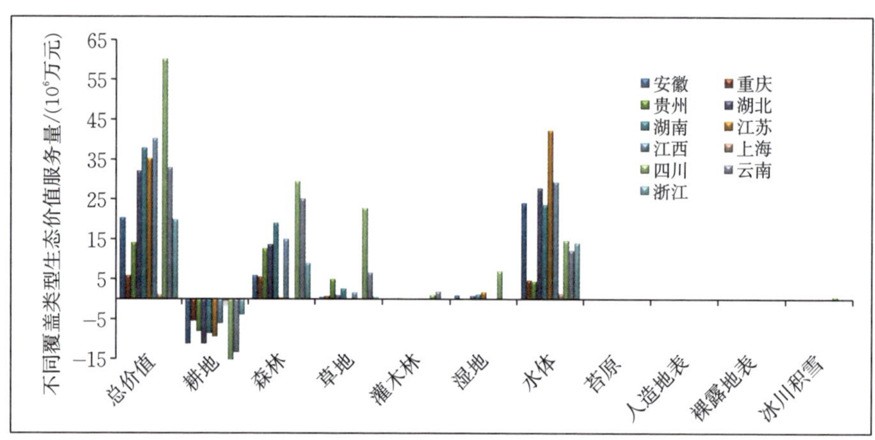

图 4.5　2016 年各省份不同覆盖类型生态服务价值量

3. 长江经济带生态系统供给服务价值空间格局分析

2000—2016 年长江经济带生态系统供给服务价值空间格局及其变化情况如图 4.6 所示，在空间格局上呈现出由西到东逐渐降低的趋势。供给服务价值较高的区域主要集中在西北部山区；供给服务价值较低的区域主要集中在四川盆地、中部武汉城市群、长三角城市群等区域。

4. 长江经济带生态系统调节服务价值空间格局分析

2000—2016 年长江经济带生态系统调节服务价值空间格局及其变化情况如图 4.7 所示，在空间格局上呈现出散状分布的空间特征。调节服务价值较高的区域主要零星分布在西北部山区、中东部河流湖泊周围等区域。

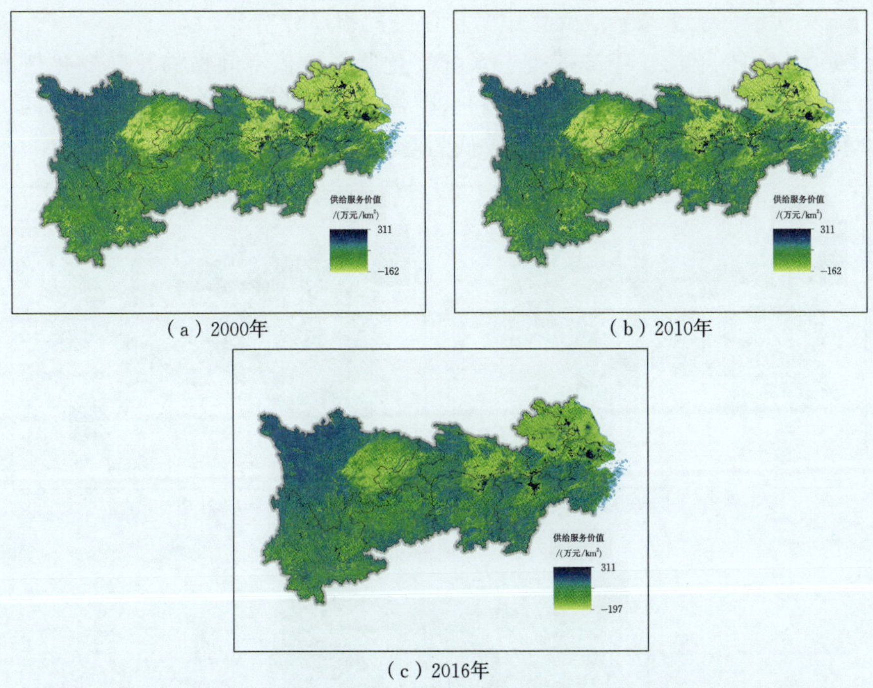

（a）2000年　（b）2010年

（c）2016年

图 4.6　2000—2016 年长江经济带生态系统供给服务价值空间格局及其变化情况

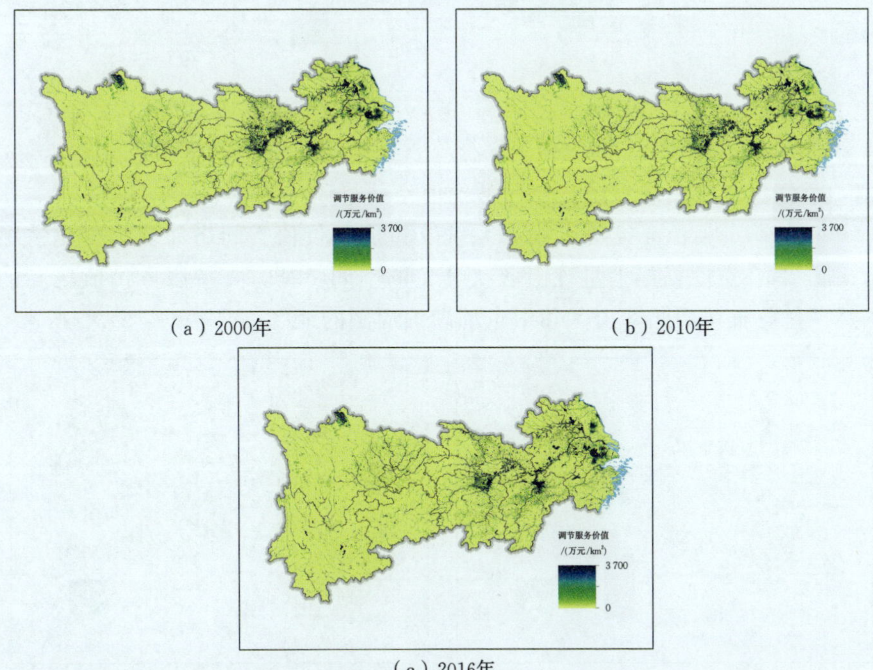

（a）2000年　（b）2010年

（c）2016年

图 4.7　2000—2016 年长江经济带生态系统调节服务价值空间格局及其变化情况

5. 长江经济带生态系统文化服务价值空间格局分析

2000—2016 年长江经济带生态系统文化服务价值空间格局及其变化情况如图 4.8 所示，在空间格局上呈现中部和东南部地区文化服务价值较高，西部四川盆地和东北部苏北地区文化服务价值较低的空间特征。

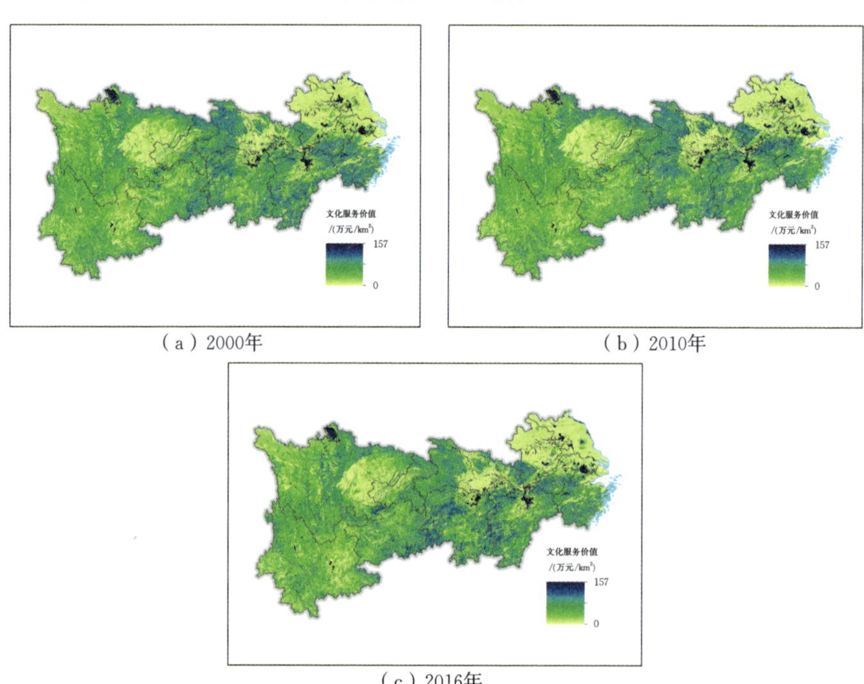

图 4.8　2000—2016 年长江经济带生态系统文化服务价值空间格局及其变化情况

6. 长江经济带生态系统支持服务价值空间格局分析

2000—2016 年长江经济带生态系统支持服务价值空间格局及其变化情况如图 4.9 所示，在空间格局上呈现出散状分布的空间特征。支持服务价值较高的区域主要零星分布在西北部山区和中东部湖泊周围的地区。

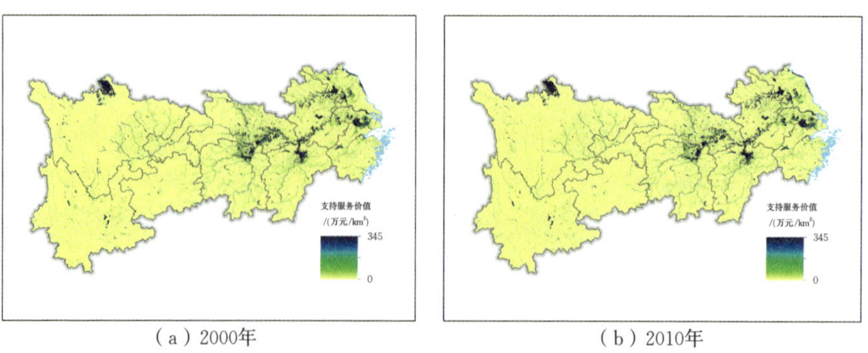

图 4.9　2000—2016 年长江经济带生态系统支持服务价值空间格局及其变化情况

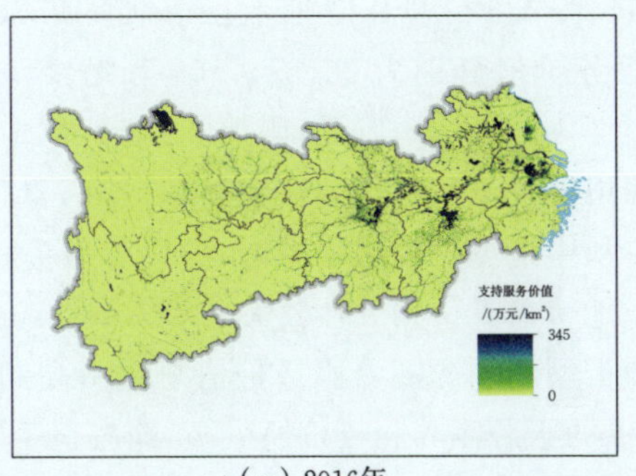

（c）2016年

图 4.9(续)　2000—2016 年长江经济带生态系统支持服务价值空间格局及其变化情况

7. 长江经济带生态系统水源涵养服务价值空间格局分析

2000—2016 年长江经济带生态系统水源涵养服务价值空间格局及其变化情况如图 4.10 所示，在空间格局上呈现出由西到东逐渐降低的趋势。水源涵养服务价值最高的区域位于西南部和中东部地区的湖泊周围，水源涵养服务价值最低的区域位于四川盆地、中部武汉城市群及东部长三角城市群等区域。西部区域的水源涵养服务价值要显著高于中部和东部地区，这是由于中东部地区的国土开发程度较高，而西部地区的植被覆盖度较高。

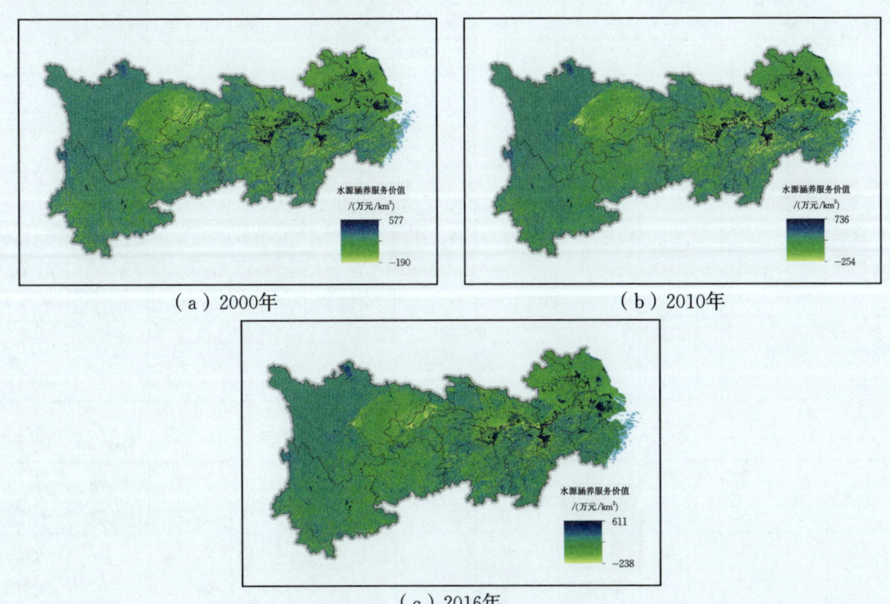

（a）2000年　（b）2010年

（c）2016年

图 4.10　2000—2016 年长江经济带生态系统水源涵养服务价值空间格局及其变化情况

统计分析长江经济带 2000—2016 年土地覆盖数据，并结合各省份的行政区划，分别核算了长江经济带区域内和省级行政区内的水源涵养服务价值，如表 4.6、

表4.7、表4.8和图4.11、图4.12、图4.13所示。结果表明，2000年、2010年、2016年长江经济带水源涵养服务价值分别为22.29×10^6万元、24.39×10^6万元、23.53×10^6万元，近十几年增加了1.25×10^6万元，增加了约5.6%。从省级行政区来看，湖南、湖北、江西、江苏、四川等省份水源涵养服务价值较高，贵州、重庆、上海等省市水源涵养服务价值较低。从土地覆盖类型来看，水源涵养服务价值在长江经济带区域的空间格局整体上与土地覆盖类型相关性较大。水体依然还是水源涵养服务价值最高的区域。各土地覆盖类型的水源涵养服务价值总量由高到低为水体、森林、湿地、草地、灌木林。水体提供的水源涵养服务价值最高，约占整个研究区水源涵养服务价值总量的50%以上。2016年长江经济带区域水体的水源涵养服务价值量为13.32×10^6万元，较2000年增加1.54×10^6万元。长江经济带森林的水源涵养服务价值量仅次于水体，约占整个研究区水源涵养服务价值总量的35%以上，2016年森林的水源涵养服务价值量为8.90×10^6万元。2016年湿地提供的水源涵养服务价值为0.51×10^6万元，要高于草地提供约为0.01×10^6万元的价值。

表4.6 2000年各省份不同覆盖类型水源涵养服务价值量 单位：10^6万元

行政区	水源涵养服务价值	森林	草地	灌木林	湿地	水体	苔原	人造地表	裸露地表	冰川积雪
安徽	1.86	0.39	0.01	0.00	0.06	1.40	0.00	0.00	0.00	0.00
重庆	0.71	0.42	0.02	0.00	0.01	0.27	0.00	0.00	0.00	0.00
贵州	1.20	0.90	0.09	0.01	0.00	0.20	0.00	0.00	0.00	0.00
湖北	2.95	0.81	0.02	0.00	0.04	2.08	0.00	0.00	0.00	0.00
湖南	3.47	1.52	0.05	0.00	0.06	1.84	0.00	0.00	0.00	0.00
江苏	2.84	0.02	0.00	0.00	0.04	2.78	0.00	0.00	0.00	0.00
江西	2.92	1.30	0.04	0.00	0.19	1.39	0.00	0.00	0.00	0.00
上海	0.10	0.00	0.00	0.00	0.01	0.09	0.00	0.00	0.00	0.00
四川	2.51	1.38	0.21	0.03	0.20	0.60	0.00	0.00	0.00	0.08
云南	2.28	1.61	0.08	0.09	0.00	0.42	0.00	0.00	0.00	0.07
浙江	1.45	0.72	0.01	0.00	0.01	0.71	0.00	0.00	0.00	0.00
合计	22.29	9.07	0.53	0.13	0.62	11.78	0.00	0.00	0.00	0.15

表4.7 2010年各省份不同覆盖类型水源涵养服务价值量 单位：10^6万元

行政区	水源涵养服务价值	森林	草地	灌木林	湿地	水体	苔原	人造地表	裸露地表	冰川积雪
安徽	2.56	0.58	0.01	0.00	0.04	1.92	0.00	0.00	0.00	0.00
重庆	0.67	0.39	0.01	0.00	0.00	0.26	0.00	0.00	0.00	0.00
贵州	1.00	0.77	0.07	0.01	0.00	0.14	0.00	0.00	0.00	0.00
湖北	3.57	0.92	0.02	0.00	0.08	2.55	0.00	0.00	0.00	0.00
湖南	3.53	1.61	0.05	0.00	0.09	1.79	0.00	0.00	0.00	0.00
江苏	2.89	0.02	0.00	0.00	0.03	2.84	0.00	0.00	0.00	0.00

续表

行政区	水源涵养服务价值	森林	草地	灌木林	湿地	水体	苔原	人造地表	裸露地表	冰川积雪
江西	3.70	1.57	0.04	0.00	0.26	1.82	0.00	0.00	0.00	0.00
上海	0.08	0.00	0.00	0.00	0.00	0.07	0.00	0.00	0.00	0.00
四川	2.72	1.53	0.19	0.03	0.23	0.66	0.00	0.00	0.00	0.08
云南	1.86	1.35	0.06	0.08	0.00	0.30	0.00	0.00	0.00	0.07
浙江	1.81	0.91	0.01	0.00	0.01	0.88	0.00	0.00	0.00	0.00
合计	24.39	9.65	0.46	0.12	0.74	13.23	0.00	0.00	0.00	0.15

表 4.8　2016 年各省份不同覆盖类型水源涵养服务价值量　单位：10^6 万元

行政区	水源涵养服务价值	森林	草地	灌木林	湿地	水体	苔原	人造地表	裸露地表	冰川积雪
安徽	2.07	0.45	0.01	0.00	0.05	1.57	0.00	0.00	0.00	0.00
重庆	0.83	0.43	0.01	0.00	0.00	0.39	0.00	0.00	0.00	0.00
贵州	1.18	0.79	0.07	0.01	0.00	0.30	0.00	0.00	0.00	0.00
湖北	2.96	0.97	0.02	0.00	0.05	1.92	0.00	0.00	0.00	0.00
湖南	3.31	1.39	0.04	0.00	0.07	1.80	0.00	0.00	0.00	0.00
江苏	2.40	0.02	0.00	0.00	0.06	2.31	0.00	0.00	0.00	0.00
江西	3.94	1.25	0.03	0.00	0.02	2.64	0.00	0.00	0.00	0.00
上海	0.08	0.00	0.00	0.00	0.00	0.08	0.00	0.00	0.00	0.00
四川	2.89	1.51	0.24	0.03	0.26	0.77	0.00	0.00	0.00	0.09
云南	2.31	1.51	0.07	0.09	0.00	0.58	0.00	0.00	0.00	0.05
浙江	1.56	0.58	0.01	0.00	0.00	0.96	0.00	0.00	0.00	0.00
合计	23.53	8.90	0.50	0.13	0.51	13.32	0.00	0.00	0.00	0.14

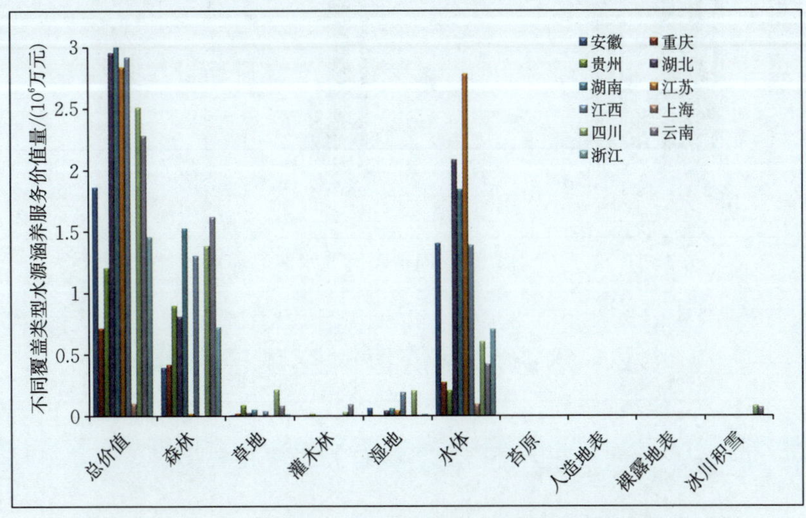

图 4.11　2000 年各省份不同覆盖类型水源涵养服务价值量

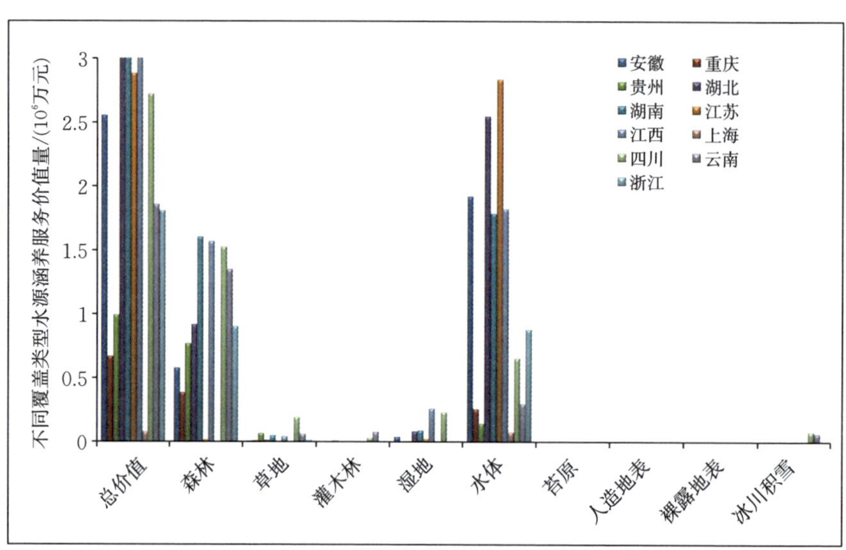

图 4.12　2010 年各省份不同覆盖类型水源涵养服务价值量

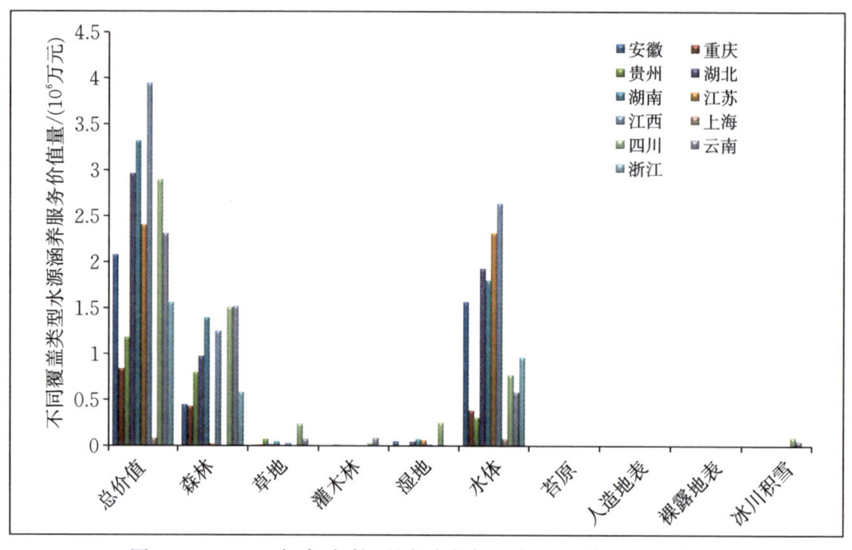

图 4.13　2016 年各省份不同覆盖类型水源涵养服务价值量

4.2　水源涵养价值时空动态分析

4.2.1　水源涵养评估方法

水源涵养量的计算方法包括水量平衡法、综合蓄水量法、多因子回归法等。其中，水量平衡法计算方法相对简单，计算所需参数少，适用于所有时间和空间尺度（吕一河 等，2015）。

1. 林冠截留剩余量法

邓坤枚等（2002）根据降水量与林冠截留剩余量的差值估算了长江上游森林生态系统的水源涵养量。林冠截留剩余量法认为林冠截留剩余的水量即为水源涵养量，即

$$W = 10AP(1-\alpha)$$

式中，W 为森林年水源涵养量（m^3），A 为林地面积（hm^2），P 为年降水量（mm），α 为林冠截留率（%）。

该方法只涉及降水量和林冠截留率两个参数，较为简单，但由于假设条件过于理想，未考虑林地蒸散和地表径流，计算结果往往大于实际的水源涵养量。

2. 土壤蓄水能力法

土壤蓄水能力法是指利用土层厚度和土壤孔隙度的乘积来估算存储在土壤中的水源涵养量（马雪华 等，1993），即

$$W = \gamma DA$$

式中，W 为土壤蓄水量（m^3），γ 为土壤孔隙度（%），D 为土层深度（cm），A 为面积（hm^2）。

这种方法原理简单，可操作性强，但是仅考虑土壤层蓄水功能，忽略了森林植被对水分的拦蓄作用。

3. 综合蓄水能力法

综合蓄水能力法是综合考虑林冠截留降水量（C）、枯枝落叶层持水量（L）和土壤蓄水量（S）三部分，共同构成森林生态系统水源涵养量（W）的方法，即

$$W = C + L + S$$

1）林冠截留降水量（C）

$$C = \sum_{i=1}^{n} a_i R A_i$$

式中，a 为林冠截留率（%），R 为降水量（mm），A 为面积（hm^2），i 为植被类型。

2）枯枝落叶层持水量（L）

$$L = \sum_{i=1}^{n} B_i A_i$$

式中，B 为枯枝落叶层最大持水量（t/hm^2），A 为面积（hm^2），i 为植被类型。

3）土壤蓄水量（S）

$$S = \sum_{i=1}^{n} r_i D A_i$$

式中，γ 表示土壤孔隙度(%)，D 表示土层深度(cm)，A 表示面积(hm^2)，i 表示植被类型。

综合蓄水能力法考虑了土壤层和森林植被蓄水的综合作用(贺淑霞 等,2011;郎奎建 等,2000;王晓学 等,2013;Zhang et al,2010)。

4. 降水贮存量法

降水贮存量法是指通过估算水文调节效应测算其水源涵养能力(赵同谦 等,2004),即

$$Q = AJR$$
$$J = J_0 K$$
$$R = R_0 - R_g$$

式中，Q 为相较于裸地，森林、农田、草地、农田、荒漠等生态系统涵养水分的增加量(m^3)；A 为生态系统面积(hm^2)；J 为研究区多年年均产流降水量(mm)；J_0 为研究区多年均降水总量(mm)；K 为研究区产流降水量占降水总量的比例，K 参数值北方区取 0.4，南方区取 0.6；R 为相较于裸地，生态系统减少径流的效益系数；R_0 为产流降水条件下裸地降水径流率；R_g 为产流降水条件下生态系统降水径流率。

5. 水量平衡法

水量平衡法是指利用水量的输入(降水量)和输出(蒸发量和径流量)来估算水源涵养量(肖寒 等,2000)。国家林业局于 2008 年发布的《森林生态系统服务功能评估规范》(LY/T 1721—2008)中关于涵养水源量的评估公式如下

$$W = 10A(P - E - C)$$

式中，W 表示涵养水源量(m^3/a)，P 表示降水量(mm/a)，E 表示蒸散量(mm/a)，C 表示地表径流量(mm/a)，A 表示面积(hm^2)。

2007 年，世界自然基金会联合斯坦福大学和大自然保护协会共同研发了 InVEST (integrated valuation of ecosystem services and tradeoffs)模型，可以价值化测算生态系统服务，还能够解释其空间分异特征(Richter et al,2012;Bangash et al,2013)，如图 4.14 所示。InVEST 模型通过降水量与实际蒸散量计算区域产水量，即

$$Y_{xj} = \left(1 - \frac{E_{xj}}{P_x}\right) P_x$$

式中，Y_{xj} 代表栅格单元 x 土地覆被类型 j 的年产水量(mm) ($j=1,2,3\cdots$)，E_{xj} 代表栅格单元 x 土地覆被类型 j 的实际年蒸散发量(mm)，P_x 代表年降水量(mm)。

水量平衡中的蒸散部分 $\frac{E_{xj}}{P_x}$，可利用 Budyko 假设进行计算得到，即

$$\frac{E_{xj}}{P_x}=\frac{1+w_x+R_{xj}}{1+w_x+\frac{1}{R_{xj}}}$$

式中，R_{xj} 为栅格单元 x 土地覆被类型 j 的 Budyko 干燥指数，它代表潜在蒸散与降水的比率比例；w_x 为 x 植物年需水量与降水量的比值，将它定义为用来描述自然气候-土壤系数的参数，即

$$w_x=Z\frac{C_x}{P_x}$$

式中，C_x 为栅格单元 x 的植物有效含水量(mm)。植物有效含水量是土壤田间持水量与萎蔫点之间的差值，由土壤质地和土壤有效深度决定。Z 为常数，表示降水时间的分布及降水的深度，一般来说，通常该常数冬季为 10，雨季或夏季为 1。

$$R_{xj}=\frac{k_{xj}T_x}{P_x}$$

式中，T_x 为栅格单元 x 的参考蒸散量(mm)，它由气候决定；k_{xj} 为植物蒸散系数，由植被类型决定。

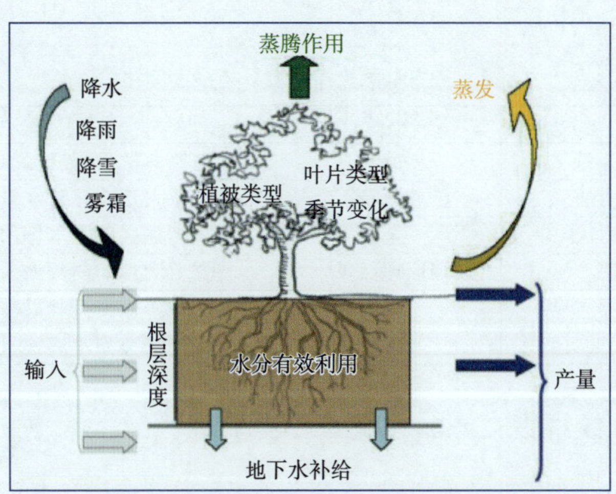

图 4.14　InVEST 模型产水模块原理示意

水量平衡法是研究水源涵养机理的基础，理论上来说是计算水源涵养量最完美的方法(姜文来，2003)，也是目前国内外评估水源涵养服务、水文调节功能等的常用方法之一(聂忆黄 等，2010；余新晓 等，2005；Calder，1998；Green et al，2013；He et al，2011；Steinwand et al，2006； Wei et al，2011)。

6. 径流系数法

该方法通过生态系统的年径流输出量确定水源涵养实物量，径流量由径流系数决定(苏帆 等，2010)，即

$$W = \sum_{i=1}^{n} 10 R_c P A_i$$

式中，W 为年水源涵养量(m^3)，R_c 为径流系数，P 为年降水量(mm)，A_i 为第 i 种植被的面积(hm^2)。

由于水系分布的复杂性，在较大区域范围的年径流量测定十分困难，因此这种方法只适用于典型小流域，通过常年水文观测，确定其径流系数。此外，生态系统水源涵养的实际量并不等于区域年径流量，因此计算误差较大。总之，陆地生态系统水源涵养服务的发挥与气候、植被、土壤、高程等因素密切相关。目前水源涵养量估算的方法都有各自的优势与不足，如表 4.9 所示。王晓学等(2013)认为在研究水源涵养服务时应关注其尺度特征，对于不同的研究尺度，水源涵养的内涵应该有不同的界定，应用时需要根据实际需求选择合适的方法。无论对于哪种评估方法，实验观测是研究基础，都可以揭示水源涵养的变化过程及特征(Masse et al，2007；Peel et al，2009；Trenberth et al，2007)；模型模拟是进行较大尺度时空格局评估的重要手段(Maurer et al，2007；Prochnow et al，2008；Vigerstol，2011；Wang et al，2008)。

表 4.9　生态系统水源涵养估算方法比较

方法	优点	不足
林冠截留剩余量法	简易	忽略蒸散发、径流影响
土壤蓄水能力法	简易	结果大于实际蓄水量
综合蓄水能力法	全面	仅考虑拦截蓄水作用
降水贮存量法	原理简单	需要大量实测数据
水量平衡法	准确	区域蒸散发量难以准确测定
径流系数法	参数少	适用于典型小流域，误差大

4.2.2　长江经济带水源涵养服务评估方法

受研究区数据收集的条件所限，综合各类水源涵养估算方法的特点，结合本研究区域特点，即主要与降水量、蒸散发、地表径流量和植被覆盖类型等因素密切相关，本书采用水量平衡方程来计算水源涵养量。计算原理如下

$$W_{xj} = Y_{xj} - R_{xj}$$
$$R_{xj} = P_x \alpha_{xj}$$

式中，W_{xj} 为土地利用类型 j 上栅格单元 x 的水源涵养量(mm)；Y_{xj} 为土地利用类型 j 上栅格单元 x 的年产水量(mm)，基于 InVEST 模型求得；R_{xj} 为土地利用类型 j 上栅格单元 x 的径流量(mm)；P_x 为栅格单元 x 的年均降水量(mm)；α_{xj} 为土地利用类型 j 上栅格单元 x 的径流系数。

4.2.3　长江经济带水源涵养服务时空变化特征

综合以上模型方法，利用实际蒸发量和实际降水量的差值，计算长江经济带水源涵养量，如图 4.15 所示。可以看出，长江经济带水源涵养服务空间分布差异明显，从西北向东南呈现出逐渐增加的趋势。受降水分布影响，水源涵养高值地区主要位于降水量充沛的西南部和东南部地区，供水量在 2 500～3 000 mm 变化。水源涵养低值地区主要位于降水量相对较少的西部地区，供水量在 0～300 mm 变化。此外，水源涵养量与地表覆盖类型、植被类型、地形因素也有一定关系。研究区的地表蓄水体具备一定水源调蓄能力，蓄水体下垫面初试含水量基本饱和，雨水下渗能力有限，而蓄水体的蒸发量明显高于其他地表覆盖类型的蒸发量，因此造成蓄水体的水源涵养量偏低。

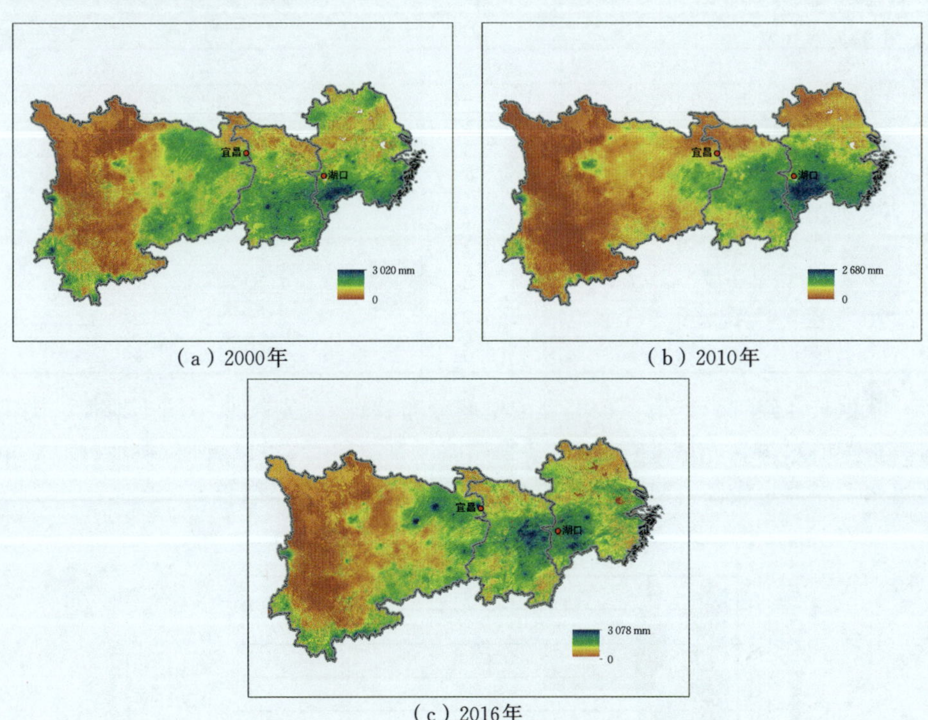

（a）2000年　　（b）2010年

（c）2016年

图 4.15　2000—2016 年长江经济带水源涵养量

根据长江经济带西段、中段、东段的空间分布情况，分别对其水源涵养量进行统计，结果如表 4.10 和表 4.11 所示。结果表明，长江经济带西段覆盖国土面积约为 1.27×10^{6} km^2，占比约 60.2%；中段覆盖国土面积约为 0.39×10^{6} km^2，占比约 18.5%；东段覆盖国土面积约为 0.45×10^{6} km^2，占比约 21.3%。2000—2016 年长江经济带水源涵养量总量呈上升趋势，2000 年全境的水源涵养量为 120.7×

10^{10} m^3，2016 年全境的水源涵养量为 124.0×10^{10} m^3。其中，西段占比最高，接近 50%；中段占比最低，约为 25%。从水源涵养量均值来看，中段和东段均值较高，西段均值较低，这主要是由于中东部地区降水量较高，但国土面积相对较小，而西段降水量较低，但国土面积却最高，约为中段、东段国土面积的三倍左右。由此可见，长江经济带西段地区是全境国土面积和水源涵养量占比最高的地区。

表 4.10　长江经济带西段、中段、东段覆盖面积

分布	西段	中段	东段
覆盖面积/(10^6 km^2)	1.27	0.39	0.45
面积占比/%	60.2	18.5	21.3

表 4.11　长江经济带西段、中段、东段水源涵养量

年份	类型	水源涵养量			
		西段	中段	东段	全境
2000 年	平均值/(mm/m^2)	464.9	745.8	723.7	573.2
	总量/(10^{10} m^3)	58.9	29.0	32.8	120.7
	总量占比/%	48.8	24.0	27.2	100.0
2010 年	平均值/(mm/m^2)	405.9	930.7	967.6	622.1
	总量/(10^{10} m^3)	51.4	36.2	43.9	131.5
	总量占比/%	39.1	27.5	33.4	100.0
2016 年	平均值/(mm/m^2)	479.2	785.2	722.0	587.3
	总量/(10^{10} m^3)	60.7	30.6	32.7	124.0
	总量占比/%	49.0	24.6	26.4	100.0

根据长江经济带土地覆被类型的空间分布特征，分别按照不同土地覆被类型对其覆盖的水源涵养量进行统计，结果如图 4.16 所示。可以看出，耕地、森林、草地等水源涵养量较高，裸地、冰川和永久积雪的水源涵养量较低。

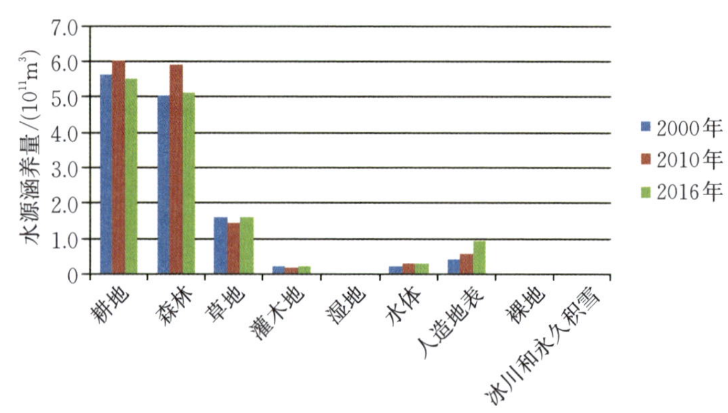

图 4.16　2000—2016 年长江经济带不同土地覆被类型的水源涵养量

4.3　水源涵养驱动力分析

根据水源涵养服务评估的科学内涵，查阅相关文献，利用专家咨询等方法，甄选出水源涵养驱动力分析评价的关键因素，如表 4.12 所示。

表 4.12　生态系统水源涵养驱动力分析关键因素及其含义

序号	关键因素	含义
1	土地覆被变化	自然和人工植被及建筑物等地表覆盖物
2	植被变化	地表覆盖的植被群落
3	降水变化	空气中的水汽冷凝并降落到地表的垂直降水量
4	灯光指数	反映地区经济发展水平

4.3.1　土地覆被时空变化特征

精确全面的地表覆盖数据是研究区生态服务价值评估的基础。本书对 2000 年、2010 年、2016 年的 Landsat 影像进行遥感解译，并根据研究需要，按照地理国情普查分类标准体系（GDPJ 01—2013），采用中国陆地生态系统划分类型方法对地表覆盖指标进行归类，主要分为耕地、森林、草地、灌木地、湿地、水体、人造地表、裸地、冰川和永久积雪等九类。

如图 4.17 所示，长江经济带 2000 年、2010 年、2016 年不同地表覆盖类型覆盖面积由大到小为森林、草地、灌木地、耕地、水体、湿地，森林是长江经济带的主要地表覆盖类型。通过 2000—2016 年长江经济带不同土地覆被空间格局及变化情况可以看出，耕地、湿地的覆盖面积在减少。草地主要分布在西北部三江源地区；耕地主要分布在四川盆地、中游地区和下游三角洲地区等；森林主要分布在长江流域沿岸的山区，集中在西部山区和南部区域。

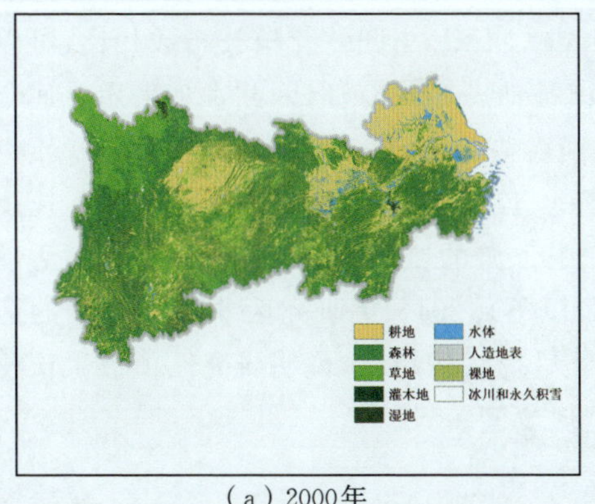

（a）2000年

（b）2010年

图 4.17　2000—2016 年长江经济带土地覆被空间格局及其变化情况

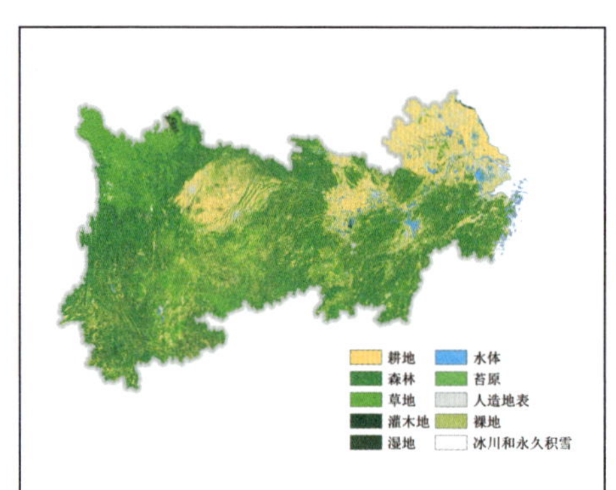

（c）2016年

图 4.17(续) 2000—2016 年长江经济带土地覆被空间格局及其变化情况

4.3.2 植被时空变化特征

1. 植被指数时空变化特征

植被覆盖度是对地表植被状况进行衡量的重要指标，是单位面积上植被投影面积的比重。根据 Gutman 等（1998）的研究结果，可以通过归一化植被指数（normalized differential vegetation index，NDVI）估算植被覆盖度（FC），即

$$FC=\frac{NDVI-NDVI_{\min}}{NDVI_{\max}-NDVI_{\min}}$$

式中，$NDVI$ 为各像元的归一化植被指数值，$NDVI_{\max}$、$NDVI_{\min}$ 分别表示区域内最大和最小的归一化植被指数值。当研究区植被覆盖度最大能达到 100%、最小能达到 0 时，通过对归一化植被指数图像设置一个置信度（95%），计算置信区间内归一化植被指数最大值 $NDVI_{\max}$ 和最小值 $NDVI_{\min}$，即可得到各像元的植被覆盖度（李苗苗，2003）。

增强植被指数（enhanced vegetation index，EVI）与归一化植被指数相比，可以有效消除土壤和大气的干扰，更好地反映植被动态变化特征，因此本书采用更适合大区域尺度分析的 EVI 指数。如图 4.18 所示，2000—2016 年长江经济带 EVI 空间格局呈现由西南向东北逐渐降低的趋势。丰富的降水使西南区域植被生长茂盛，EVI 达到 0.8 以上；而四川盆地和长江中下游的城市地区，由于人类开发活动较多，植被覆盖度较低，EVI 基本都在 0.2 以下。2016 年研究区非水域覆盖的区域 EVI 均值高于 2000 年的 EVI 均值，EVI 呈现增长趋势，说明研究区植被生长茂盛程度整体优于 2000 年，植被生长整体呈现茂盛趋势。

2. 植被净初级生产力时空变化特征

植被净初级生产力（net primary production，NPP）是指植被在单位时间内单位面积所累积的有机物数量，可以用来分析植被对气候变化的响应程度。苗茜等

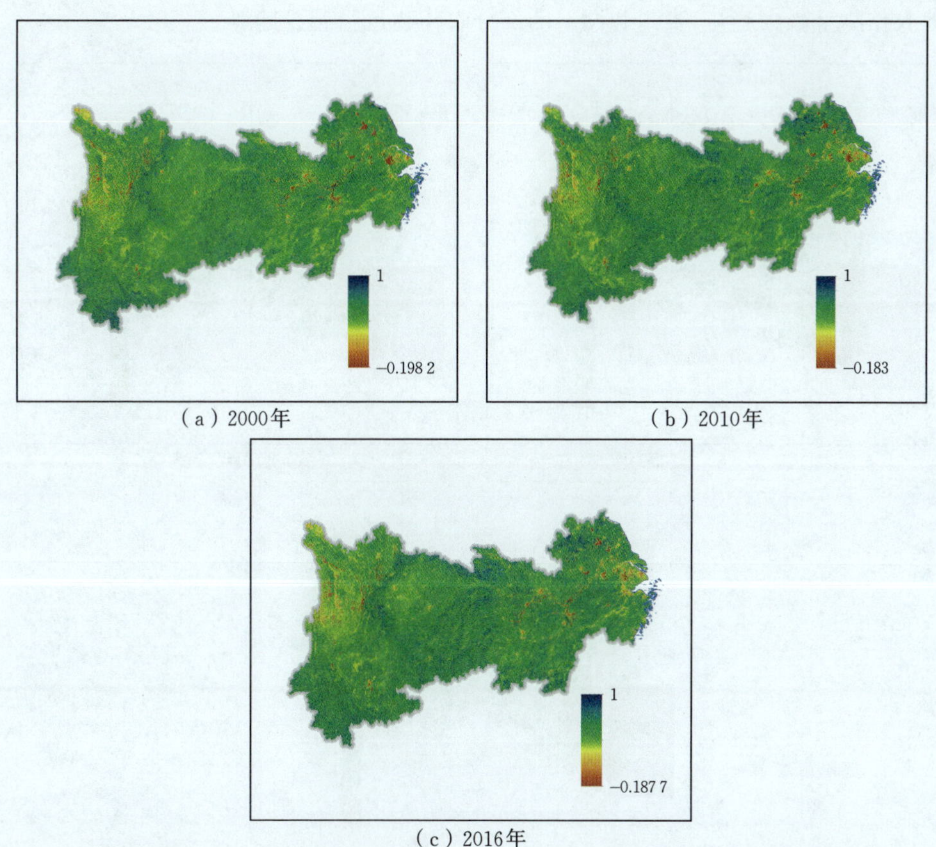

（a）2000年
（b）2010年
（c）2016年

图 4.18　2000—2016 年长江经济带年内 EVI 空间格局及其变化情况

(2010)认为，1981—2000 年长江流域内植被 NPP 的空间分布大致呈现自西向东、自北向南递增的趋势。估算 NPP 的模型较多，较为常用的模型有 CASA 模型、Thornthwaite Memorial 模型、AVIM2 模型等。本书主要采用 CASA 模型对长江经济带植被净初级生产力进行评估测算。

如图 4.19 所示，长江经济带植被 NPP 的空间分布呈现东高西低、南高北低的分布格局。区域内植被 NPP 与降水量呈正相关，长江源头和上游的植被与气温呈正相关，其余大部分地区的植被与气温呈负相关。2000—2016 年，长江上游的川西及云南部分地区植被 NPP 呈增加趋势；长江经济带的大部分地区植被 NPP 呈下降趋势。从植被类型来看，农作物、郁闭灌丛和森林的 NPP 呈下降趋势，但高寒草甸、草地和稀疏灌丛 NPP 却呈增加趋势。研究区西北部长江源地区的高寒草甸和稀疏灌丛 NPP 值最低。长江中下游区域植被 NPP 明显以长江为界，江北植被 NPP 普遍低于江南植被的 NPP。流域植被 NPP 的最高值出现在湘西和黔北，长江上游的川西及云南部分地区的高寒草甸和稀疏灌丛的 NPP 呈增加趋势，四川盆地农作物呈减少趋势，贵州和湖南的部分农作物也呈减少趋势。

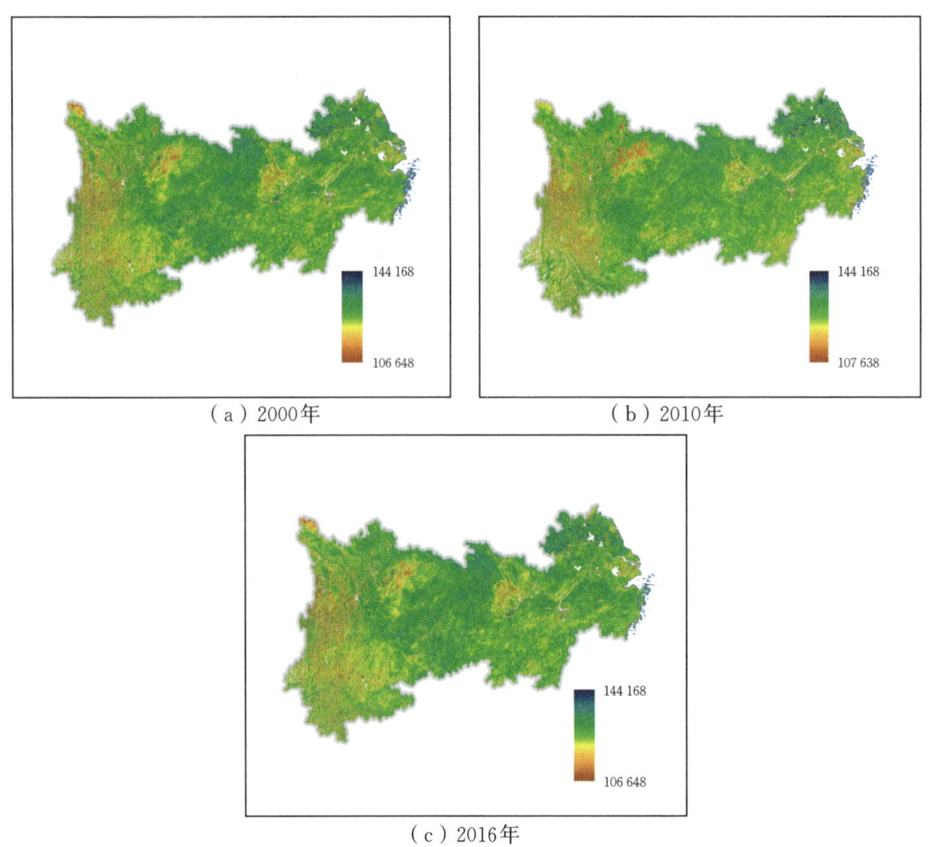

（a）2000年 （b）2010年

（c）2016年

图 4.19　2000—2016 年长江经济带植被净初级生产力空间格局及其变化情况

3. 植被生长季长度时空变化特征

生长季的时间长度决定了植被生态系统提供生态系统服务供给量的程度。利用时间序列连续的遥感数据提取植被物候期的方法已经相当完善。本书采用非对称高斯函数拟合方法，提取 2000—2016 年植被生态系统生长季指数。

如图 4.20 所示，长江经济带植被生长季长度在空间上整体表现出由东向西逐渐变小的地带性变化特征。受地形因子影响，局部地区表现出垂直地带性的变化特征。根据 2000—2016 年研究区植被生长季长度空间格局得出，东部地区海拔较低、降水充足，植被生长季长度达到 200 天，部分区域超过 300 天；西部地区海拔较高、降水较少，因此植被生长季长度较短，只有 50～100 天，特别是在海拔超过 3 500 米的区域，多生长高寒植被且较稀疏，生长季只有 30～50 天。2000—2016 年的平均生长季大概为 120 天。气候变化趋势下，2000—2016 年研究区植被生长季长度年际变化呈延长趋势。

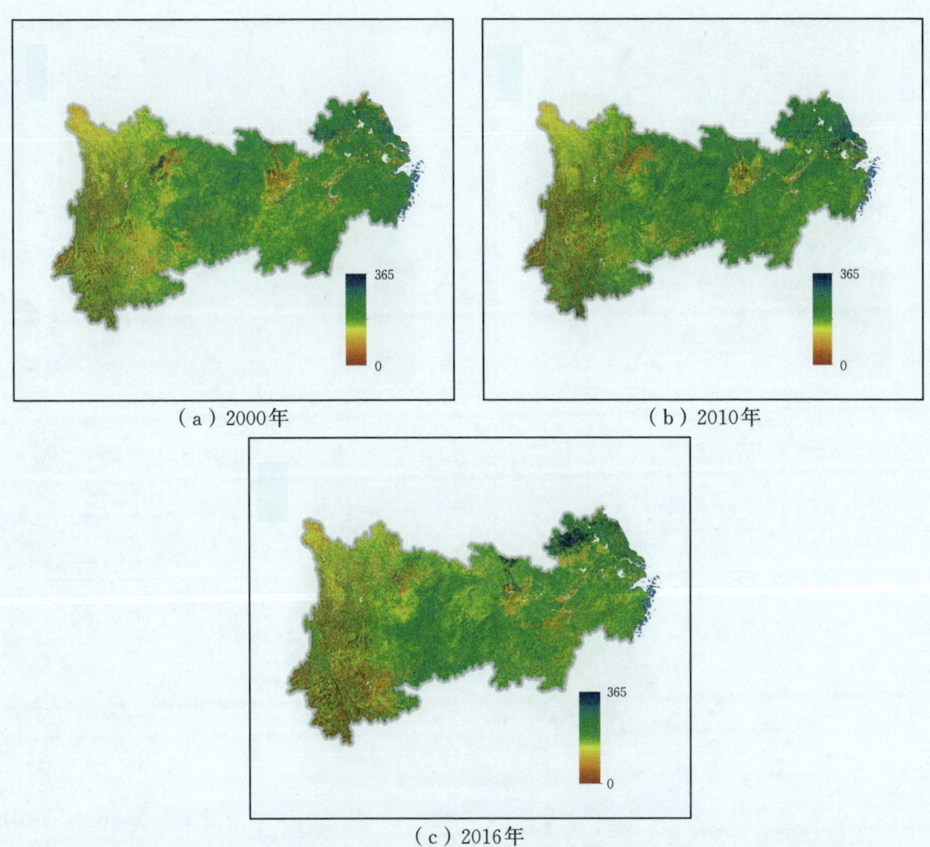

（a）2000年　（b）2010年　（c）2016年

图 4.20　2000—2016 年长江经济带植被生长季长度空间格局及其变化情况

4.3.3　降水时空变化特征

生态系统的水分调节效应可用来衡量其涵养水源的能力，生态系统水源涵养量的高低主要取决于降水量的多少。常见的水源涵养估算方法基本都与降水量参数有直接关系，如基于土壤蓄水能力的土壤饱和含水量方法、基于降水贮存量法的林草生态系统水文调节量方法、基于水量平衡法的区域产水量方法等。

本书首先通过利用长江经济带研究区气象站点的日降水数据，采用基于样条插值的 ANUSPLIN 方法（Apaydin et al，2003；Hutchinson，1995）进行空间插值，得到 2000—2016 年长江经济带降水空间格局及其变化情况，如图 4.21 所示，2000—2016 年长江经济带降水量变化趋势较为明显。从空间分布来看，年平均降水量自东南向西北逐渐降低，西南部、东南部和中部区域降水量较为丰富，西北部区域降水量相对较低。

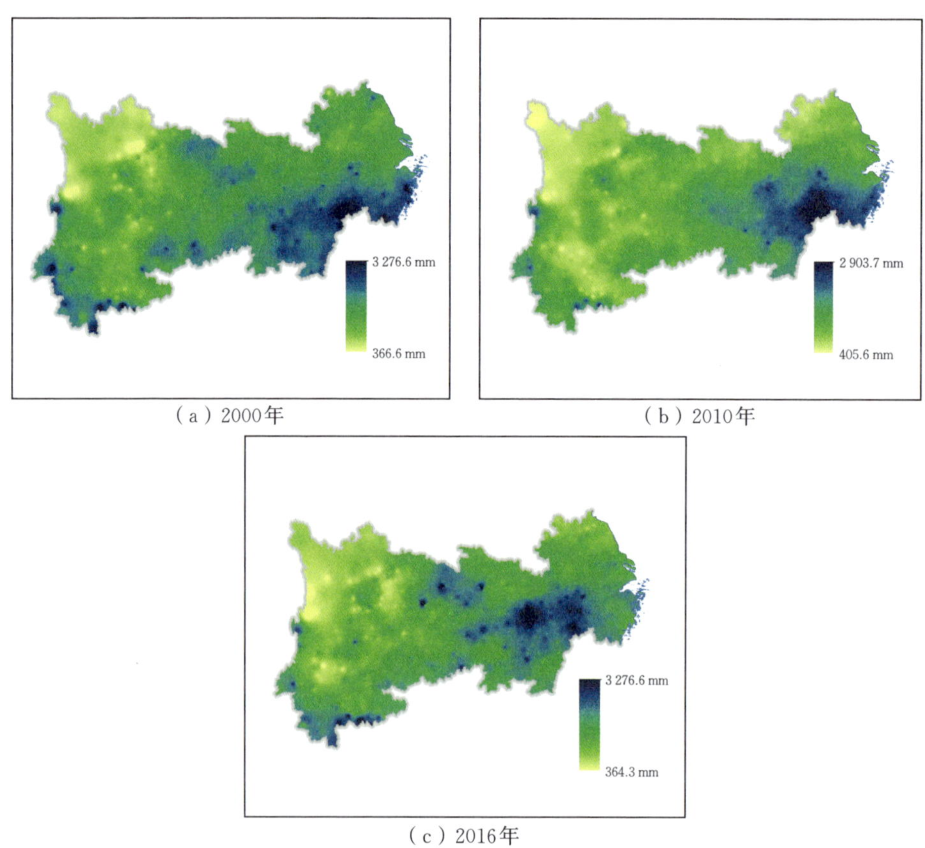

(a) 2000年　　(b) 2010年　　(c) 2016年

图 4.21　2000—2016 年长江经济带降水空间格局及其变化情况

蒸散发是水分循环的重要内容，表示下垫面可能达到的最大蒸发蒸腾量(尹云鹤 等，2010；左大康 等，1990)，主要应用于水资源管理、农业作物需水和生产管理、生态环境治理、气候干湿状况分析等研究(Guo et al，2009；Liu et al，2002)，也是水源涵养估算的重要参数。本书对长江经济带的蒸散发进行估算，得到蒸散发的空间格局，如图 4.22 所示，2000—2016 年研究区年蒸散量呈轻微下降趋势。从空间分布看，研究区年平均蒸散量由西向东呈现先减小后增大的趋势，西南部区域蒸散量最高，均高于 1 500 mm，中部地区蒸散量最低，接近于 500 mm。

4.3.4 灯光指数时空变化特征

根据夜间灯光指数的解译情况，从图 4.23 可以看出，长江经济带灯光指数空间分异特征较为明显，东部沿海地区经济发展水平远高于中西部地区。东部地区主要以长三角城市群为核心，向苏北、南京、杭州等地区进行辐射；中西部地

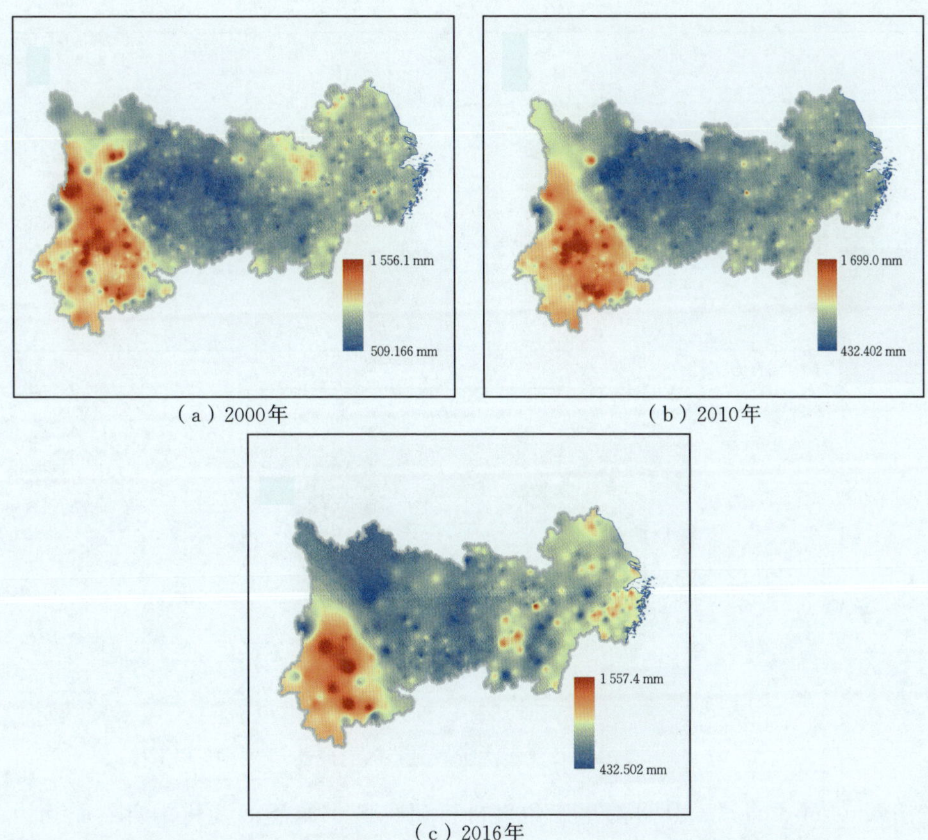

（a）2000年　（b）2010年

（c）2016年

图 4.22　2000—2016 年长江经济带蒸散发空间格局及其变化情况

区主要以成渝城市群、武汉城市群等以省会为核心的城市群发展。从时间尺度来看，2000—2016 年城镇化发展最快的区域是东部沿海的长三角城市群，主要是由于沿海地区城镇发展基础较好，相对中西部城镇来说，对外发生经济联系的区位优势更为明显，产业链条相对完备，第二、第三产业发展更为突出。中西部地区经过近十几年的发展，由 2000 年时零星的省会城市，逐步在 2016 年发展成为“大城市＋卫星城”的城镇群空间结构，部分地区沿着交通网络形成了初具规模的城镇带，这主要是由于中西部地区基础设施交通网络逐渐完善，在发展自身优势产业基础上，承接了由东部转移来的第二、第三产业，促进了经济发展，推动了城镇化进程。

4.3.5　水源涵养驱动力因子影响分析

为探究长江经济带水源涵养服务的驱动力，归纳影响水源涵养服务的关键因素，结合上述研究，通过主成分分析方法(principal component analysis)、聚类分析

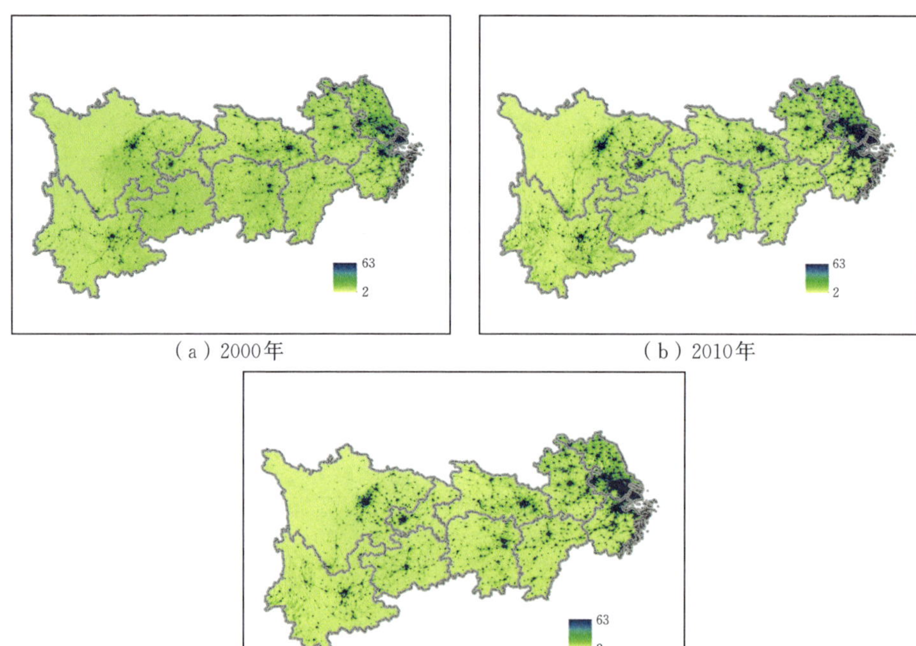

图 4.23 2000—2016 年长江经济带灯光指数空间格局及其变化情况

方法(cluster analysis)从自然生态角度分析研究区水源涵养变化的自然驱动力，归纳六项关键因子，建立驱动力因子分析指标体系，如表 4.13 所示。

表 4.13 生态系统水源涵养驱动力分析指标体系

序号	指标	描述
1	W	水源涵养量
2	ET	蒸散发
3	P	降水
4	EVI	增强型植被指数
5	NPP	植被净初级生产力
6	GSL	植被生长季
7	LN	灯光指数

选取多元回归模型进行综合分析，判别水源涵养服务实物量与各项指标变量之间的关系，计算公式如下

$$W = b_1 \cdot ET + b_2 \cdot P + b_3 \cdot EVI + b_4 \cdot NPP + b_5 \cdot GSL + b_6 \cdot LN + m$$

式中，W 是根据自变量 ET、P、EVI、NPP、GSL、LN 的值测算出的估计值，b_i $(i=1, 2, 3, \cdots, n)$ 分别对应各项的偏回归系数。测算参数 m 值，建立回归模型。

本书以长江经济带覆盖的 131 个地区为研究范围，针对上述的指标体系，运行 SPSS 软件进行计算，利用相关分析方法判别水源涵养量与各变量之间的关系，如图 4.24 和图 4.25 所示，样本散点大致散布于斜线附近，样本值和残差分布基本服从正态分布。

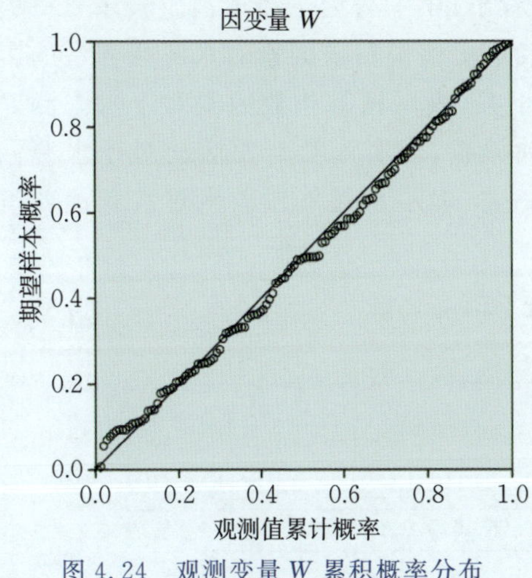

图 4.24　观测变量 W 累积概率分布

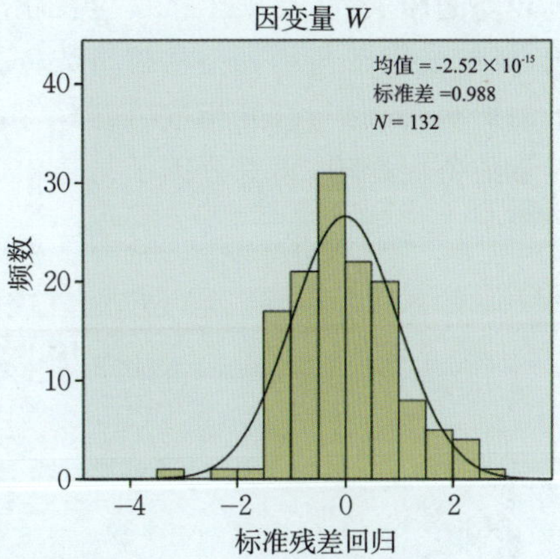

图 4.25　回归残差直方图

利用 SPSS 软件的分析方法来判别水源涵养量与各变量之间的关系，如表 4.14 所示。结果表明，蒸散发（ET）、降水（P）、植被生长季（GSL）与水源涵养量（W）呈显著的相关性；增强型植被指数（EVI）、植被净初级生产力（NPP）、灯光指数（LN）与水源涵养量（W）的相关性较低。蒸散发（ET）和降水（P）是自然条件气象因素，植被生长季（GSL）是植被本身的生长季因素，说明植被生长状况与区域的水源涵养具有较强的相关性。

表 4.14　相关性分析结果

变量	W	ET	P	EVI	NPP	GSL	LN
W	1						
ET	−0.301**	1					
P	0.930**	−0.058	1				
EVI	0.010	−0.029	0.100	1			
NPP	0.095	−0.462**	−0.089	−0.262**	1		
GSL	0.346**	−0.355**	0.225**	−0.098	0.549**	1	
LN	0.029	0.037	−0.100	−0.541**	0.152	0.148	1

注：** 表示显著水平为 0.01。

对样本进行 KMO 检验[1](Kaiser-Meyer-Olkin 检验)和 Bartlett 球形检验[2]，结果如表 4.15 所示，KMO 统计量为 0.541，Bartlett 球形检验的双侧检验 p 值为 0.000，表明研究样本通过因子分析的适用性检验，符合因子分析要求，因子能够较充分地解释水源涵养量的变化。据此确定公因子，得到驱动力因子载荷矩阵，求主因子解，如表 4.16 所示。可以看出，第一公因子与植被生长季(GSL)有较高的相关性，反映了植被生长状况，表示了植被覆盖因素对水源涵养量的影响；第二公因子与增强型植被指数(EVI)相关，表示植被指数因素对于水源涵养量的影响，同时与灯光指数(LN)呈负相关关系，表明人类开发活动对于水源涵养量的负面影响；第三公因子与降水(P)相关，表示自然气候因素对水源涵养量的影响。

表 4.15 KMO 和 Bartlett 检验

KMO 检验		0.541
Bartlett 球形检验	卡方值	159.47
		9
	自由度	15
	双侧检验 p	0.000

表 4.16 驱动力因子载荷矩阵

公因子	组分		
	1	2	3
ET	−0.585	−0.488	0.276
P	0.029	0.434	0.864
EVI	−0.503	0.694	−0.160
NPP	0.832	0.149	−0.261
GSL	0.747	0.334	0.221
LN	0.462	−0.699	0.234

注：主成分分析方法，提取三个变量。

根据变量间的关系，采用岭回归法，建立回归模型，以降低多重共线性对回归结果的影响，得到回归模型，即

$$Y(W) = -0.049ET + 0.083P + 0.634GSL - 44.454$$

模型描述如表 4.17 所示。

[1] KMO(Kaiser-Meyer-Olkin)检验统计量是用于比较变量间简单相关系数和偏相关系数的指标，主要应用于多元统计的因子分析，KMO 统计量取值在 0 和 1 之间。

[2] Bartlett 球形检验是一种数学术语，用于检验相关矩阵中各变量间的相关性，是否为单位矩阵，即检验各个变量是否各自独立。

表 4.17　模型描述

模型	R	R^2	调整后的 R^2	估计标准差	Durbin-Watson 检验值
1	0.964	0.929	0.927	64.998 28	1.523

注：预测量为常数、GSL、P、ET；因变量为 W。

结果表明，模型的可决系数达 0.927，表明驱动因子可以解释 92.7%的水源涵养量(W)的变动。回归模型结果显示：除 ET(蒸散发)与水源涵养量为负相关之外；P(降水)和 GSL(植被生长季)与水源涵养量呈正相关。自然因素中的降水越多，植被生长形势越好、周期越长，水源涵养量越高。植被生长季因子是水源涵养量最为集中的反映。植被在区域的分布密度和生长状况决定了区域水源涵养量的程度。综合考虑各种自然因素和条件，由于人类活动很难干预区域的自然因素变化，因此要想提高区域水源涵养服务效益，比较有效的方法就是，针对植被生长季的特征，培育保护好植被的生长形势，根据自然规律有效维护植被生长周期，加大资金扶持力度，改善植被生长条件，开展植树造林、退耕还林还草等活动工程，从而有效提高区域的水源涵养能力，促进生态平衡。

第 5 章　长江经济带水源涵养空间流动

本章对不同类型的生态系统服务空间流动特征进行了分析，界定了生态系统服务空间流动的组成要素，在此基础上分析了水源涵养服务的空间流动特征，构建了水源涵养服务流动研究框架。综合考虑自然径流与行政边界的完整性，基于长江经济带子流域划分，区分了长江经济带长江流域范围内各地区的上下游关系，从而对长江经济带水源涵养服务空间流动过程进行了模拟。从子流域的平均供水量来看，2000 年、2010 年信江子流域的平均供水量和降水量最高，2016 年修水子流域（32 号子流域）平均供水量和降水量最高。2000 年、2010 年、2016 年分别有 11 个、8 个、11 个地区出现供需平衡缺口，缺水总量分别为 117.37 亿立方米、183.26 亿立方米、207.52 亿立方米，呈现逐年增加的趋势，并且出现需水缺口的城市主要位于中下游地区的较大城市，其中巢湖[1]、重庆、苏州、泰州、无锡、镇江、上海在三个年份均出现了供需缺口，缺水现象相对更为普遍，是水源涵养服务流动的主要受益地区。没有供需缺口的地区属于水源涵养服务流动的供给区。受益区的供需平衡缺口量即为实物流流量，2000 年、2010 年、2016 年实物流流量最大值出现在甘孜藏族自治州，分别为 6.57 亿立方米、11.49 亿立方米、19.98 亿立方米，对应价值流流量分别为 33.56 亿元、58.73 亿元、102.08 亿元。按照省份统计水源涵养服务的实物流，四川省水源涵养服务实物流流量、价值流流量在各年中最大，2000 年、2010 年、2016 年实物流流量分别为 26.09 亿立方米、55.62 亿立方米、64.19 亿立方米，对应价值流流量分别为 133.32 亿元、284.24 亿元、328.03 亿元。

研究过程中仍然存在一些不足，行政区的上下游关系复杂，本章为便于生态补偿政策的执行，仅基于长江干流和主要流经支流、子流域的上下游关系对行政区的上下游关系界定进行了简化。没有考虑水源涵养服务地表径流量在流动过程中的蒸散发损耗。今后的研究中应进一步优化水源涵养服务流动分析框架，提高水源涵养服务实物流与价值流的模拟精度。

---

[1] 根据《国务院关于同意安徽省撤销地级巢湖市及部分行政区划调整的批复》（国函〔2011〕84 号），撤销了地级巢湖市，并将原地级巢湖市管辖的居巢区、庐江县划归合肥市管辖，原地级巢湖市管辖的无为县及和县的沈巷镇划归芜湖市管辖，原地级巢湖市管辖的含山县和和县（不含沈巷镇）划归马鞍山市管辖。但是为避免行政区划导致的合肥、芜湖、马鞍山等地区的数据扰动，更好地方便读者从生态学角度去分析生态系统服务流动的机理，本书将 2016 年的巢湖市相关数据分析结果依然称为巢湖市，行政区划界线仍采用 2011 年行政区划调整之前的界线。2016 年，马鞍山市行政界线也仍采用 2011 年行政区划调整之前的界线。

5.1　生态系统服务空间流动特征分析

5.1.1　生态系统服务空间流动简述

生态系统服务的供给区和受益区并非同时存在，分布在地理空间的不同区域，生态系统服务的空间流动联系着供给区与受益区之间的生态功能受益。生态系统服务功能经过空间流动，实现生态效益的异地受益表达，以流域内和跨流域的上中下游流动较为显著(郭中伟 等，1997；李双成 等，2002；乔旭宁 等，2011)。

如图 5.1 所示，森林生态系统所提供的生态系统服务中，一部分在供给区内提供生产性、改善资源条件等受益效益，另一部分依托生态介质按照生态过程的迁移转移到供给区之外的其他区域，提供受益效益服务。此外，植被生态系统可以降低风力侵蚀对土壤表层的破坏，减少沙尘污染，从而降低下风向区域的人类健康风险，提高居民生活环境质量(陈江龙 等，2014；高吉喜，2013；郭中伟 等，2003)。

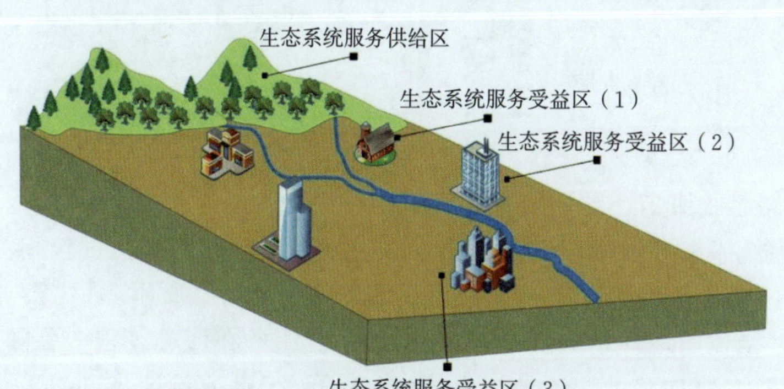

图 5.1　生态系统服务空间流动示意

5.1.2　生态系统服务空间流动的组成要素

生态系统服务空间流动的组成要素包括供给方、生态产品、生态介质、受益方等。供给方是指能够产生生态系统服务效益的各种类型的生态系统。生态产品是指生态系统服务流动过程中发生空间转移的物质，在空间上发生外溢性的生态服务效益。生态产品的物质存在形式包括气体、液体和固体。生态系统供给服务流动中的功能性的产品实体，如粮食、水资源、木材等；而文化服务中的生态产品主要是指生态系统可以使人类精神受益的状态，如美丽的生态景观、生态系统的历史价值等，并非以实体化存在。生态产品通过生态介质在空间或生态过程实现空间流动。受益方是指得到依托生态介质发挥生态产品的生态效益的对象，如水资源供给服务的受益者主要是在流域尺度的下游地区。

5.1.3 生态系统服务的空间流动特征

根据搜集查阅相关文献，总结归纳了以往学者关于生态系统服务空间流动内涵的研究，对空间流动视角下的生态系统服务特征进行了分析，主要包括空间状态、流动介质、流动的过程等方面。

1. 生态系统服务流动的空间状态

生态系统服务的空间流动具有区域特征和方位特征。根据孙雪萍等(2016)和Fisher等(2009)的研究，生态系统服务的流动分为供给区、连接区、受益区，如图5.2所示。

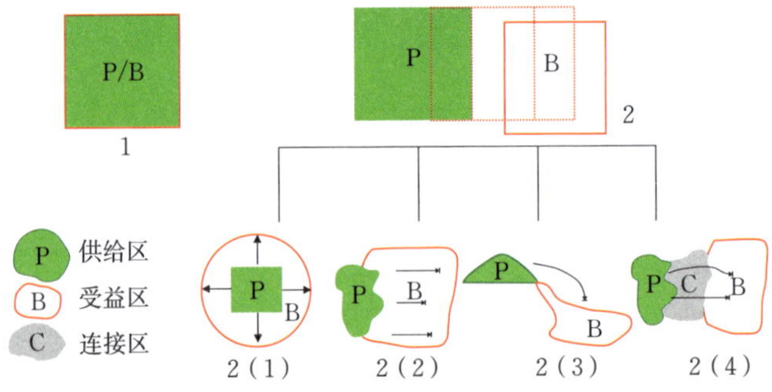

图5.2 生态系统服务流动的空间状态

2. 生态系统服务流动的量变特征

生态系统服务在空间流动中的量变主要跟流动路径和衰减过程相关。流动路径影响着不同生态系统服务类型的外溢范围，如表5.1所示(孙雪萍 等,2016)。衰减过程是指按照地理学的基本规律，生态系统服务在流动过程中会随距离增加，但强度有减少、增加和不变三种类型(李双成 等,2014;Koch et al,2009)。生态系统服务流动的衰减有四种类型：线状衰减、面状衰减、不规则衰减和不衰减。

表5.1 流域生态系统服务的受益区域

供给区提供的生态系统服务	受益区			
	本地	下游	周边其他区域	全国
水源涵养	√－	√＋	√－	－
防风固沙	√－	√＋	√－	－
空气净化	√＋	√－	√＋	－
土壤保持	√	－	－	－
固碳释氧	√＋	√＋	√－	√－
生境维护	√	√	√	√

注：√表示受益的区域；√－表示受益相对较少的区域；√＋表示受益相对较多的区域；－表示无受益。

3. 生态系统服务空间流动的主要特征

基于上述分析，根据李双成等(2014)和孙雪萍等(2016)的研究，将生态系统服务的空间流动特征进行汇总，如表5.2所示。

表5.2　生态系统服务的空间流动特征

划分依据	流动类型	基本特性	举例
服务流的方向性	1. 有方向性服务流； 2. 无方向性服务流	1. 服务由源流向汇； 2. 服务在源处无特定流向	1. 调节径流和保持土壤等，生态系统服务从流域上游向下游流动； 2. 碳储存和碳汇服务
服务流的路径形状	1. 线状服务流； 2. 面状服务流	1. 服务流动路径为线状； 2. 服务流动路径为面状	1. 与河流相关的服务流动如径流调节、泥沙调节； 2. 大气调节、气候调节
服务流的路径长度	1. 短距离服务流； 2. 长距离服务流	1. 服务半径一般在几千米范围内； 2. 服务可以输送到几千米以外	1. 昆虫传粉服务等； 2. 气体调节服务等
供需主体移动特征	1. 供给移动服务流； 2. 使用移动服务流	1. 服务从供给方流向使用方； 2. 使用者通过空间移动至供给区	1. 水源涵养、净化水质等； 2. 旅游休闲及文化服务等
服务积累或消散性	1. 累积性服务流； 2. 弥散性服务流	1. 服务在流动过程中得到强化； 2. 服务在流动过程中强度减弱	1. 不考虑用水消耗情况下，生态系统提供的淡水资源从上游至下游会不断增加； 2. 生态系统所产生的干净的空气在外溢中会随着距离减少
驱动力特性	1. 自然驱动； 2. 人为驱动	1. 服务流的主要驱动因素是自然力，如风、水流和生物等； 2. 服务流的主要驱动因素是人为力，如人口迁移、客流等	1. 绝大部分供给、调节服务； 2. 文化服务、旅游休闲等
平稳性特征	1. 平稳性服务流； 2. 非平稳性服务流	1. 在一定时段内服务流呈现平稳状态，流量恒定或波动很小； 2. 在一定时段内服务流呈现平稳状态，流量波动大，变化明显	1. 土壤保持、生物多样性维持、调节大气；休闲娱乐等； 2. 抵御洪水、风暴潮灾害和病虫害等
周期性特征	1. 周期性服务流； 2. 非周期性服务流	1. 服务流表现为周期性波动； 2. 服务流无显著周期性变化	1. 与生物种群有关的生产性服务随着生物发育节律具有周期性变化； 2. 在人类历史时间尺度内没有周期性变化特征，如土壤形成等

5.1.4 水源涵养服务的空间流动特征

水源涵养服务是供给型服务的重要类型，主要是由森林、草地等生态系统提供地表水和地下水，为经济社会发展、人类生产生活、生态系统维持等提供必要水资源。水源涵养服务具有明显的空间流动性，除了人工调水外，则主要通过河道流至区域下游地区。水源涵养服务的空间流动特征，如表 5.3 所示。

表 5.3 水源涵养服务的空间流动特征

要素	淡水供给服务
供给方	可提供淡水资源的生态系统
流动性	可流动
方向性	线状
生态产品	水
生态介质	河流
受益方	用水方
衰减规律	由流经地需水决定
研究单元	流域

5.2 水源涵养服务空间流动模拟

5.2.1 水源涵养服务空间流动模拟流程

基于上述分析，本书以水源涵养服务作为研究案例，对其流动性进行具体分析。在评估水源涵养服务流动性时，遵循生态系统服务流动性评估框架，并针对具体问题和情况进行了部分调整细化，具体如图 5.3 所示。

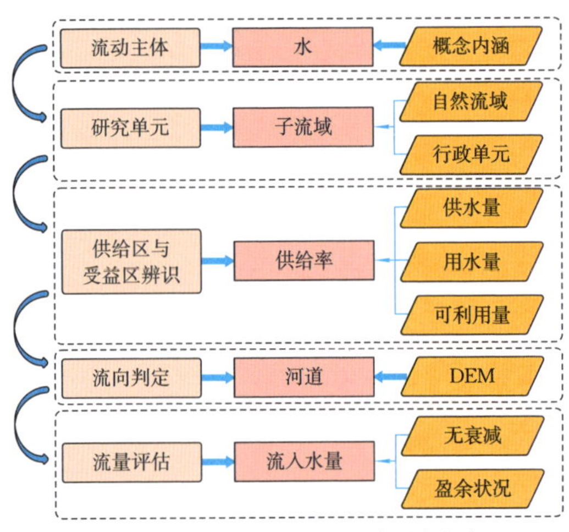

图 5.3 水源涵养服务流动研究框架

基于研究方案，搜集长江经济带水源涵养服务流动分析的数据资料。借助 InVEST 模型，计算了长江经济带水源涵养服务实物量和价值量，在此基础上进行水源涵养服务流动性问题分析。

5.2.2　水源涵养服务空间流动基本单元识别

数字高程模型（DEM）和地形因子是影响河流分布的关键因素。本书以 DEM 数据作为划分子流域的基础数据，同时根据国家水利网络基础数据，利用 ArcGIS SWAT 模型来模拟研究区子流域的分布情况。基于 DEM 栅格数据，采用 D8 算法判定水流方向，即假设每个栅格单元的水流可以流入相邻的 8 个栅格单元中，在具体计算中，分析初始栅格中心点落差与相邻栅格间的高程落差，设落差最大的栅格为流出栅格。

流向分析时，需要设定流向不同方向的邻域栅格单元的编码，如图 5.4 所示，根据栅格单元的 DEM 高程落差，判断水流方向，记录流入栅格单元的编码，从而得到整个流域水流的分布图，研究区流域划分的技术路线如图 5.5 所示。

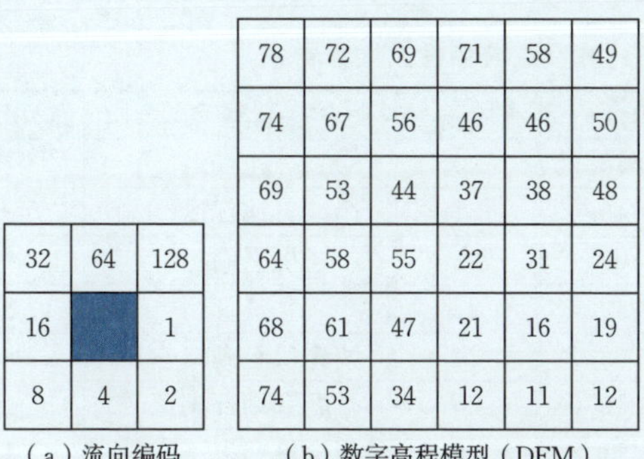

32	64	128
16		1
8	4	2

（a）流向编码

78	72	69	71	58	49
74	67	56	46	46	50
69	53	44	37	38	48
64	58	55	22	31	24
68	61	47	21	16	19
74	53	34	12	11	12

（b）数字高程模型（DEM）

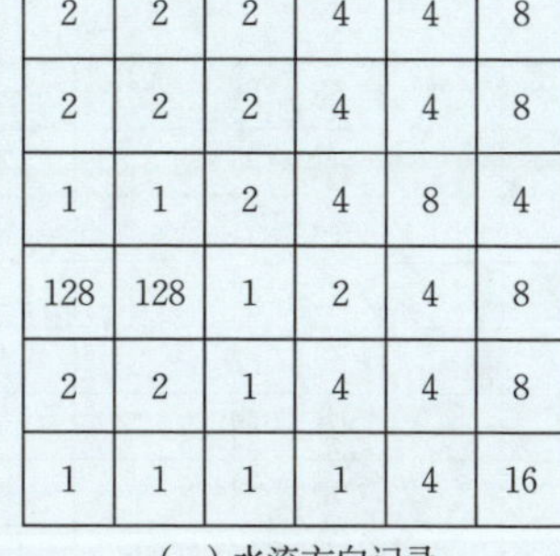

2	2	2	4	4	8
2	2	2	4	4	8
1	1	2	4	8	4
128	128	1	2	4	8
2	2	1	4	4	8
1	1	1	1	4	16

（c）水流方向记录

图 5.4　水流方向分析示意

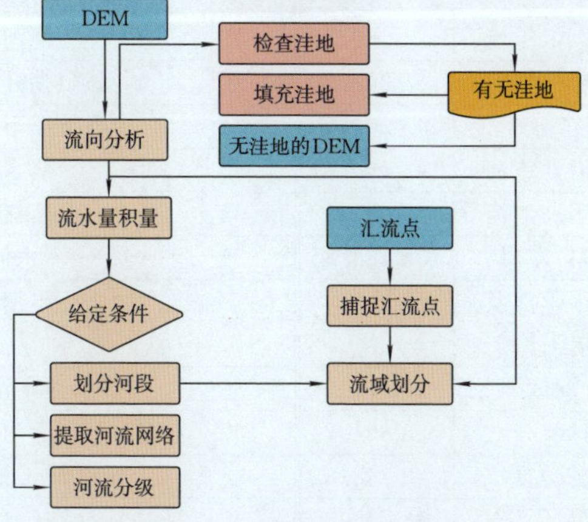

图 5.5　流域划分技术路线

按照上述流域划分方案，长江经济带作为核心区域，综合考虑行政界线、国家河网等级划分中二级流域范围及流域完整性，划分研究区的子流域，具体结果如图 5.6 所示，涵盖了长江流域下辖的长江、通天河、大渡河、岷江、沱江等支流水系，将全区划分为 23 个小流域，小流域的编号及区位特征如表 5.4 所示。

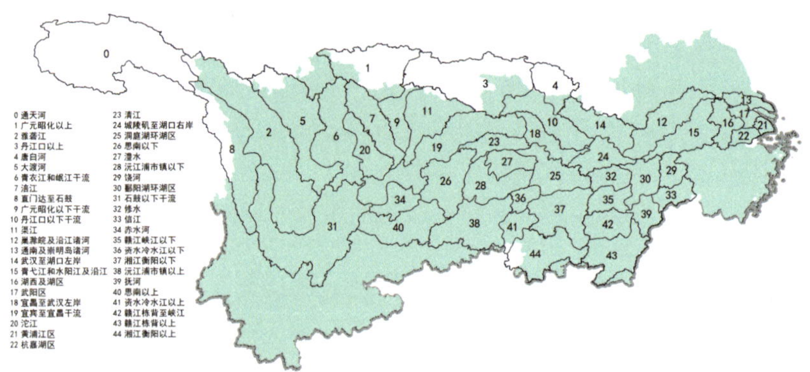

图 5.6 2000—2016 年长江经济带流域空间格局及其变化情况

表 5.4 长江经济带流域编号及区位特征

流域编号	子流域	面积/km^2	流域编号	子流域	面积/km^2
0	通天河	143 528.26	20	沱江	26 703.19
1	广元昭化以上	59 919.09	21	黄浦江区	5 030.05
2	雅砻江	129 807.17	22	杭嘉湖区	7 898.78
3	丹江口以上	94 349.43	23	清江	17 840.07
4	唐白河	25 295.78	24	城陵矶至湖口右岸	23 897.08
5	大渡河	76 210.08	25	洞庭湖环湖区	35 165.63
6	青衣江和岷江干流	60 171.84	26	思南以下	42 538.84
7	涪江	36 197.04	27	澧水	18 482.12
8	直门达至石鼓	73 528.14	28	沅江浦市镇以下	36 330.94
9	广元昭化以下干流	21 586.52	29	饶河	15 001.48
10	丹江口以下干流	38 242.28	30	鄱阳湖环湖区	24 516.34
11	渠江	45 000.20	31	石鼓以下干流	127 086.38
12	巢滁皖及沿江诸河	44 640.01	32	修水	16 043.30
13	通南及崇明岛诸河	10 850.52	33	信江	15 749.76
14	武汉至湖口左岸	35 488.85	34	赤水河	18 890.01
15	青弋江和水阳江及沿江诸河	37 861.27	35	赣江峡江以下	18 342.56
16	湖西及湖区	18 678.64	36	资水冷水江以下	10 321.65
17	武阳区	8 864.74	37	湘江衡阳以下	48 906.88
18	宜昌至武汉左岸	22 348.32	38	沅江浦市镇以上	56 439.14
19	宜宾至宜昌干流	83 733.80	39	抚河	16 633.84

续表

流域编号	子流域	面积/km²	流域编号	子流域	面积/km²
40	思南以上	46 691.88	43	赣江栋背以上	43 051.23
41	资水冷水江以上	16 337.09	44	湘江衡阳以上	49 527.31
42	赣江栋背至峡江	24 038.52			

根据子流域的上下游关系，考虑到水源涵养服务生态补偿政策的可执行性和中国生态系统管理利益相关者的现实情况，在子流域划分的基础上，对长江经济带涉及的上海、江苏、浙江、安徽、江西、湖北、湖南、重庆、四川、云南、贵州等 11 个省市的 131 个地区进行流经河段分析，区分各个地区的上下游关系。首先，从各地区出发，梳理出各个地区流经河段及其区位与水资源的基本情况，见附表 1。长江经济带长江流域内各地区的上下游关系见附表 2。

基于河网特征和干流与支流的上下游关系，梳理出长江经济带长江流域部分的地区上下游关系。由于河道纵横，地区之间的上下游关系存在相互交叉重叠的现象，即上下游关系是一个相对的概念，在以不同的河段为参考对象的时候，两个地区之间的上下游关系可能发生变化。划分原则如下：①以重要支流与长江干流的汇入点为分界，首先确定分界点之间干流流经地区的上下游关系；②对汇入支流的上下游关系进行梳理；③由于河网分布多为树枝状，存在多级支流，本书只分析径流量较大的支流，最终实现对长江经济带长江流域内地区的全覆盖。经过梳理，附表 1 中 131 个地区中有 29 个不属于长江流域，因此不区分这 29 个地区的上下游关系，只区分其余 102 个地区的上下游关系，因此后文中仅对这 102 个地区的水源涵养服务实物流、价值流、生态补偿进行分析。

5.2.3　水源涵养实物流模拟

由于自然径流过程基于子流域的产汇流实现，因此对 2000 年、2010 年、2016 年长江经济带各子流域的水源涵养量及土地利用类型所占比例进行分析（表 5.5、表 5.6、表 5.7）。2000 年、2010 年信江子流域（34 号子流域）的供水量和降水量均最高，各年份平均供水量分别为 1 279.91 mm、1 899.64 mm，平均降水量分别为 2 010.72 mm、2 644.41 mm；2016 年修水子流域（33 号子流域）平均供水量和降水量最高，分别为 1 378.40 mm、2 101.62 mm。2000 年广元昭化以上子流域（2 号子流域）各年份平均供水量和降水量最低，分别为 151.81 mm、741.20 mm；2010 年通天河子流域（1 号子流域）的平均供水量和降水量最低，分别为 83.98 mm、520.30 mm；2016 年直门达至石鼓子流域（9 号子流域）的平均供水量和降水量最低，分别为 139.96 mm、697.10 mm，说明平均供水量和降水量密切相关。

表 5.5　2000 年长江经济带各子流域水源涵养量及土地利用类型所占比例

流域编号	供水量/mm	降水量/mm	蒸散发/mm	耕地/%	森林/%	草地/%	灌木地/%	湿地/%	水体/%	苔原/%	人造地表/%	裸地/%	冰川和永久积雪/%
1	237.99	641.59	816.30	8.32	8.10	10.30	0.00	0.00	0.28	0.00	0.10	0.00	0.00
2	151.81	741.20	806.65	9.00	78.17	12.32	0.00	0.00	0.38	0.00	0.13	0.00	0.00
3	232.74	839.45	997.28	5.79	36.9	51.24	3.38	0.17	0.44	0.00	0.13	1.25	0.70
4	332.48	1 041.45	860.41	17.66	72.21	8.37	0.00	0.02	1.28	0.00	0.45	0.00	0.00
5	460.16	1 077.86	954.02	69.02	16.73	7.67	0.00	0.02	4.68	0.00	1.88	0.00	0.00
6	200.29	773.48	921.47	4.35	48.76	44.35	0.84	0.09	0.24	0.00	0.13	0.00	1.24
7	303.02	821.54	736.29	27.56	56.67	13.04	0.57	0.12	0.67	0.00	1.31	0.00	0.07
8	327.98	833.33	722.92	55.87	35.65	6.42	0.27	0.18	0.94	0.00	0.65	0.00	0.01
9	155.86	757.19	1 095.03	2.00	53.71	36.08	5.82	0.04	0.29	0.00	0.08	1.58	0.40
10	606.54	1 126.87	742.23	69.42	23.89	4.81	0.00	0.02	1.37	0.00	0.49	0.00	0.00
11	478.58	1 100.24	893.27	52.44	32.70	5.53	0.00	0.41	5.35	0.00	3.58	0.00	0.00
12	811.02	1 384.01	728.82	50.69	46.18	1.76	0.00	0.04	0.76	0.00	0.57	0.00	0.00
13	500.01	1 089.34	870.88	60.67	24.02	2.71	0.00	0.67	7.27	0.00	4.65	0.00	0.00
14	616.09	1 151.47	884.84	84.12	0.00	0.02	0.00	0.34	9.57	0.00	5.95	0.00	0.00
15	404.30	1 090.73	966.07	51.40	39.25	3.71	0.00	0.16	3.78	0.00	1.61	0.10	0.00
16	601.74	1 246.91	845.63	42.35	45.66	1.97	0.00	1.29	5.76	0.00	2.96	0.01	0.00
17	495.10	1 118.35	896.31	49.29	24.85	1.67	0.01	0.03	19.63	0.00	4.52	0.00	0.00
18	592.29	1 102.87	899.17	68.55	0.73	0.01	0.00	0.01	14.73	0.00	15.96	0.00	0.00
19	580.20	1 193.09	875.41	59.68	23.52	2.93	0.00	0.71	11.06	0.00	2.09	0.00	0.00
20	635.03	1 183.98	727.55	45.90	40.78	11.11	0.32	0.06	1.20	0.00	0.63	0.00	0.00
21	333.82	776.23	697.32	81.90	9.55	5.28	0.56	0.14	1.28	0.00	1.29	0.00	0.00
22	790.92	1 203.50	846.65	63.45	0.05	0.39	0.00	0.00	2.73	0.00	33.38	0.00	0.00
23	591.37	1 090.98	875.31	82.39	0.88	0.11	0.00	0.02	4.58	0.00	12.01	0.00	0.00

续表

流域编号	供水量/mm	降水量/mm	蒸散发/mm	耕地/%	森林/%	草地/%	灌木地/%	湿地/%	水体/%	苔原/%	人造地表/%	裸地/%	冰川和永久积雪/%
24	831.00	1 462.30	764.56	26.63	60.84	10.99	0.00	0.01	1.14	0.00	0.38	0.00	0.00
25	564.81	1 269.56	948.00	40.46	39.33	4.63	0.01	0.96	11.99	0.00	2.63	0.00	0.00
26	728.12	1 328.97	815.06	51.91	27.95	4.67	0.00	1.91	12.08	0.00	1.48	0.00	0.00
27	686.51	1 213.35	683.44	38.96	47.27	12.83	0.33	0.00	0.44	0.00	0.16	0.00	0.00
28	675.36	1 302.34	750.48	31.84	63.97	2.23	0.00	0.05	1.30	0.00	0.61	0.00	0.00
29	672.54	1 257.86	689.24	27.79	65.84	4.53	0.00	0.00	1.47	0.00	0.37	0.00	0.00
30	899.87	1 639.91	833.72	18.39	77.11	2.65	0.00	0.00	0.75	0.00	1.08	0.01	0.00
31	932.58	1 579.77	860.13	44.96	28.44	5.44	0.00	8.98	9.12	0.00	2.52	0.54	0.00
32	248.20	929.66	1 068.71	26.70	43.57	22.26	5.54	0.05	0.85	0.00	0.59	0.31	0.13
33	820.02	1 526.18	827.01	21.60	67.98	6.83	0.00	0.05	2.92	0.00	0.62	0.00	0.00
34	1 279.91	2 010.72	893.27	31.88	59.75	5.42	0.00	0.01	1.27	0.00	1.61	0.08	0.00
35	564.51	1 095.84	731.83	38.82	38.41	22.30	0.08	0.01	0.20	0.00	0.18	0.00	0.00
36	1 100.38	1 702.74	785.33	39.59	48.53	6.15	0.00	0.01	2.47	0.00	3.09	0.16	0.00
37	842.02	1 471.35	734.69	25.05	66.53	6.17	0.00	0.00	1.91	0.00	0.34	0.00	0.00
38	959.80	1 583.12	764.44	28.59	58.56	9.37	0.00	0.09	1.40	0.00	1.99	0.00	0.00
39	741.15	1 358.16	732.32	24.02	65.23	9.57	0.00	0.01	0.76	0.00	0.40	0.00	0.00
40	1 135.86	1 835.42	852.97	30.49	60.15	6.36	0.00	0.00	1.33	0.00	1.55	0.11	0.00
41	716.27	1 251.49	755.12	46.17	33.89	17.27	1.37	0.01	0.52	0.00	0.78	0.00	0.00
42	817.58	1 411.09	770.62	39.40	45.65	12.93	0.00	0.00	1.02	0.00	1.00	0.00	0.00
43	935.81	1 611.28	797.29	24.41	67.36	5.21	0.00	0.00	1.30	0.00	1.63	0.09	0.00
44	870.44	1 608.82	880.83	18.09	67.05	12.43	0.13	0.01	0.90	0.00	1.20	0.18	0.00
45	797.84	1 478.99	837.03	28.03	59.43	9.86	0.00	0.03	1.45	0.00	1.20	0.00	0.00

表 5.6　2010 年长江经济带各子流域水源涵养量及土地利用类型所占比例

流域编号	供水量 /mm	降水量 /mm	蒸散发 /mm	耕地 /%	森林 /%	草地 /%	灌木地 /%	湿地 /%	水体 /%	苔原 /%	人造地表 /%	裸地 /%	冰川和永久积雪/%
1	83.98	520.30	1 024.67	9.34	80.60	9.60	0.00	0.00	0.31	0.00	0.15	0.00	0.00
2	350.74	955.53	777.11	9.98	77.65	11.60	0.10	0.00	0.44	0.00	0.23	0.00	0.00
3	148.96	747.30	1 073.77	5.80	35.49	52.27	3.74	0.15	0.40	0.00	0.15	1.36	0.64
4	309.45	974.81	802.54	17.33	73.41	6.75	0.00	0.03	1.84	0.00	0.63	0.00	0.00
5	307.38	805.83	771.38	67.94	17.24	5.98	0.00	0.03	4.42	0.00	4.39	0.00	0.00
6	226.39	814.99	902.74	4.43	47.83	44.48	0.88	0.04	0.29	0.00	0.17	0.69	1.20
7	495.89	1 007.99	661.65	27.63	56.53	12.86	0.60	0.06	0.64	0.00	1.60	0.00	0.07
8	483.74	957.96	640.75	56.20	36.33	5.35	0.33	0.09	0.89	0.00	0.79	0.00	0.01
9	136.46	732.21	1 115.54	2.13	52.17	36.95	6.37	0.02	0.31	0.00	0.08	1.41	0.56
10	606.85	1 075.72	652.24	69.30	25.81	2.48	0.06	0.06	1.66	0.00	0.62	0.00	0.00
11	465.37	1 037.35	822.47	53.04	34.65	2.37	0.00	0.67	4.27	0.00	5.00	0.00	0.00
12	662.09	1 165.19	639.95	51.30	45.72	1.14	0.11	0.04	0.94	0.00	0.76	0.00	0.00
13	924.49	1 482.86	816.90	59.55	23.58	2.98	0.00	0.46	7.60	0.00	5.83	0.00	0.00
14	638.81	1 140.00	851.22	78.73	0.03	0.04	0.00	0.83	9.31	0.00	11.06	0.00	0.00
15	707.79	1 339.82	852.16	51.89	40.09	2.40	0.00	0.19	3.51	0.00	1.82	0.11	0.00
16	1 019.73	1 625.78	791.12	41.44	45.27	1.96	0.00	0.18	7.18	0.00	3.97	0.00	0.00
17	710.08	1 293.92	844.36	45.08	24.69	2.60	0.02	0.01	20.13	0.00	7.47	0.00	0.00
18	609.17	1 088.04	874.91	59.06	0.13	0.60	0.00	0.05	15.12	0.00	25.03	0.00	0.00
19	688.97	1 275.69	833.09	60.86	24.74	1.19	0.00	1.25	8.84	0.00	3.10	0.00	0.00
20	490.25	1 013.90	690.76	46.22	42.70	8.56	0.34	0.05	1.32	0.00	0.81	0.00	0.00
21	543.28	968.36	645.24	81.97	11.13	3.63	0.72	0.06	1.03	0.00	1.46	0.00	0.00
22	878.29	1 245.73	832.72	46.27	0.18	0.39	0.00	0.00	2.49	0.00	50.67	0.00	0.00
23	933.53	1 413.25	862.92	76.98	0.80	0.22	0.00	0.06	3.54	0.00	18.39	0.00	0.00

续表

流域编号	供水量/mm	降水量/mm	蒸散发/mm	耕地/%	森林/%	草地/%	灌木地/%	湿地/%	水体/%	苔原/%	人造地表/%	裸地/%	冰川和永久积雪/%
24	695.60	1 288.38	690.54	26.41	68.00	3.76	0.00	0.02	1.33	0.00	0.47	0.00	0.00
25	1 311.41	1 947.17	831.70	41.58	38.93	4.69	0.01	1.00	10.60	0.00	3.14	0.05	0.00
26	1 025.08	1 631.29	821.42	53.01	28.13	5.03	0.00	2.45	9.68	0.00	1.69	0.00	0.00
27	662.36	1 189.32	680.17	38.91	48.12	12.13	0.32	0.00	0.35	0.00	0.17	0.00	0.00
28	940.32	1 555.26	730.74	31.85	64.06	2.33	0.00	0.01	1.04	0.00	0.72	0.00	0.00
29	1 000.58	1 607.39	708.39	27.74	66.03	4.58	0.00	0.01	1.20	0.00	0.43	0.00	0.00
30	1 720.19	2 430.91	794.42	18.37	77.10	2.64	0.00	0.00	0.75	0.00	1.13	0.02	0.00
31	1 538.87	2 174.00	845.68	44.47	28.40	5.40	0.00	8.99	9.12	0.00	3.09	0.54	0.00
32	162.74	837.51	1 202.85	25.86	43.59	22.93	5.69	0.02	0.70	0.00	0.77	0.38	0.06
33	1 306.06	1 999.06	804.22	21.46	67.96	6.81	0.00	0.05	2.92	0.00	0.80	0.00	0.00
34	1 899.64	2 644.41	907.54	31.75	59.73	5.40	0.00	0.01	1.26	0.00	1.77	0.08	0.00
35	398.68	938.09	743.03	38.83	42.36	18.15	0.08	0.15	0.20	0.00	0.22	0.00	0.00
36	1 498.37	2 142.44	841.36	39.25	48.42	5.97	0.00	0.01	2.47	0.00	3.72	0.16	0.00
37	1 112.82	1 744.71	732.87	25.03	66.71	6.22	0.00	0.00	1.68	0.00	0.35	0.00	0.00
38	1 030.74	1 701.89	824.73	28.04	58.90	9.44	0.00	0.04	1.39	0.00	2.19	0.00	0.00
39	614.10	1 258.68	771.33	23.95	65.48	9.45	0.00	0.04	0.63	0.00	0.45	0.00	0.00
40	1 608.40	2 360.63	917.00	30.49	60.13	6.35	0.00	0.00	1.33	0.00	1.59	0.11	0.00
41	454.33	1 000.85	783.99	45.74	34.30	17.13	1.48	0.00	0.51	0.00	0.84	0.00	0.00
42	777.68	1 393.89	803.89	39.09	45.74	13.00	0.00	0.00	1.05	0.00	1.13	0.00	0.00
43	1 276.62	2 009.96	864.35	24.36	67.33	5.12	0.00	0.00	1.28	0.00	1.82	0.09	0.00
44	939.32	1 695.12	900.31	18.03	67.03	12.40	0.13	0.01	0.90	0.00	1.31	0.18	0.00
45	767.65	1 507.39	915.40	28.14	59.28	9.97	0.00	0.03	1.32	0.00	1.26	0.00	0.00

表 5.7　2016 年长江经济带各子流域水源涵养量及土地利用类型所占比例

流域编号	供水量/mm	降水量/mm	蒸散发/mm	耕地/%	森林/%	草地/%	灌木地/%	湿地/%	水体/%	苔原/%	人造地表/%	裸地/%	冰川和永久积雪/%
1	389.85	796.57	586.25	0.09	0.82	0.09	0.00	0.00	0.00	0.00	0.00	0.00	0.00
2	325.84	949.48	848.24	0.17	0.72	0.07	0.00	0.00	0.03	0.00	0.01	0.00	0.00
3	253.91	821.40	873.98	0.52	0.34	0.02	0.00	0.01	0.03	0.00	0.08	0.00	0.00
4	492.01	1 208.21	977.45	0.28	0.61	0.05	0.00	0.00	0.02	0.00	0.04	0.00	0.00
5	592.67	1 189.01	850.04	0.20	0.67	0.06	0.00	0.00	0.04	0.00	0.03	0.00	0.00
6	295.64	827.88	941.57	0.66	0.17	0.06	0.00	0.00	0.04	0.00	0.07	0.00	0.00
7	390.06	941.77	925.34	0.40	0.38	0.05	0.00	0.01	0.10	0.00	0.07	0.00	0.00
8	335.48	896.84	757.50	0.04	0.47	0.44	0.01	0.00	0.01	0.00	0.00	0.02	0.01
9	139.96	697.10	817.73	0.45	0.42	0.08	0.00	0.00	0.02	0.00	0.02	0.00	0.00
10	483.17	1 058.19	885.81	0.61	0.24	0.01	0.00	0.01	0.06	0.00	0.06	0.00	0.00
11	528.53	1 136.03	920.38	0.57	0.24	0.03	0.00	0.01	0.07	0.00	0.08	0.00	0.00
12	718.38	1 376.19	748.34	0.09	0.78	0.12	0.00	0.00	0.01	0.00	0.01	0.00	0.00
13	705.30	1 318.88	831.95	0.68	0.26	0.02	0.00	0.00	0.02	0.00	0.02	0.00	0.00
14	708.78	1 232.90	830.01	0.44	0.34	0.17	0.01	0.00	0.01	0.00	0.03	0.00	0.00
15	589.41	1 230.44	788.34	0.37	0.49	0.12	0.00	0.00	0.01	0.00	0.01	0.00	0.00
16	830.92	1 490.00	963.38	0.29	0.59	0.06	0.00	0.00	0.03	0.00	0.03	0.00	0.00
17	721.43	1 353.33	972.05	0.61	0.01	0.00	0.00	0.00	0.14	0.00	0.25	0.00	0.00
18	808.20	1 310.02	884.52	0.50	0.39	0.02	0.00	0.00	0.03	0.00	0.05	0.00	0.00
19	667.15	1 270.57	976.94	0.48	0.01	0.00	0.00	0.00	0.14	0.00	0.36	0.00	0.00
20	828.21	1 440.30	784.27	0.24	0.64	0.09	0.00	0.00	0.01	0.00	0.01	0.00	0.00
21	271.89	759.54	781.48	0.26	0.66	0.05	0.00	0.00	0.01	0.00	0.02	0.00	0.00
22	844.68	1 270.05	785.06	0.79	0.11	0.04	0.01	0.00	0.01	0.00	0.04	0.00	0.00
23	834.71	1 363.65	937.73	0.51	0.28	0.05	0.00	0.02	0.10	0.00	0.04	0.00	0.00

续表

流域编号	供水量/mm	降水量/mm	蒸散发/mm	耕地/%	森林/%	草地/%	灌木地/%	湿地/%	水体/%	苔原/%	人造地表/%	裸地/%	冰川和永久积雪/%
24	948.42	1 613.93	795.44	0.55	0.36	0.05	0.00	0.00	0.01	0.00	0.02	0.00	0.00
25	1 098.59	1 788.56	779.99	0.26	0.68	0.04	0.00	0.00	0.01	0.00	0.01	0.00	0.00
26	941.42	1 619.23	864.47	0.50	0.46	0.01	0.00	0.00	0.01	0.00	0.02	0.00	0.00
27	554.72	1 150.60	937.03	0.40	0.25	0.02	0.00	0.00	0.21	0.00	0.12	0.00	0.00
28	788.39	1 473.75	886.42	0.28	0.58	0.10	0.00	0.00	0.02	0.00	0.02	0.00	0.00
29	787.50	1 447.04	967.94	0.27	0.57	0.09	0.00	0.00	0.02	0.00	0.05	0.00	0.00
30	1 212.03	1 994.04	825.10	0.31	0.64	0.02	0.00	0.00	0.02	0.00	0.02	0.00	0.00
31	1 143.69	1 831.42	946.77	0.02	0.53	0.34	0.06	0.00	0.00	0.00	0.00	0.03	0.02
32	265.34	929.85	1 072.79	0.25	0.43	0.23	0.06	0.00	0.01	0.00	0.02	0.00	0.00
33	1 378.40	2 101.62	816.47	0.38	0.45	0.13	0.00	0.00	0.01	0.00	0.03	0.00	0.00
34	1 157.55	1 949.79	845.45	0.24	0.67	0.06	0.00	0.00	0.02	0.00	0.01	0.00	0.00
35	407.78	998.46	795.95	0.37	0.47	0.05	0.00	0.00	0.04	0.00	0.07	0.00	0.00
36	1 168.63	1 764.85	920.36	0.18	0.66	0.12	0.00	0.00	0.01	0.00	0.03	0.00	0.00
37	956.28	1 675.91	820.83	0.24	0.67	0.05	0.00	0.00	0.02	0.00	0.03	0.00	0.00
38	778.39	1 529.92	825.91	0.38	0.42	0.18	0.00	0.00	0.00	0.00	0.01	0.00	0.00
39	734.64	1 388.68	931.72	0.73	0.00	0.00	0.00	0.01	0.09	0.00	0.17	0.00	0.00
40	814.75	1 586.30	943.72	0.43	0.28	0.05	0.00	0.00	0.19	0.00	0.05	0.00	0.00
41	550.23	1 121.47	913.37	0.06	0.35	0.52	0.04	0.00	0.01	0.00	0.00	0.02	0.01
42	652.56	1 267.63	893.34	0.39	0.44	0.02	0.00	0.00	0.07	0.00	0.08	0.00	0.00
43	936.51	1 626.70	722.85	0.26	0.56	0.13	0.01	0.00	0.01	0.00	0.03	0.00	0.00
44	613.35	1 364.33	884.84	0.17	0.77	0.02	0.00	0.00	0.01	0.00	0.03	0.00	0.00
45	684.63	1 394.77	1 034.24	0.35	0.02	0.02	0.00	0.00	0.04	0.00	0.58	0.00	0.00

从实际蒸散发来看，2000 年直门达至石鼓河段子流域（9 号子流域）的平均实际蒸散发最大，思南以下河段子流域（27 号子流域）的平均实际蒸散发最小，分别为 1 095.03 mm、683.44 mm。2010 年石鼓以下干流（32 号子流域）的平均实际蒸散发最大，渠江河段子流域（12 号子流域）的平均实际蒸散发最小，分别为 1 202.85 mm、639.95 mm。2016 年石鼓以下干流子流域（32 号子流域）的平均实际蒸散发最大，通天河子流域（1 号子流域）的平均实际蒸散发最小，分别为 1 072.79 mm、586.25 mm。综合来看，不同子流域之间供水量、降水量和实际蒸散发存在明显的区域差异。

考虑到基于水源涵养服务流动构建生态补偿框架的可行性，本书在子流域水源涵养量计算的基础上，以地市行政界线为单位模拟水源涵养服务的空间流动过程，具体计算过程包括：①基于子流域水源涵养量计算长江经济带各地区的水源涵养量；②计算长江经济带内各地区的用水量；③基于各地区水源涵养量与用水量的差值，计算各地区水源涵养服务的供需平衡量，即各地区可供水源涵养服务实物流的基准流量。供需平衡量为正值时，该地区可看作是水源涵养服务流动的供给地区；供需平衡量为负值时，该地区则为水源涵养服务流动的受益地区，需要上游供给区域的水源涵养服务实物流以弥补用水缺口。同时，这些受益区也是水源涵养服务生态补偿的付费方，需要对弥补其用水缺口的所有上游地区按照各自贡献的水量进行补偿。由于水源涵养服务产水汇入径流之后与河段中原有水量相混合，因此在流动使用过程中难以区分具体截流使用的是上游哪个地区的来水量。为流动计算的可操作性和生态补偿政策的公平性，本书将受益地区上游所有供给区均看作是生态补偿的被补偿方，按照各供给地区水源涵养服务流量的比例分配生态补偿资金。南水北调工程是长江流域的国家战略性大型水利工程，东线工程起点位于江苏扬州江都水利枢纽，2013 年 11 月 15 日，东线一期工程正式通水运行；中线工程的起点位于汉江中上游的丹江口水库，供水区域包括河南、河北、北京、天津等四个省（市），2014 年 12 月 12 日，中线工程一期正式通水运行。由于南水北调工程每年涉及调水量较大，长江流域沿自然径流过程流向下游的水源涵养服务流动量减少，因此，2016 年水源涵养服务流动考虑剔除南水北调调水量之后再进行水源涵养服务流量的模拟。由于丹江口水库位于湖北省十堰市，处于汉江上游地区，因此中线调水量应从十堰市水源涵养量中扣除。对于东线工程，扬州市位于长江干流，其调水涉及扬州上游流域的所有地区，即将东线工程调水量平均分配到扬州以上供给区的地区，在各地区供需平衡量的基础上进行核减。基于上述方法，得到最终各地区的水源涵养服务流动量。南水北调调水工程调水量计算采用跨年统计尺度，2015—2016 年度南水北调中线工程调水总量 38.30 亿立方米，东线工程调水总量 44.92 亿立方米；2016—2017 年度南水北调中线工程调水总量 44.92 亿立方米，东线工程调水总量 65.11 亿立方米。利用两个年度段的平均值近似代

表 2016 年南水北调中线和东线工程调水量，分别为 41.61 亿立方米、55.02 亿立方米。

在用水量的计算方面，我国有关用水量的统计为水资源公报中行政分区(地市级)的用水量计算，包括农业用水、工业用水、居民生活用水、城镇公共用水、生态环境用水。由于本书用水量的计算基于区县尺度，地市对于城镇公共用水和生态环境用水的要求与区县级别的相差较大，因此城镇公共用水和生态环境用水在地市与区县之间难以区分，本书未涉及该部分用水量的计算。在水需求空间位置的计算上，基于人口数量和每种土地利用类型的消费性利用计算农业、动物、工业、居民用水消费(Gao et al,2014)。首先对不同类型的用水量基于区县行政单元进行计算，即

$$
\begin{aligned}
C_m &= A_{G_m} + A_{N_m} + I_m + H_m \\
&= \sum_i N_{mi} W_{N_{mi}} + \sum_i D_{mi} W_{D_{mi}} + G_m W_{G_m} + P_{C_m} W_{PC_m} + P_{R_m} W_{PR_m}
\end{aligned}
$$

式中，A_{G_m} 为用水单元 m 的农业灌溉用水，等于用水单元 m 上农作物类型 i 的播种面积 N_{mi} 与单位面积该农作物类型的生产耗水量 $W_{N_{mi}}$ 的乘积之和，不同农作物类型的单位面积灌溉用水量不同，利用联合国粮农组织(FAO)提供的作物需水量计算模型 CROPWAT 得到；A_{N_m} 为用水单元 m 的动物产品用水，等于用水单元 m 上动物或动物产品类型 i 的饲养量或产量 D_{mi} 与该动物或动物产品类型的生产耗水量 $W_{D_{mi}}$ 的乘积之和，本书对动物产品虚拟用水计算进行简单化处理，采用 Canals 等(2009)和 Hoekstra(2009)利用 FAO 和世贸组织提供的数据资料对世界 100 多个国家的单位动物产品包含的虚拟用水估算中的中国部分计算结果，如表 5.8 所示(李亚娟 等,2012)；I_m 为用水单元 m 的工业用水，等于用水单元 m 上的工业总产值 G_m 与用水单元 m 上单位工业产值的耗水量 W_{G_m} 的乘积，单位工业产值的耗水量利用水资源公报计算的单位工业产值用水进行曲线拟合；H_m 为用水单元 m 的居民用水，分为城镇居民用水和农村居民用水，城镇居民用水等于用水单元 m 上城镇居民的人口数 P_{C_m} 与城镇居民 x 的用水定额 W_{PC_m} 的乘积，农村居民用水等于农村居民的人口数 P_{R_m} 与农村居民 x 的用水定额 W_{PR_m} 的乘积，居民用水定额参考长江流域地方标准。

表 5.8　主要动物产品虚拟用水量　　单位：m^3/kg

动物产品	猪肉	牛肉	羊肉	水产品	牲畜(活)
虚拟用水量	2.21	12.56	5.202	5.00	40

将不同区县上不同类型的用水类别与各个区县的土地覆被类型建立联系，如表 5.9 所示，得到基于土地覆被类型的用水量空间栅格图。将最终的水供给服务产生和使用的栅格数据进行栅格运算得到研究区范围内的水供给服务供需平衡时空格局分布图，如图 5.7 所示。

表 5.9 不同土地覆被类型对应的用水类别

不同土地覆被类型	对应用水类别
草地	牛肉、羊肉、大牲畜
水田	稻谷
旱地	小麦、玉米、大豆、薯类、棉花、烤烟
城镇建设用地	城镇居民生活用水、工业用水
农村聚落	农村居民生活用水
内陆水体	水产品

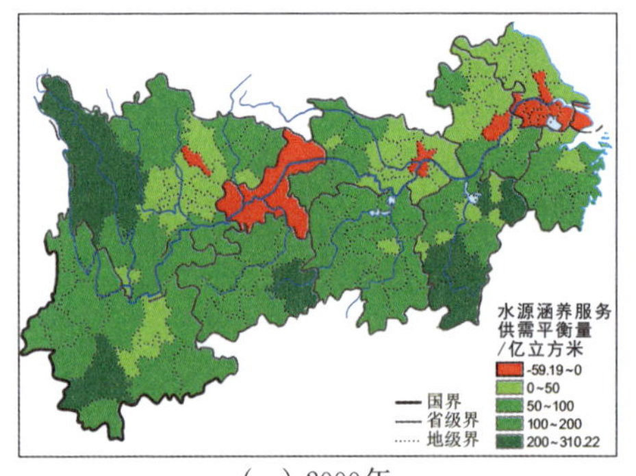

(a) 2000年

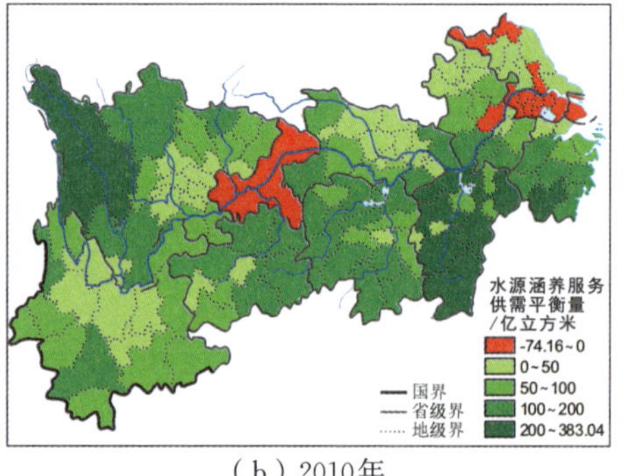

(b) 2010年

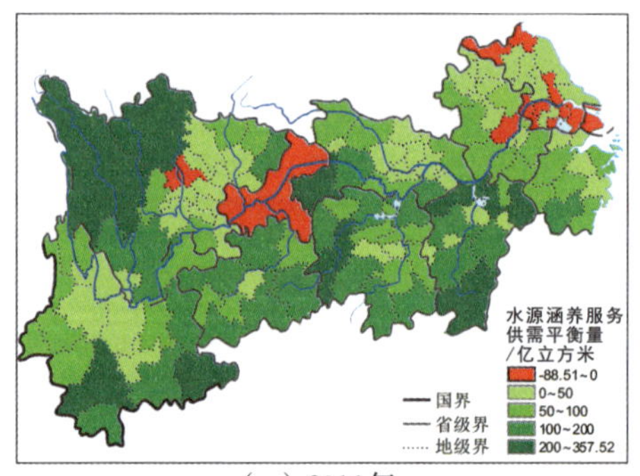

(c) 2016年

图 5.7 2000—2016 年长江经济带水源涵养服务供需平衡的空间格局及其变化情况

基于各个地区水源涵养量、用水量的分区统计，得到 2000 年、2010 年、2016 年各地区水源涵养服务的供需平衡量，如表 5.10 所示。2000 年长江经济带共有 11 个地区出现供需平衡缺口，按照缺水量的大小降序排列为上海(59.19 亿立方米)、苏州(17.40 亿立方米)、巢湖(10.67 亿立方米)、无锡(7.93 亿立方米)、德阳(6.24 亿立方米)、南京(5.70 亿立方米)、镇江(5.56 亿立方米)、泰州(2.31 亿立方米)、武汉(1.15 亿立方米)、常州(0.67 亿立方米)、重庆(0.56 亿立方米)，总需水缺口为 117.38 亿立方米。以上地区为 2010 年长江经济带水源涵养服务的受益区，主要位于长江经济带的下游地区，并且多为人口规模较大、经济发展较好的城市，其需水缺口需要根据地区的上下游关系按供需平衡量的占比进行分配。通过分析以上各地区 2000 年的用水量结构，上海、苏州、无锡、镇江、武汉、重庆均以工业用水为主，其中上海工业用水占比最大，占全市总用水量的 72.56%；巢湖、德阳、南京、泰州、常州均以农业用水为主，巢湖农业用水占比最大，占当年全市用水总量的 84.08%。

2010 年长江经济带共有 10 个地区出现供需平衡缺口，按照缺水量的大小降序排列为上海(74.16 亿立方米)、重庆(40.04 亿立方米)、苏州(32.06 亿立方米)、徐州(14.28 亿立方米)、无锡(10.76 亿立方米)、连云港(9.73 亿立方米)、巢湖(9.10 亿立方米)、泰州(7.65 亿立方米)、镇江(7.30 亿立方米)、常州(2.18 亿立方米)，总需水缺口为 207.26 亿立方米。其中徐州和连云港属于淮河流域，不属于长江流域，在本书的水源涵养服务流动分析中不做考虑。因此，去除徐州和连云港的供需平衡缺口，长江经济带长江流域的需水缺口为 183.25 亿立方米。虽然出现缺口的地区数量有所减少，但是需水缺口较 2000 年有所增加，即长江经济带水源涵养服务受益区的空间范围缩减，但是在空间上的需求程度有所增加，说明水源涵养服务流动的密度在增大，用水需求正在向大城市集中。从 2010 年缺水地区的用水结果来看，重庆、苏州、无锡、镇江、上海的用水量仍然以工业用水为主，其中苏州的工业用水占比最高，达当年全市用水总量的 69.58%；巢湖农业用水占比依然在各缺水城市中最大，占当年全市用水总量的 83.99%。

2016 年长江经济带共有 13 个地区出现供需平衡缺口，按照缺水量的大小降序排列为上海(88.51 亿立方米)、苏州(32.51 亿立方米)、重庆(28.63 亿立方米)、连云港(17.60 亿立方米)、巢湖(16.69 亿立方米)、德阳(10.38 亿立方米)、泰州(9.69 亿立方米)、徐州(7.25 亿立方米)、无锡(6.35 亿立方米)、马鞍山(5.25 亿立方米)、镇江(3.65 亿立方米)、成都(3.09 亿立方米)、南京(2.78 亿立方米)，总需水缺口为 232.38 亿立方米。其中徐州和连云港不属于长江流域，因此，去除徐州和连云港的供需平衡缺口，长江经济带长江流域范围的需水缺口为 207.53 亿立方米，相比较 2000 年、2010 年均有所增加。需水缺口的城市仍然主要位于中下游地区的较大城市。从缺水城市的用水结构来看，上海、苏州、重庆、无锡、马鞍山、镇江均以工业用水为主，其中马鞍山的工业用水占比在各级地区中最大，为 68.40%；巢湖、德阳、泰州、成都、南京以农业用水为主，泰州农业用水占当年全市用水总量的比例最大，为 72.62%。综合三个年份的供需平衡情况来看，巢湖、重庆、苏州、泰州、无锡、镇江、上海在三个年份均出现了供需缺口，缺水现象比较普遍。

表 5.10　2000—2016 年长江经济带长江流域各地区水源涵养服务供需平衡量及其实物流、价值流　单位:亿立方米

地区	2000年					2010年					2016年					
	水源涵养量	用水量	供需平衡量	水源涵养服务实物流	水源涵养服务价值流/亿元	水源涵养量	用水量	供需平衡量	水源涵养服务实物流	水源涵养服务价值流/亿元	水源涵养量	用水量	供需平衡量	扣除南水北调调水量之后的供需平衡	水源涵养服务实物流	水源涵养服务价值流/亿元
甘孜藏族自治州*	300.34	1.26	299.08	6.57	33.56	217.74	1.39	216.36	11.49	58.73	359.04	1.52	357.52	354.70	19.98	102.08
迪庆藏族自治州	74.72	2.18	72.53	1.59	8.14	86.42	1.63	84.79	4.50	23.02	60.00	1.79	58.21	57.75	3.25	16.62
丽江*	58.68	6.76	51.93	1.14	5.83	35.00	6.12	28.88	1.53	7.84	31.85	6.73	25.12	24.92	1.40	7.17
大理白族自治州*	76.73	12.85	63.88	1.40	7.17	38.31	13.05	25.26	1.34	6.86	34.94	14.36	20.58	20.42	1.15	5.88
楚雄彝族自治州*	64.33	11.17	53.16	1.17	5.96	12.59	9.01	3.58	0.19	0.97	35.36	9.91	25.44	25.24	1.42	7.27
攀枝花*	16.93	5.49	11.44	0.25	1.28	8.63	6.04	2.59	0.14	0.70	19.56	6.64	12.92	12.82	0.72	3.69
凉山彝族自治州*	161.50	12.14	149.36	3.28	16.76	117.43	13.35	104.08	5.53	28.25	167.72	14.69	153.03	151.83	8.55	43.70
昆明*	45.26	18.59	26.67	0.59	2.99	31.21	20.90	10.31	0.55	2.80	78.69	22.99	55.70	55.26	3.11	15.90
曲靖*	110.40	13.48	96.92	2.13	10.87	80.96	12.83	68.13	3.62	18.50	133.88	14.11	119.77	118.82	6.69	34.20
昭通	78.97	6.83	72.14	1.58	8.09	67.45	7.77	59.68	3.17	16.20	84.01	8.55	75.46	74.87	4.22	21.55
宜宾*	67.93	8.88	59.05	1.30	6.63	62.47	9.77	52.70	2.80	14.31	67.45	10.74	56.71	56.26	3.17	16.19
阿坝藏族羌族自治州*	120.63	1.32	119.31	2.62	13.39	182.65	1.45	181.20	9.63	49.19	228.41	1.60	226.81	225.02	12.67	64.76
成都*	49.19	46.97	2.22	0.05	0.25	81.05	61.03	20.02	1.06	5.44	64.05	67.13	−3.09	−3.09	—	—
眉山*	31.96	15.50	16.46	0.36	1.85	54.03	17.05	36.98	1.96	10.04	31.08	18.76	12.32	12.23	0.66	3.35
乐山*	52.04	12.98	39.06	0.86	4.38	64.99	14.28	50.71	2.69	13.77	49.68	15.71	33.97	33.70	1.81	9.25
雅安*	54.46	5.36	49.10	1.08	5.51	93.93	5.90	88.04	4.68	23.90	69.62	6.49	63.14	62.64	3.36	17.19
泸州*	67.66	6.12	61.54	1.35	6.91	57.28	6.73	50.55	2.69	13.72	51.84	7.41	44.43	44.08	2.37	12.10
德阳*	14.36	20.60	−6.24	—	—	25.73	22.66	3.07	0.16	0.83	14.55	24.93	−10.38	−10.38	—	—
资阳*	20.20	8.56	11.64	0.20	1.01	33.87	9.42	24.46	1.30	6.64	14.49	10.36	4.13	4.10	0.19	0.96
内江*	17.06	5.60	11.46	0.19	0.99	33.99	6.16	27.83	1.48	7.55	12.99	6.78	6.22	6.17	0.28	1.45
自贡*	17.83	5.66	12.17	0.21	1.05	25.25	6.23	19.02	1.01	5.16	13.44	6.85	6.59	6.54	0.30	1.53

续表

地区	2000年					2010年					2016年					
	水源涵养量	用水量	供需平衡量	水源涵养服务实物流	水源涵养服务价值流/亿元	水源涵养量	用水量	供需平衡量	水源涵养服务实物流	水源涵养服务价值流/亿元	水源涵养量	用水量	供需平衡量	扣除南水北调调水量之后的供需平衡	水源涵养服务实物流	水源涵养服务价值流/亿元
重庆*	55.82	56.37	−0.56	—	—	46.35	86.39	−40.04	−40.04	—	66.39	95.03	−28.63	−28.63	—	—
广元*	65.87	4.32	61.55	1.02	5.19	107.11	4.75	102.36	1.90	9.71	77.67	5.23	72.44	71.87	1.77	9.05
南充*	92.42	9.74	82.68	1.36	6.97	73.35	10.71	62.63	1.16	5.94	56.75	11.79	44.96	44.61	1.10	5.62
广安*	47.10	4.32	42.78	0.71	3.61	40.10	4.75	35.35	0.66	3.35	53.41	5.23	48.18	47.80	1.18	6.02
巴中*	98.06	2.98	95.08	1.57	8.02	90.95	3.28	87.67	1.63	8.31	69.47	3.61	65.86	65.34	1.61	8.23
达州*	142.14	6.54	135.60	2.24	11.44	104.27	7.19	97.08	1.80	9.20	136.76	7.91	128.85	127.83	3.15	16.10
绵阳*	54.53	17.38	37.15	0.61	3.13	93.97	17.20	76.77	1.42	7.28	61.73	18.92	42.81	42.47	1.05	5.35
遂宁*	22.79	6.30	16.49	0.27	1.39	30.26	6.93	23.33	0.43	2.21	18.85	7.62	11.23	11.14	0.27	1.40
毕节*	149.05	8.31	140.74	2.32	11.87	87.75	12.77	74.98	1.39	7.11	135.47	14.05	121.42	120.46	2.97	15.17
六盘水*	74.31	5.04	69.27	1.14	5.84	46.89	9.11	37.78	0.70	3.58	60.48	10.02	50.46	50.06	1.23	6.31
安顺*	86.42	6.36	80.06	1.32	6.75	62.97	8.32	54.65	1.01	5.18	64.53	9.15	55.38	54.95	1.35	6.92
贵阳*	61.56	10.10	51.46	0.85	4.34	35.17	10.27	24.90	0.46	2.36	52.03	11.30	40.74	40.42	1.00	5.09
黔南布依族苗族自治州*	205.74	9.78	195.96	3.23	16.53	151.03	10.97	140.06	2.60	13.28	170.18	12.07	158.11	156.86	3.87	19.76
黔东南苗族侗族自治州*	215.76	12.51	203.25	3.36	17.15	148.52	12.83	135.69	2.52	12.87	204.47	14.11	190.36	188.86	4.66	23.79
遵义	213.38	21.10	192.28	3.17	16.22	177.90	20.18	157.72	2.93	14.95	145.01	22.20	122.81	121.84	3.00	15.35
铜仁*	111.73	8.75	102.98	1.70	8.69	120.22	9.02	111.20	2.06	10.54	97.89	9.92	87.97	87.28	2.15	10.99
恩施土家族苗族自治州*	199.19	4.12	195.07	3.22	16.46	179.17	4.66	174.51	3.24	16.55	225.27	5.13	220.15	218.41	5.38	27.51
宜昌*	131.95	15.00	116.95	1.93	9.87	113.80	15.41	98.39	1.83	9.33	166.53	16.95	149.58	148.40	3.66	18.69
荆州	88.49	42.01	46.48	0.77	3.92	130.07	35.75	94.32	1.75	8.94	111.43	39.33	72.10	71.54	1.76	9.01
岳阳*	108.21	29.80	78.41	1.29	6.61	170.44	29.30	141.14	2.62	13.38	162.80	32.23	130.57	129.54	3.19	16.32
怀化*	205.63	19.00	186.63	3.08	15.74	216.59	17.63	198.96	3.69	18.87	233.95	19.39	214.55	212.87	5.25	26.81

续表

地区	2000年					2010年					2016年					
	水源涵养量	用水量	供需平衡量	水源涵养服务实物流	水源涵养服务价值流/亿元	水源涵养量	用水量	供需平衡量	水源涵养服务实物流	水源涵养服务价值流/亿元	水源涵养量	用水量	供需平衡量	扣除南水北调调水量之后的供需平衡	水源涵养服务实物流	水源涵养服务价值流/亿元
湘西土家族苗族自治州*	95.69	7.65	131.92	2.18	11.13	153.54	8.42	145.12	2.69	13.76	118.75	9.26	109.48	108.62	2.68	13.68
张家界*	60.00	3.82	56.18	0.93	4.74	97.00	5.27	91.73	1.70	8.70	68.28	5.80	62.48	61.99	1.53	7.81
常德	130.31	39.70	90.61	1.50	7.64	174.67	36.91	137.76	2.56	13.06	153.62	40.60	113.02	112.13	2.76	14.12
邵阳*	167.52	26.60	140.92	2.33	11.89	149.35	27.08	122.27	2.27	11.59	139.36	29.79	109.58	108.71	2.68	13.69
娄底*	67.33	13.40	53.93	0.89	4.55	91.16	17.64	73.52	1.36	6.97	62.19	19.40	42.79	42.45	1.05	5.35
益阳*	98.54	22.60	75.94	1.25	6.41	130.77	19.59	111.18	2.06	10.54	113.56	21.55	92.01	91.29	2.25	11.50
永州*	152.48	30.70	121.78	2.01	10.27	180.42	25.69	154.73	2.87	14.67	141.01	28.26	112.75	111.87	2.76	14.09
衡阳*	183.93	29.70	154.23	2.55	13.01	159.00	33.34	125.66	2.33	11.91	129.05	36.67	92.38	91.65	2.26	11.55
郴州*	176.39	19.20	157.19	2.59	13.26	145.80	23.73	122.07	2.26	11.57	143.89	26.10	117.79	116.86	2.88	14.72
株洲*	115.31	22.80	92.51	1.53	7.80	120.14	23.81	96.33	1.79	9.13	92.64	26.19	66.45	65.92	1.63	8.30
湘潭*	48.13	18.70	29.43	0.49	2.48	53.13	18.77	34.36	0.64	3.26	34.17	20.65	13.53	13.42	0.33	1.69
长沙*	108.76	33.60	75.16	1.24	6.34	129.86	38.00	91.86	1.70	8.71	113.18	41.80	71.38	70.82	1.75	8.92
咸宁*	58.69	15.38	43.31	0.71	3.65	139.48	15.56	123.92	2.30	11.75	123.51	17.12	106.39	105.56	2.60	13.30
荆门*	56.81	22.56	34.25	0.57	2.89	48.96	21.41	27.55	0.51	2.61	60.25	23.55	36.70	36.41	0.90	4.59
武汉*	40.47	41.62	−1.15	—	—	81.27	39.25	42.02	0.78	3.98	58.31	43.18	15.14	15.02	0.37	1.89
十堰**	77.59	7.52	70.07	1.14	5.82	70.35	11.02	59.33	1.10	5.63	111.68	12.12	99.56	57.17	1.41	7.20
神农架*	10.40	0.12	10.29	0.17	0.85	5.81	0.33	5.48	0.10	0.52	18.01	0.36	17.65	17.51	0.43	2.21
襄樊*	86.79	28.21	58.58	0.95	4.87	63.04	31.03	32.01	0.59	3.03	108.32	34.26	74.06	73.48	1.81	9.26
天门*	18.73	10.09	8.64	0.14	0.72	20.36	8.52	11.84	0.22	1.12	14.62	9.37	5.25	5.20	0.13	0.66
潜江*	15.51	5.34	10.17	0.17	0.84	16.75	6.30	10.45	0.19	0.99	13.98	6.93	7.05	6.99	0.17	0.88
仙桃*	16.03	11.14	4.88	0.08	0.41	23.67	9.49	14.18	0.26	1.34	17.19	10.44	6.75	6.70	0.17	0.84

续表

地区	2000年					2010年					2016年					
	水源涵养量	用水量	供需平衡量	水源涵养服务实物流	水源涵养服务价值流/亿元	水源涵养量	用水量	供需平衡量	水源涵养服务实物流	水源涵养服务价值流/亿元	水源涵养量	用水量	供需平衡量	扣除南水北调调水量之后的供需平衡	水源涵养服务实物流	水源涵养服务价值流/亿元
孝感*	43.65	21.96	21.69	0.35	1.80	54.90	27.23	27.67	0.51	2.62	48.99	29.95	19.04	18.89	0.47	2.38
随州*	36.07	10.67	25.40	0.41	2.11	36.42	9.43	26.99	0.50	2.56	46.09	10.37	35.72	35.44	0.87	4.46
黄冈*	73.76	24.36	49.40	0.80	4.10	166.93	29.06	137.87	2.56	13.07	124.08	31.97	92.12	91.39	2.25	11.51
鄂州*	7.72	6.32	1.40	0.02	0.12	16.83	9.46	7.37	0.14	0.70	11.56	10.41	1.16	1.15	0.03	0.14
黄石*	23.64	12.13	11.51	0.19	0.96	59.48	16.20	43.28	0.80	4.10	50.83	17.82	33.01	32.75	0.81	4.13
九江*	133.45	20.42	113.03	1.84	9.39	227.72	26.88	200.84	3.73	19.04	241.79	29.57	212.22	210.55	5.19	26.52
赣州*	341.47	31.25	310.22	5.04	25.78	373.55	28.26	345.29	6.41	32.74	231.42	31.09	200.34	198.76	4.90	25.04
吉安*	238.56	27.33	211.23	3.43	17.55	308.49	36.22	272.27	5.05	25.82	238.17	39.84	198.33	196.77	4.85	24.79
萍乡*	40.16	8.05	32.11	0.52	2.67	47.98	7.72	40.26	0.75	3.82	39.48	8.49	30.99	30.75	0.76	3.87
新余*	33.81	8.67	25.14	0.41	2.09	47.50	8.18	39.32	0.73	3.73	33.98	9.00	24.98	24.78	0.61	3.12
宜春*	201.56	28.73	172.83	2.81	14.36	276.68	38.18	238.50	4.43	22.61	230.07	42.00	188.07	186.59	4.60	23.50
抚州*	213.87	21.66	192.21	3.13	15.97	305.78	23.08	282.70	5.25	26.81	157.40	25.39	132.01	130.97	3.23	16.50
鹰潭*	51.20	10.64	40.56	0.66	3.37	71.11	6.22	64.89	1.20	6.15	46.00	6.84	39.15	38.85	0.96	4.89
景德镇*	47.17	8.49	38.68	0.63	3.21	91.39	8.40	82.99	1.54	7.87	66.56	9.24	57.32	56.87	1.40	7.16
上饶*	241.90	27.17	214.73	3.49	17.84	408.58	25.54	383.04	7.11	36.32	268.61	28.09	240.52	238.62	5.88	30.06
南昌*	71.97	25.23	46.74	0.76	3.88	120.20	30.87	89.33	1.66	8.47	82.82	33.96	48.87	48.48	1.20	6.11
安庆*	74.98	20.09	54.89	0.89	4.56	151.17	29.96	121.22	2.25	11.49	116.47	32.95	83.52	82.86	2.04	10.44
池州*	57.38	6.17	51.21	0.83	4.26	110.88	10.80	100.08	1.86	9.49	87.84	11.88	75.97	75.37	1.86	9.49
铜陵*	16.96	3.22	13.74	0.22	1.14	32.70	9.93	22.77	0.42	2.16	22.98	10.92	12.06	11.96	0.29	1.51
巢湖*	9.55	20.22	−10.67	—	—	16.69	25.79	−9.10	—	—	11.68	28.37	−16.69	−16.69	—	—
芜湖*	35.88	9.13	26.75	0.39	2.00	61.44	16.98	44.46	0.77	3.93	43.67	18.68	24.99	24.80	0.55	2.79

续表

地区	2000年					2010年					2016年					
	水源涵养量	用水量	供需平衡量	水源涵养服务实物流	水源涵养服务价值流/亿元	水源涵养量	用水量	供需平衡量	水源涵养服务实物流	水源涵养服务价值流/亿元	水源涵养量	用水量	供需平衡量	扣除南水北调调水量之后的供需平衡	水源涵养服务实物流	水源涵养服务价值流/亿元
黄山*	74.19	3.84	70.35	1.03	5.25	134.53	5.30	129.23	2.24	11.42	103.78	5.83	97.94	97.17	2.14	10.94
宣城*	70.74	10.07	60.67	0.89	4.53	112.30	14.20	98.10	1.70	8.67	87.58	15.62	71.95	71.39	1.57	8.04
六安*	69.01	21.33	47.68	0.70	3.56	114.49	29.47	85.02	1.47	7.52	91.40	32.42	58.98	58.52	1.29	6.59
合肥*	46.62	17.16	29.46	0.43	2.20	83.15	21.87	61.28	1.06	5.42	65.24	24.06	41.18	40.86	0.90	4.60
马鞍山*	18.36	9.83	8.53	0.12	0.64	29.82	25.20	4.62	0.08	0.41	22.47	27.72	−5.25	−5.25	—	—
南京*	33.09	38.79	−5.70	—	—	46.96	42.40	4.56	0.08	0.40	43.86	46.64	−2.78	−2.78	—	—
滁州*	61.07	19.90	41.17	0.57	2.89	71.34	20.94	50.40	0.87	4.46	71.76	23.03	48.73	48.34	1.01	5.15
扬州*	48.48	36.17	12.30	0.17	0.86	62.21	42.60	19.61	0.34	1.73	57.96	46.86	11.10	11.01	0.23	1.17
镇江	20.68	26.25	−5.56	—	—	24.50	31.80	−7.30	—	—	31.33	34.98	−3.65	−3.65	—	—
泰州	29.59	31.90	−2.31	—	—	33.15	40.80	−7.65	—	—	35.19	44.88	−9.69	−9.69	—	—
常州	23.14	23.81	−0.67	—	—	27.12	29.30	−2.18	—	—	35.34	32.23	3.11	3.11	0.06	0.30
无锡	26.38	34.31	−7.93	—	—	30.54	41.30	−10.76	—	—	39.08	45.43	−6.35	−6.35	—	—
苏州	45.71	63.11	−17.40	—	—	50.44	82.50	−32.06	—	—	58.24	90.75	−32.51	−32.51	—	—
南通	54.50	39.13	15.38	0.13	0.69	56.90	43.30	13.60	0.13	0.66	56.46	47.63	8.83	8.83	0.12	0.59
上海	49.21	108.40	−59.19	—	—	52.13	126.29	−74.16	—	—	50.41	138.92	−88.51	−88.51	—	—
杭州	106.04	35.41	70.63	0.00	0.00	186.15	54.14	132.01	0.00	0.00	122.20	59.55	62.65	62.65	0.00	0.00
湖州	27.94	18.30	9.64	0.00	0.00	48.32	17.58	30.74	0.00	0.00	41.63	19.34	22.29	22.29	0.00	0.00
嘉兴	25.01	23.31	1.70	0.00	0.00	39.99	19.87	20.12	0.00	0.00	36.56	21.86	14.71	14.71	0.00	0.00

注：本表中行政区排列顺序按照上游至下游的关系，即出现缺口的地区的以上各地区均摊缺水量。右上角标星号（*）地区表示南水北调东线工程上游地区，需要对其水源涵养服务的供需平衡量进行核减。

在供需平衡缺口计算的基础上，存在缺口的地区即为各年水源涵养服务流动的受益区，针对不同的受益区和行政单元的上下游关系确定各个地区相应供给区的范围。根据各个供给地区的供需平衡量，按比例均摊缺口地区的需水量，即各供给区流向受益区的水源涵养服务实物流流出量，在此基础上计算水源涵养服务的价值流和生态补偿资金的分配比例。本书重点关注长江经济带长江流域内的水源涵养服务流动关系，对于南水北调的受水地区，由于缺少2016年度各受水省市地区的调水数据，并且这些受水地区都不属于长江流域，与长江经济带内非长江流域地区的供需平衡量处理方式相同，因此，在本书长江经济带水源涵养服务流动的生态补偿计算中不考虑南水北调受水地区的生态补偿投资。

从长江经济带水源涵养服务实物流总量来看，2000年、2010年、2016年水源涵养服务实物流流量与供需平衡缺口量相等，分别为117.38亿立方米、183.25亿立方米、207.53亿立方米，占各年水源涵养服务供需平衡总量的1.37%、2.31%、2.99%，可见水源涵养服务实物流的需求在逐年增加。三个年份流量实物流流出总量最大的地区为甘孜藏族自治州，分别为6.57亿立方米(2000年)、11.49亿立方米(2010年)、19.98亿立方米(2016年)；流量实物流流出总量在三个年份中最小的地区分别为鄂州市(0.02亿立方米，2000年)、南京市(0.08亿立方米，2010年)、鄂州市(0.03亿立方米，2016年)。整体来看，如图5.8所示，上游地区实物流总量高于下游地区，并且随着供需缺口量的增加，2000—2016年实物流总量呈现逐年上升的趋势。去除实物流总量，2000年、2010年、2016年供给区剩余水源涵养服务量分别为6 733.55亿立方米、7 758.25亿立方米、6 743.11亿立方米，呈现先增加后降低的趋势。

从各个缺口地区的角度分别分析水源涵养服务实物流的空间分布格局，如图5.9所示，2000年存在需水缺口的城市按照上游至下游的顺序分别为德阳、重庆、武汉、巢湖、南京、镇江、泰州、常州、无锡、苏州、上海，实物流流入量分别为6.24亿立方米、0.56亿立方米、1.15亿立方米、10.67亿立方米、5.70亿立方米、5.56亿立方米、2.31亿立方米、0.67亿立方米、7.93亿立方米、17.40亿立方米、59.19亿立方米。上游供给地区的数量分别为17个、20个、54个、79个、85个、87个、87个、87个、87个、87个、88个。德阳、重庆、武汉上游水源涵养服务实物流量最大的供给地区均为甘孜藏族自治州，其余缺口地区上游供给区水源涵养服务实物流最大的地区为赣州，分别占各缺口地区水源涵养服务实物流流入总量的24.04%、23.38%、6.41%、4.80%、4.63%、4.59%、4.59%、4.59%、4.59%、4.59%、4.58%。具体数据见附表3、附表4和附表5。

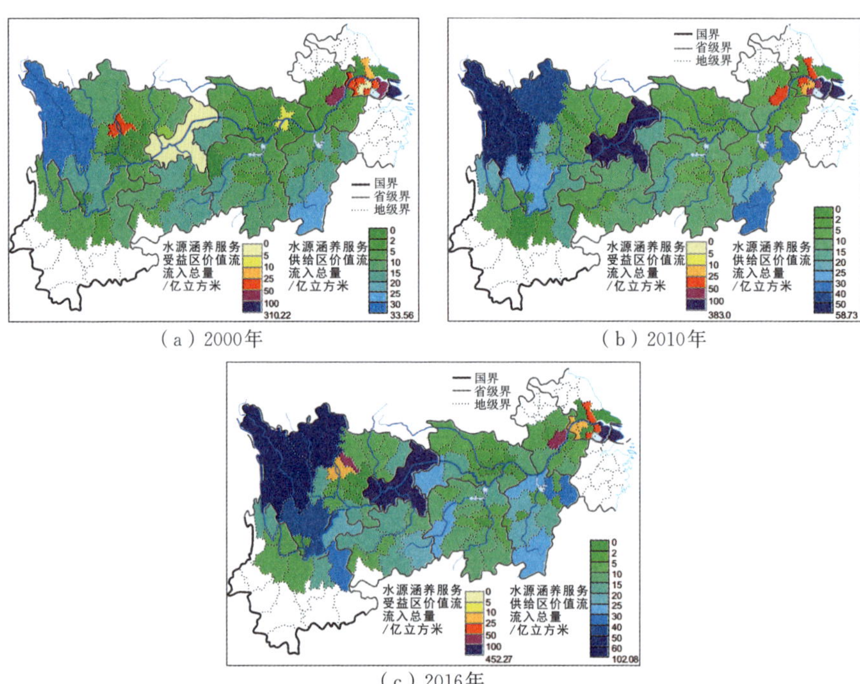

图 5.8 2000—2016 年长江经济带水源涵养服务实物流的空间格局及其变化情况

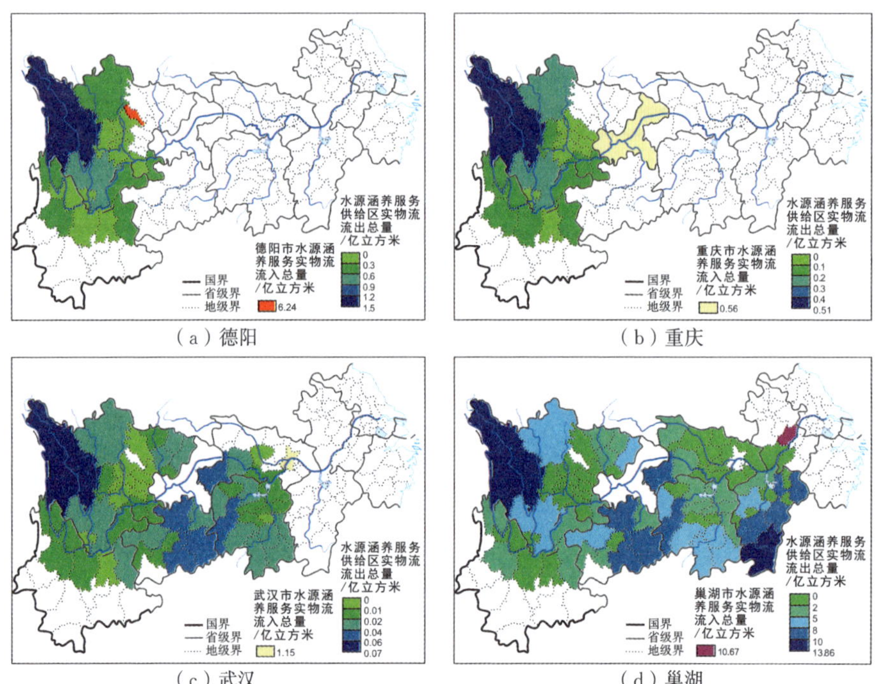

图 5.9 2000 年长江经济带不同受益区水源涵养服务实物流的空间格局及其变化情况

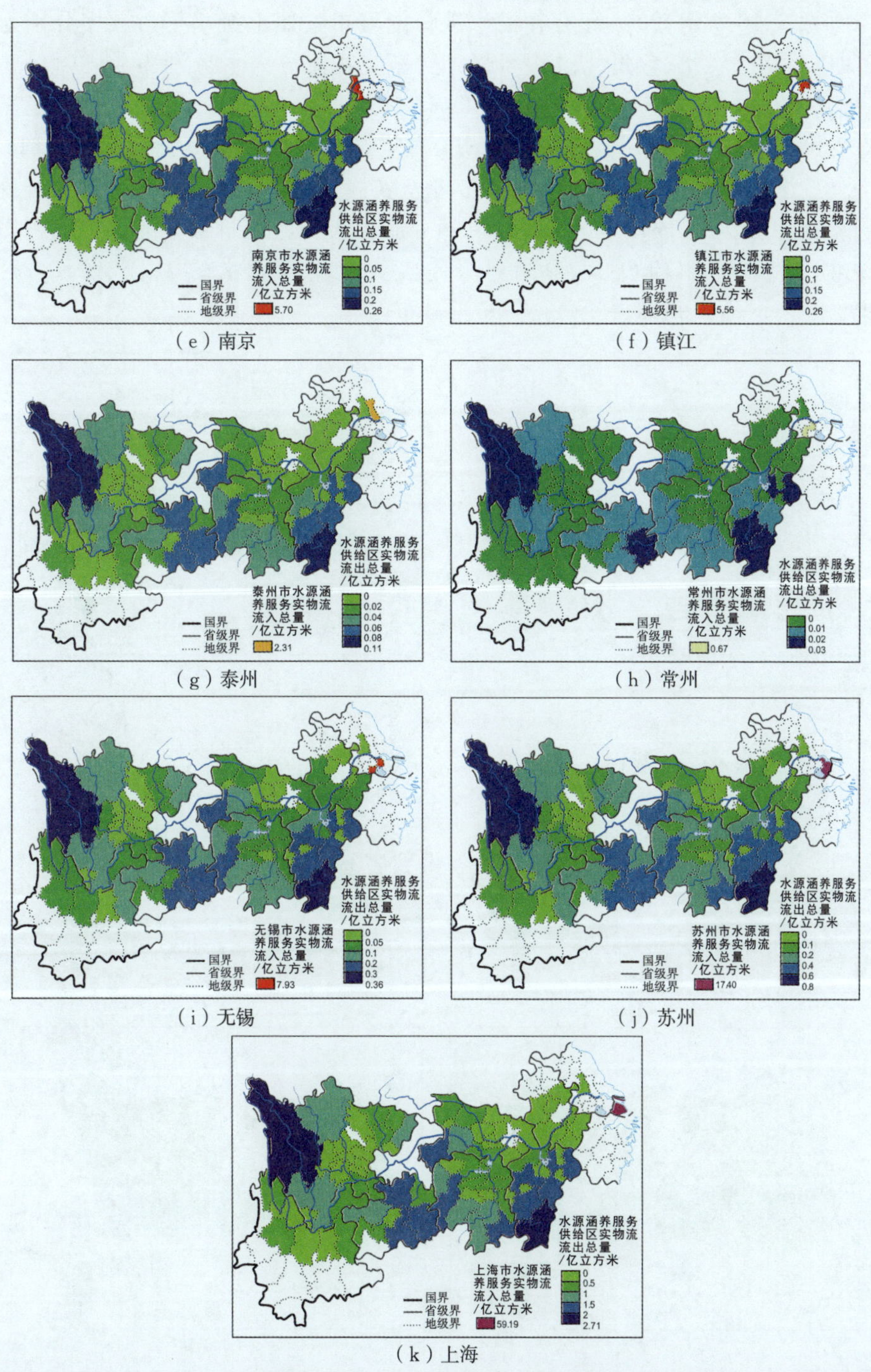

图 5.9(续) 2000 年长江经济带不同受益区水源涵养服务实物流的空间格局及其变化情况

如图 5.10 所示，2010 年存在需水缺口的城市按照上游至下游顺序分别为重庆、巢湖、镇江、泰州、常州、无锡、苏州、上海，实物流流入量分别为 40.04 亿立方米、9.10 亿立方米、7.30 亿立方米、7.65 亿立方米、2.18 亿立方米、10.76 亿立方米、32.06 亿立方米、74.16 亿立方米。上游供给地区的数量分别为 21 个、81 个、90 个、90 个、90 个、90 个、90 个、91 个。重庆实物流流量最大的供给地区为甘孜藏族自治州，其余各个缺口地区上游水源涵养服务实物流流量最大的供给地区均为上饶，分别占各缺口地区水源涵养服务实物流流入总量的 18.68%、5.28%、4.95%、4.95%、4.95%、4.95%、4.95%、4.94%。

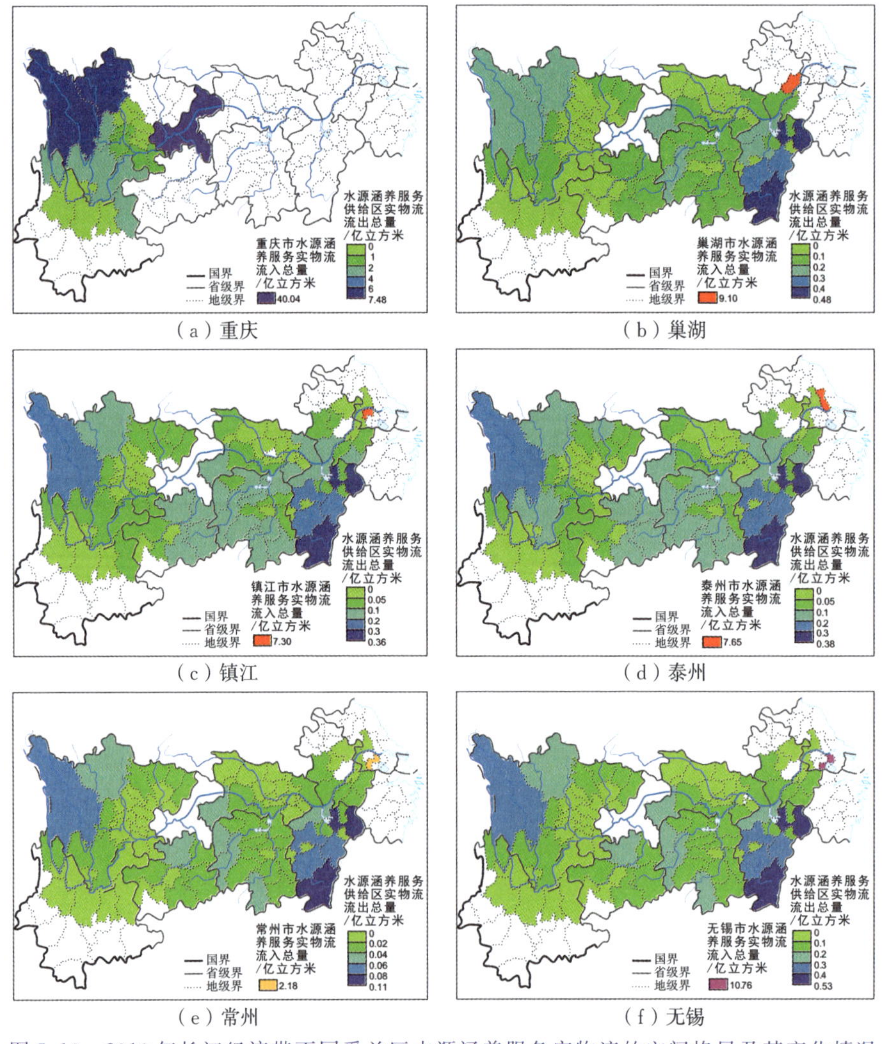

(a) 重庆　(b) 巢湖　(c) 镇江　(d) 泰州　(e) 常州　(f) 无锡

图 5.10　2010 年长江经济带不同受益区水源涵养服务实物流的空间格局及其变化情况

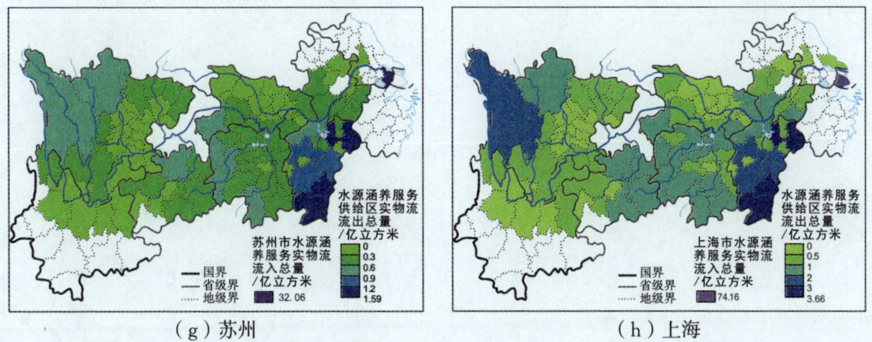

（g）苏州　　（h）上海

图 5.10(续)　2010 年长江经济带不同受益区水源涵养服务实物流的空间格局及其变化情况

如图 5.11 所示，2016 年存在需水缺口的城市按照上游至下游顺序分别为成都、德阳、重庆、巢湖、马鞍山、南京、镇江、泰州、无锡、苏州、上海，实物流流入量分别为 3.09 亿立方米、10.38 亿立方米、28.63 亿立方米、16.69 亿立方米、5.25 亿立方米、2.78 亿立方米、3.65 亿立方米、9.69 亿立方米、6.35 亿立方米、32.51 亿立方米、88.51 亿立方米。上游供给地区的数量分别为 12 个、16 个、19 个、79 个、84 个、84 个、86 个、86 个、87 个、87 个、88 个。各缺口地区上游水源涵养服务实物流流量最大的供给地区均为甘孜藏族自治州，分别占各缺口地区水源涵养服务实物流流入总量的 30.11％、26.66％、26.33％、5.55％、5.31％、5.31％、5.26％、5.26％、5.26％、5.26％、5.25％。

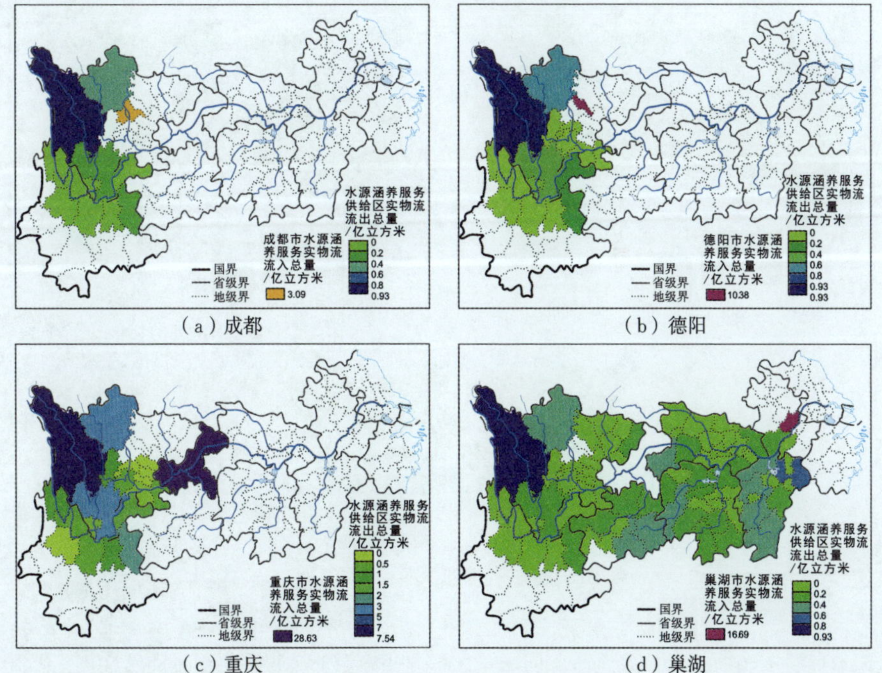

（a）成都　　（b）德阳

（c）重庆　　（d）巢湖

图 5.11　2016 年长江经济带不同受益区水源涵养服务实物流的空间格局及其变化情况

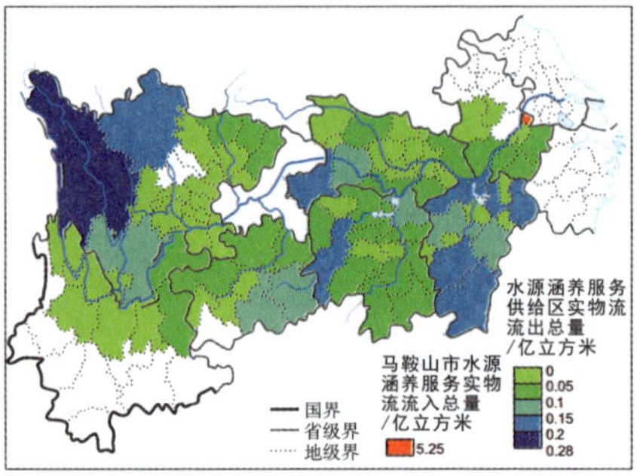

（e）马鞍山

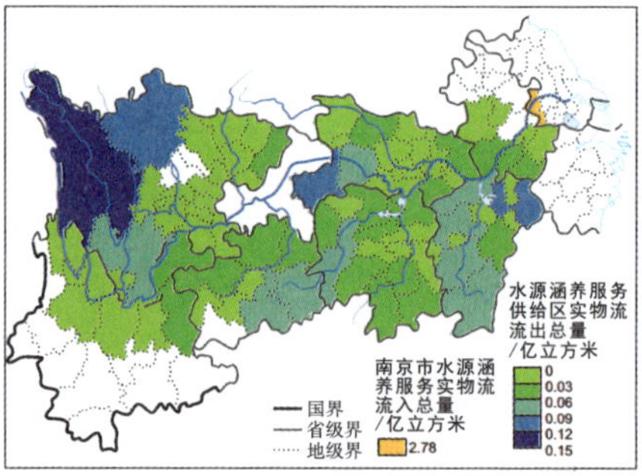

（f）南京

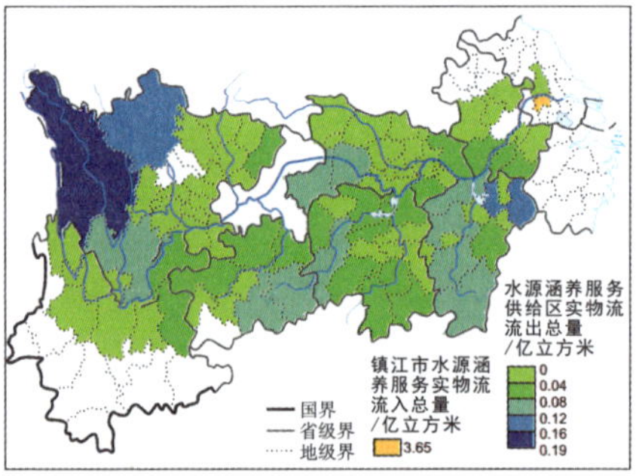

（g）镇江

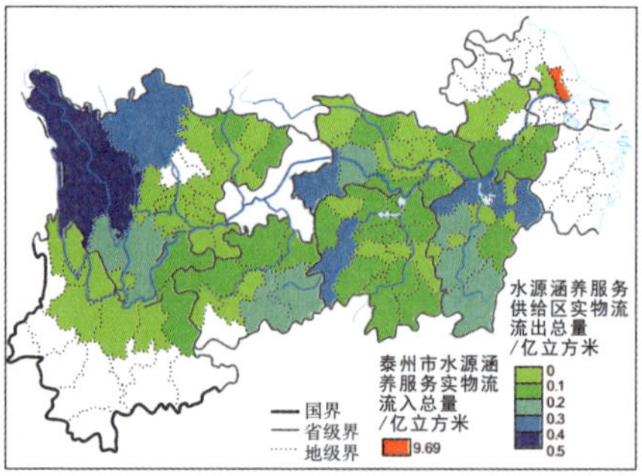

（h）泰州

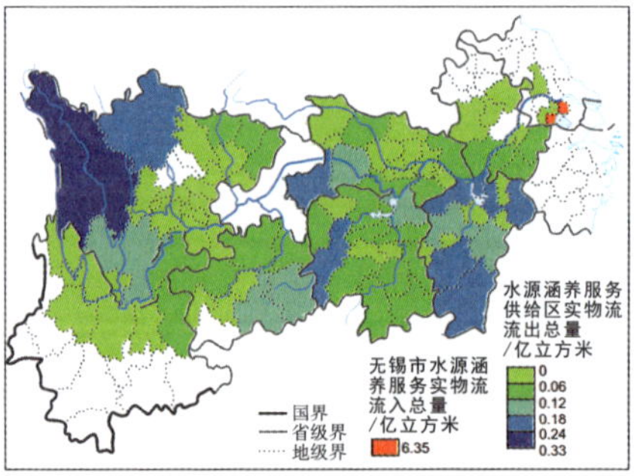

（i）无锡

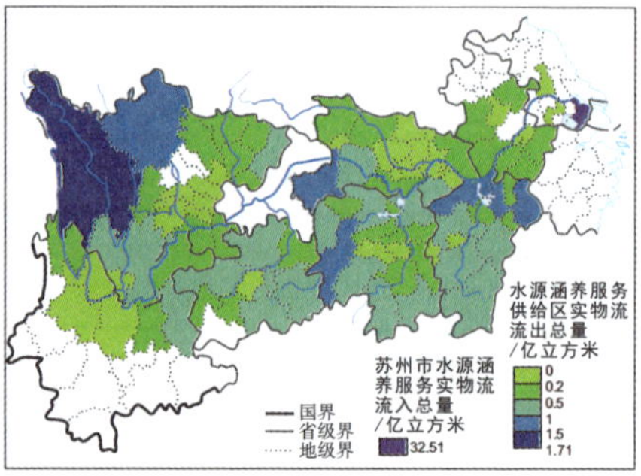

（j）苏州

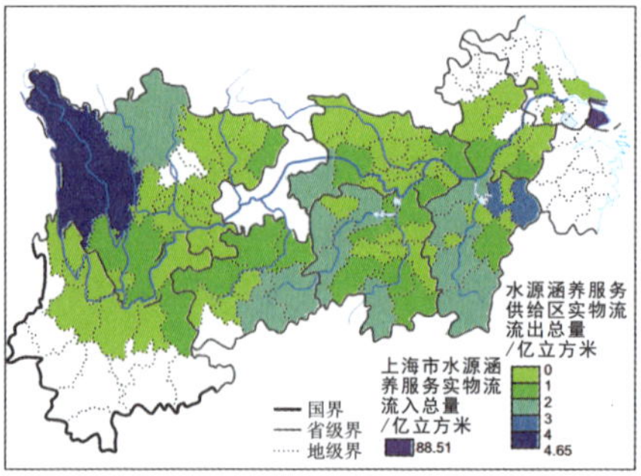

（k）上海

图 5.11(续) 2016 年长江经济带不同受益区水源涵养服务实物流的空间格局及其变化情况

按照省份统计水源涵养服务的实物流，如图5.12所示，四川水源涵养服务实物流流量在各年中最大，2000年、2010年、2016年分别为26.09亿立方米、55.62亿立方米、64.19亿立方米；其次为江西，各年水源涵养服务实物流分别为23.62亿立方米、40.09亿立方米、35.62亿立方米；江苏的水源涵养服务实物流相对较小，分别为0.30亿立方米、0.55亿立方米、0.40亿立方米。从各省份水源涵养服务实物流的年际变化来看，2000—2016年四川、云南、湖北、湖南的水源涵养服务实物流呈逐年升高的趋势；贵州的水源涵养服务实物流呈现先降低后升高的趋势；江西、安徽、江苏的水源涵养服务实物流呈现先升高后下降的趋势。

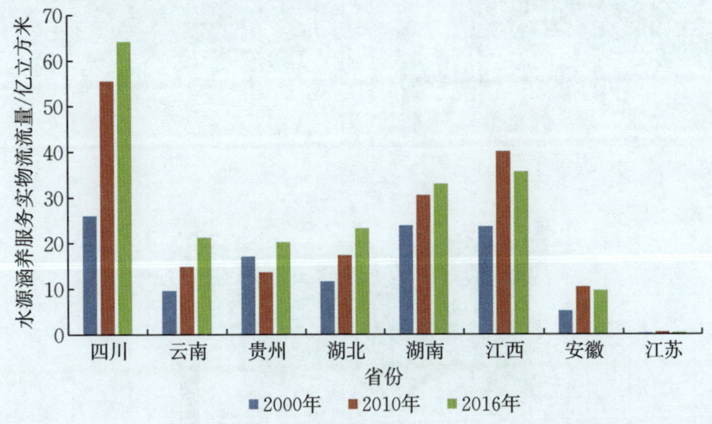

图5.12　2000—2016年长江经济带各省份水源涵养服务实物流流量统计

5.2.4　水源涵养价值流模拟

水源涵养服务实物流动的同时伴随着水源涵养服务价值的流动，实物流是价值流的载体，基于各地区的实物流可以计算得到各个地区的价值流动量。由于目前对生态系统服务价值量的计算方法多种多样，同时远远超过实际生态补偿的能力，因此将生态系统服务流量的价值量作为生态补偿的上限，具体计算公式如下

$$V = k \times W$$

式中，V表示基于成本法计算的水源涵养服务价值(元)；W为水源涵养服务实物流量(立方米)；k表示单位水量的经济价值(元/立方米)，采用影子工程法进行计算(欧阳志云 等，1999)，其中单位库容造价取值为6.9元/立方米(郭伟 等，2015)，土壤容重为1.35吨/立方米，计算得到k值为5.11元/立方米。

根据水源涵养服务价值量的计算结果，2000年、2010年、2016年长江经济带水源涵养服务价值流流量总量为599.74亿元、936.44亿元、1 060.42亿元，呈现逐年增加的趋势。各年价值流流量最大的地区均为甘孜藏族自治州，分别为33.56亿元、58.73亿元、102.08亿元，分别占当年价值流流量总量的6.60%、6.27%、9.63%。各年流量最小的地区分别为鄂州市(0.12亿元)、南京市(0.40亿元)、鄂州市(0.14 亿元)。在空间分布上,如图 5.13 所示,2000 年、2010 年、2016 年各地区的水源涵养服务价值流呈现逐年增加的趋势,上游各地区的价值流普遍高于下游地区,价值流流入地区主要集中在长江三角洲一带,这部分地区应向上游水源涵养服务价值流的流出地区补偿相应的水源涵养服务价值。

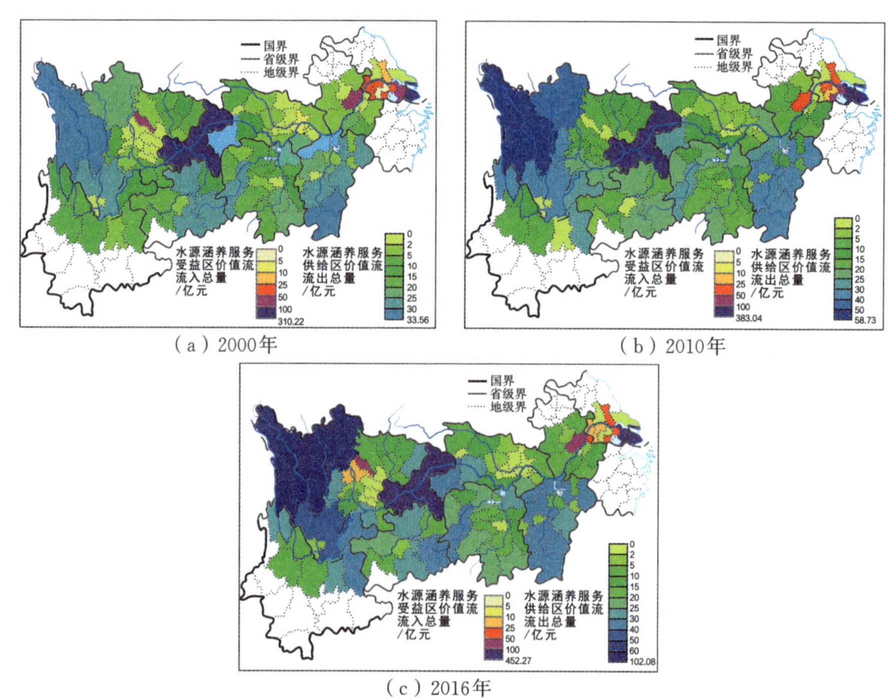

图 5.13　2000—2016 年长江经济带水源涵养服务价值流的空间格局及其变化情况

从各个缺口地区的角度分别分析水源涵养服务价值流的空间分布格局,如图 5.14 所示,2000 年存在需水缺口的城市按照上游至下游的顺序分别为德阳、重庆、武汉、巢湖、南京、镇江、泰州、常州、无锡、苏州、上海,价值流流入量分别为 31.88 亿元、2.84 亿元、5.88 亿元、54.50 亿元、29.12 亿元、28.42 亿元、11.79 亿元、3.43 亿元、40.53 亿元、88.90 亿元、302.44 亿元。上游供给地区的数量分别为 17 个、20 个、54 个、79 个、85 个、87 个、87 个、87 个、87 个、87 个、88 个。德阳、重庆、武汉上游水源涵养服务价值流量最大的供给地区均为甘孜藏族自治州;其余缺口地区上游供给区水源涵养服务价值流最大的地区为赣州,占各缺口地区水源涵养服务价值流流入总量的比例与实物流相同,分别为 24.04%、23.38%、6.41%、4.80%、4.63%、4.59%、4.59%、4.59%、4.59%、4.59%、4.58%。具体数据见附表 6、附表 7 和附表 8。

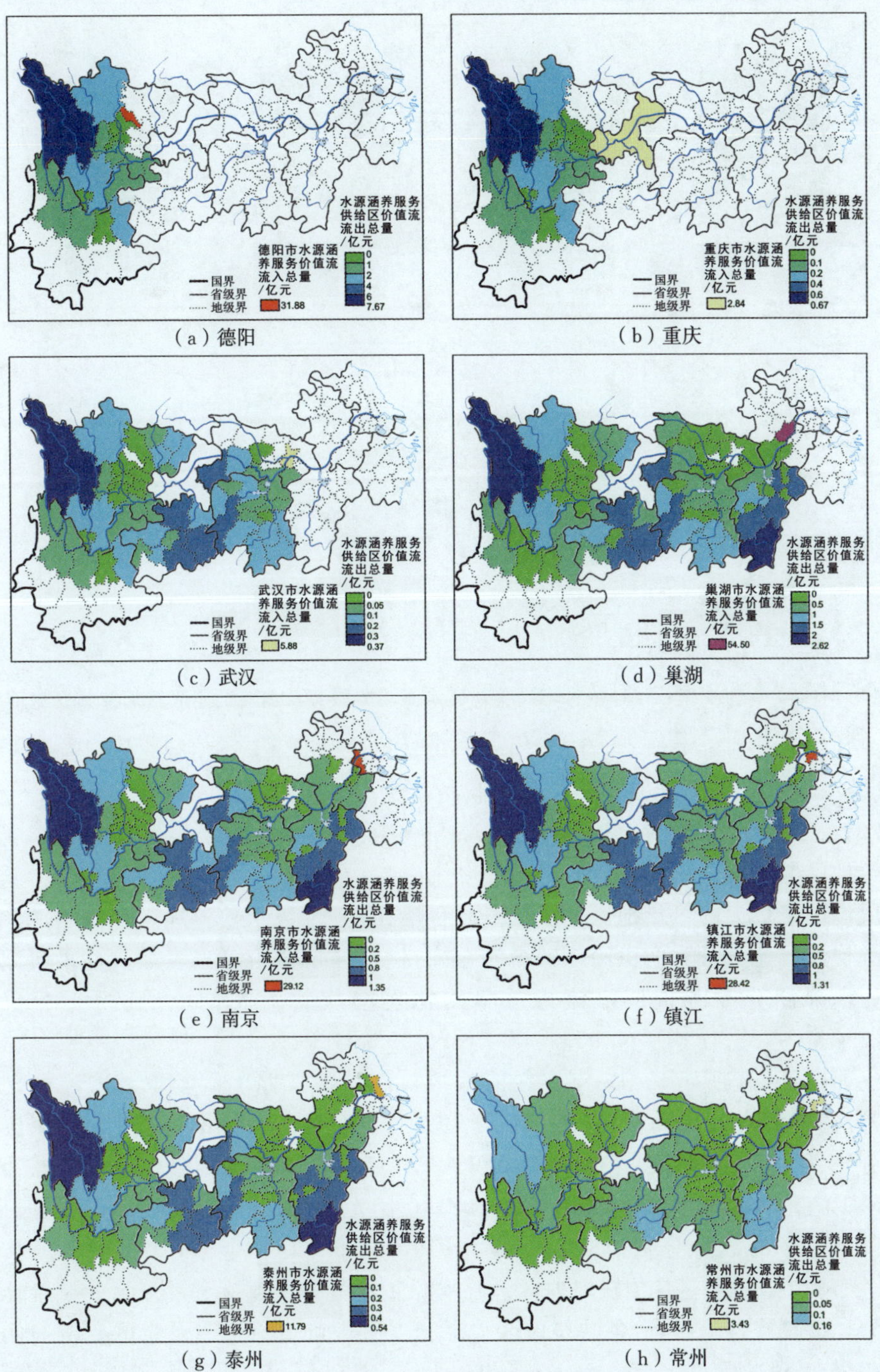

图 5.14　2000 年长江经济带不同受益区水源涵养服务价值流的空间格局及其变化情况

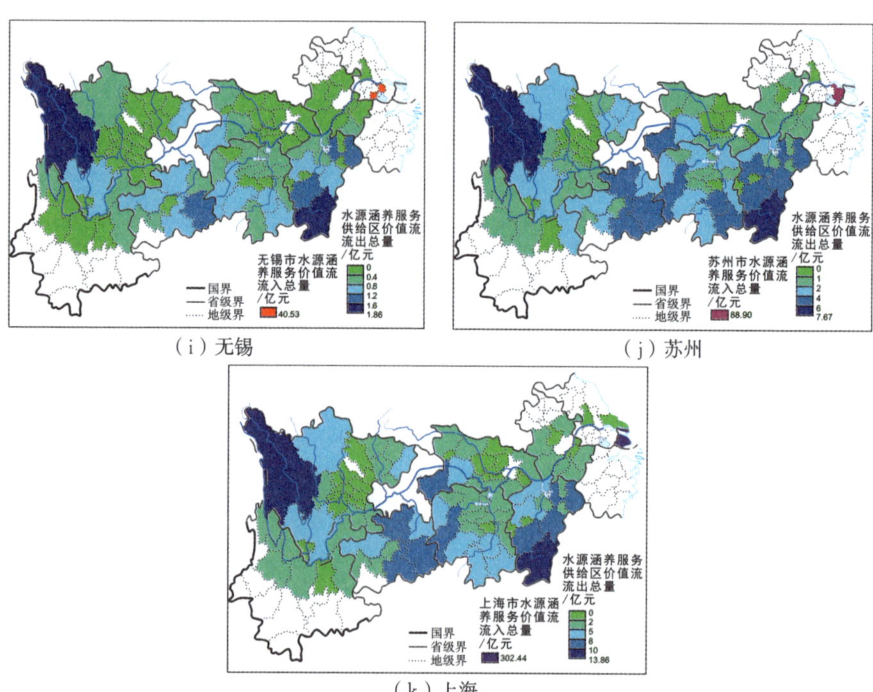

(i) 无锡　　(j) 苏州

(k) 上海

图 5.14(续)　2000 年长江经济带不同受益区水源涵养服务价值流的空间格局及其变化情况

如图 5.15 所示，2010 年存在需水缺口的城市按照上游至下游顺序分别为重庆、巢湖、镇江、泰州、常州、无锡、苏州、上海，价值流流入量分别为 204.60 亿元、46.51 亿元、37.31 亿元、39.11 亿元、11.14 亿元、54.99 亿元、163.83 亿元、378.95 亿元。上游供给地区的数量分别为 21 个、81 个、90 个、90 个、90 个、90 个、90 个、91 个。重庆价值流流量最大的供给地区为甘孜藏族自治州；其余各个缺口地区上游水源涵养服务价值流流量最大的供给地区均为上饶，供给区价值流流出量最大值占各缺口地区水源涵养服务价值流流入总量的比例与实物流相同，分别为 18.68%、5.28%、4.95%、4.95%、4.95%、4.95%、4.95%、4.94%。

如图 5.16 所示，2016 年存在需水缺口的城市按照上游至下游顺序分别为成都、德阳、重庆、巢湖、马鞍山、南京、镇江、泰州、无锡、苏州、上海，价值流流入量分别为 15.77 亿元、53.02 亿元、146.31 亿元、85.29 亿元、26.82 亿元、14.19 亿元、18.65 亿元、49.51 亿元、32.46 亿元、166.13 亿元、452.27 亿元。上游供给地区的数量分别为 12 个、16 个、19 个、79 个、84 个、84 个、86 个、86 个、87 个、87 个、88 个。各个缺口地区上游水源涵养服务价值流流量最大的供给地区均为甘孜藏族自治州，占各缺口地区水源涵养服务价值流流入总量的比例与实物流相同，分别为 30.11%、26.66%、26.33%、5.55%、5.31%、5.31%、5.26%、5.26%、5.26%、5.26%、5.25%。

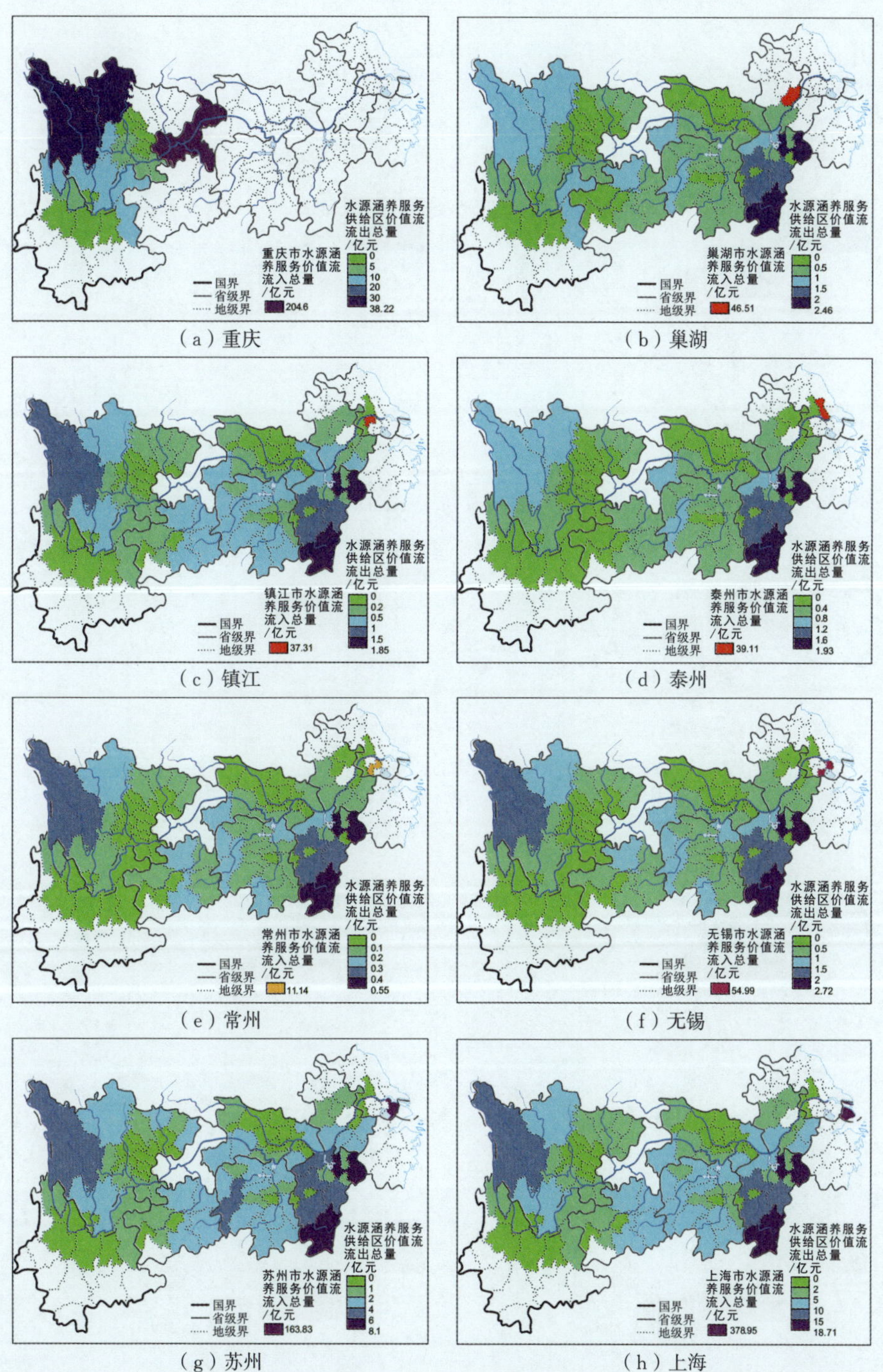

（a）重庆　（b）巢湖　（c）镇江　（d）泰州　（e）常州　（f）无锡　（g）苏州　（h）上海

图 5.15　2010 年长江经济带不同受益区水源涵养服务价值流的空间格局及其变化情况

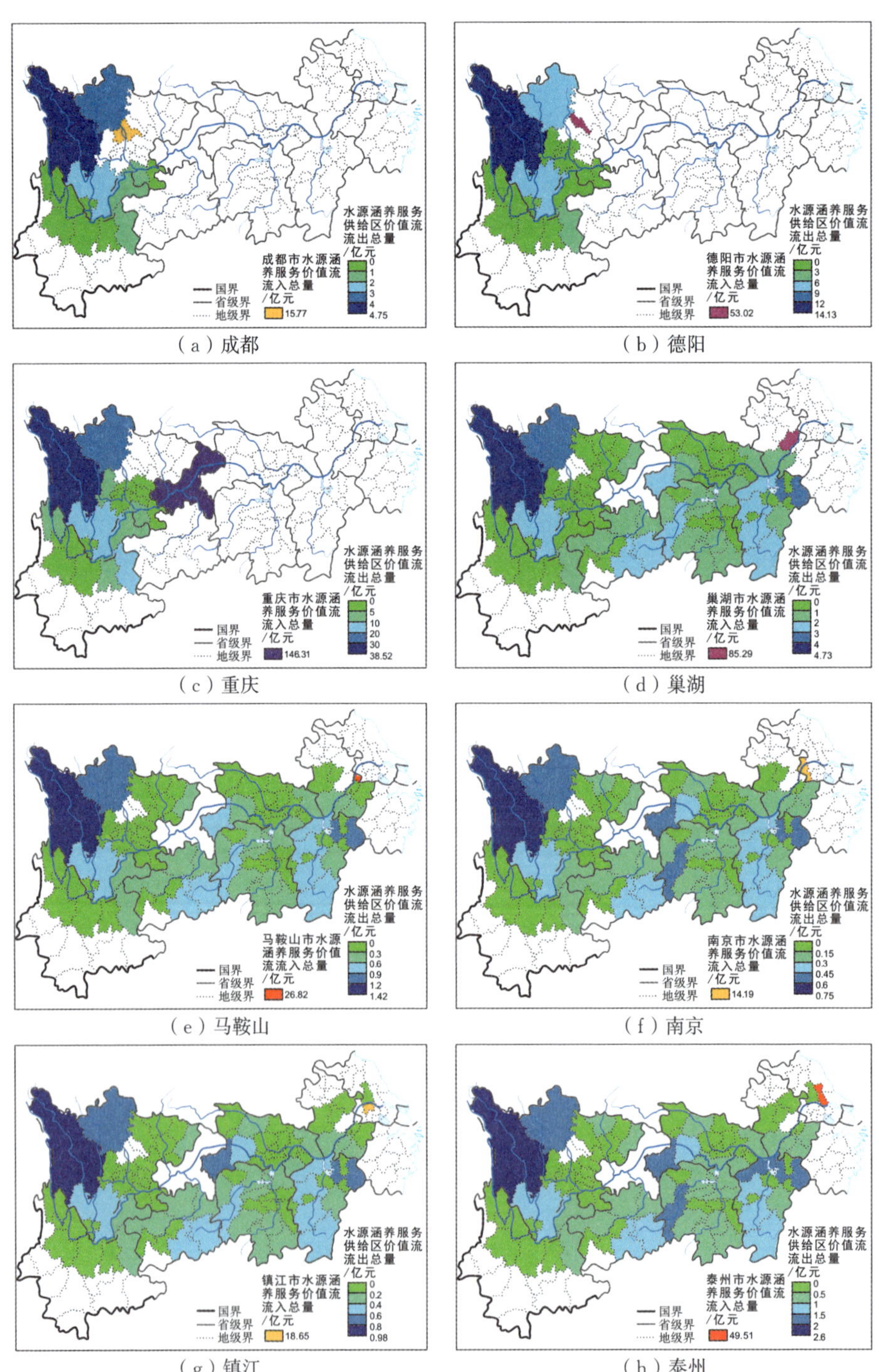

(a) 成都　(b) 德阳　(c) 重庆　(d) 巢湖　(e) 马鞍山　(f) 南京　(g) 镇江　(h) 泰州

图 5.16　2016 年长江经济带不同受益区水源涵养服务价值流的空间格局及其变化情况

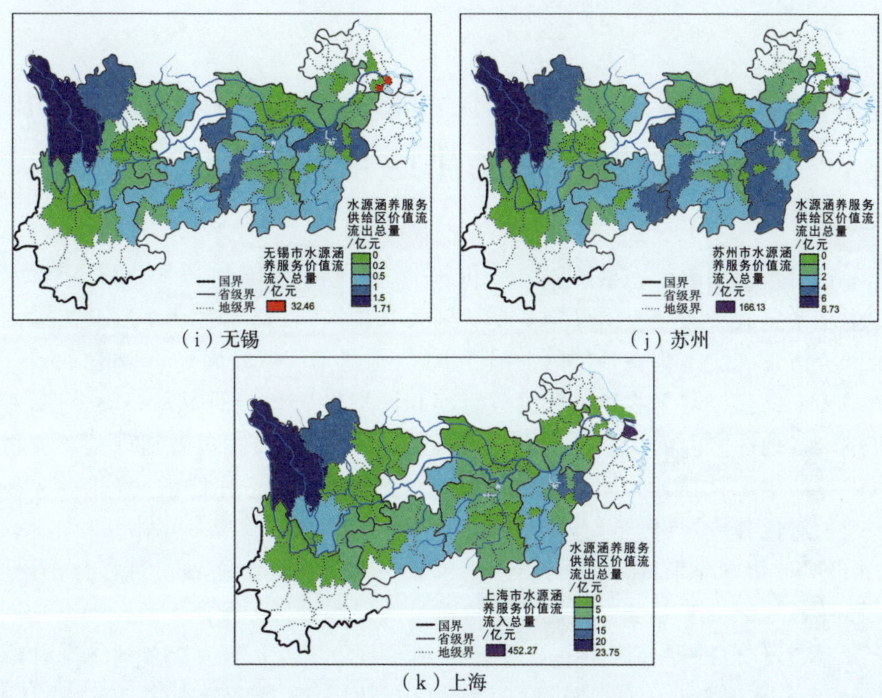

(i) 无锡　　(j) 苏州

(k) 上海

图 5.16(续)　2016 年长江经济带不同受益区水源涵养服务价值流的空间格局及其变化情况

按照省份统计水源涵养服务的价值流，如图 5.17 所示，四川水源涵养服务价值流流量在各年中最大，2000 年、2010 年、2016 年分别为 133.32 亿元、284.24 亿元、328.03 亿元；其次为江西，各年水源涵养服务价值流分别为 120.68 亿元、204.87 亿元、182.01 亿元；江苏的水源涵养服务价值流相对较小，分别为 1.55 亿元、2.80 亿元、2.06 亿元。从各省份水源涵养服务价值流的年际变化来看，2000—2016 年四川、云南、湖北、湖南的水源涵养服务价值流呈逐年升高的趋势；贵州的水源涵养服务价值流呈先降低后升高的趋势；江西、安徽、江苏的水源涵养服务价值流呈先升高后下降的趋势。

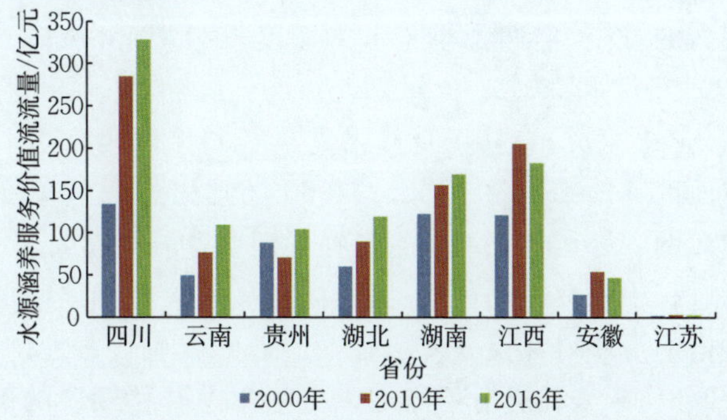

图 5.17　2000—2016 年长江经济带各省份水源涵养服务价值流流量统计

第6章　基于水源涵养服务流动和区域发展差异的生态补偿模型构建

本章对水源涵养生态系统服务流动与生态补偿的关系进行了分析，根据水源涵养生态系统服务流动方向确定了受益区及补偿区，根据生态系统服务流动的物质量和价值量确定了生态补偿的上限及下限，构建了区域发展差异测度指标体系，在此基础上构建了基于水源涵养服务流动和区域发展差异的生态补偿模型，对长江经济带各地区之间的生态补偿模式进行了探讨，最终模拟出各地区基于支付区区域差异的生态补偿额度和基于补偿区（受益区）的生态补偿额度，并对两种模式进行了对比分析，具体结论如下：

(1)从补偿方向来看，由下游出现需水缺口的城市向上游城市进行补偿，分配方式按照各地区生态系统服务流动量占总量的比例进行分配。

(2)从补偿范围即补偿的上下限来看，在各地区中，上海应支付的生态补偿额度上限和下限均为最高，2000年、2010年和2016年上限分别为302.44亿元、378.95亿元和452.27亿元，下限则分别为1.52亿元、1.63亿元和2.07亿元；甘孜藏族自治州应获得的生态补偿额度上限和下限均为最高，2000年、2010年和2016年上限分别为35.56亿元、58.74亿元和102.08亿元，下限则分别为0.17亿元、0.25亿元和0.47亿元。在各省份中，安徽、江苏和重庆为主要提供生态补偿的省份，贵州、湖北、湖南、江西、四川和云南则是生态补偿受益区。

(3)从区域发展差异来看，各地区中上海区域发展系数最高，其次为无锡和苏州，甘孜藏族自治州最低。各省份中，江苏平均区域发展差异系数最高，其次为安徽，云南最低，并且各省份的区域发展差异随时间变化呈升高趋势。

(4)从两种补偿模式下的各地区生态补偿最终额度来看，上海是需要支付生态补偿额度均为最高的城市，但两种模式下的额度较为相近，在基于补偿区差异模式下2000年、2010年和2016年分别应向其上游地区补偿302.43亿元、378.95亿元和248.48亿元；在基于受益区差异模式下2000年、2010年和2016年分别应向其上游地区补偿290.80亿元、354.50亿元和370.77亿元。而上游如德阳和重庆等城市在两种补偿模式下的生态补偿额度差异则较大。

本书在研究过程中仍存在一些不足，如在区域发展差异体系的构建中为便于计算和考虑到数据的可获得性仅分析了各个层面中较有代表性的指标，后续研究可以进行完善。同时，未来在进行不同地区之间生态补偿额度的确定时需要进行更多政策及制度差异上的考量。

6.1　水源涵养服务流动与生态补偿的关系

6.1.1　根据流动方向确定受益区及补偿区

本书基于水源涵养服务流动来确定受益区与补偿区，即认为生态系统服务流入的区域向生态系统服务流出的区域进行补偿。主要模式如图 6.1 所示，图中黑色线条代表生态系统服务流动方向，则生态补偿方向与服务流动方向相反，如地理单元 2 和地理单元 3 需要向地理单元 1 提供生态补偿，地理单元 5 需要向地理单元 1、地理单元 2、地理单元 3、地理单元 4 和地理单元 6 提供生态补偿，地理单元 4 需要向地理单元 2 提供生态补偿，地理单元 6 需要向地理单元 3 提供生态补偿。在本书中生态补偿仅遵循水源涵养服务流动的方向进行补偿，不需要考虑生态系统服务在流经单元时的具体消耗量和该地理单元的生态系统服务本身所产生的服务量，简化了计算，同时反映了生态系统服务流动的空间特征。

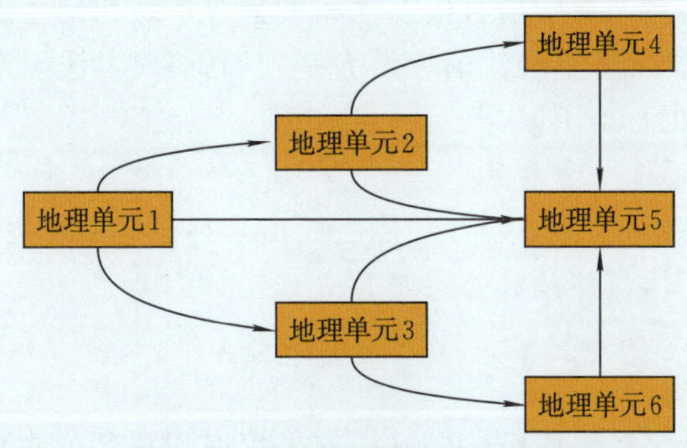

图 6.1　生态系统服务流动模式

6.1.2　以水源涵养服务流动量作为生态补偿的基础

本书以某一地理单元从上游地理单元获得的水源涵养服务流动量作为该地理单元对上游地理单元生态补偿量计算的基础，即该地理单元从上游获得多少生态系统服务流量，则需按照该生态系统服务流量的成本或价值量对上游地理单元进行补偿。同样，下游地理单元也需按照从该地理单元获得的生态系统服务流量的成本或价值量进行补偿。由于生态系统服务流动的多向性，会出现同一地理单元从多个地理单元获得生态系统服务流量的情况，如图 6.1 中的地理单元 5 分别从地理单元 1、地理单元 2、地理单元 3、地理单元 4 和地理单元 6 获得了生态系统服务流量，因此需要向上述 5 个单元进行生态补偿；同样，地理单元 1 的生态系统服务流量分别流向了地理单元 2、地理单元 3 和地理单元 5，因此地理单元 1 则应收到来自上述 3 个单元的生态补偿。另外，以地理单元 2 为例，该地理单元接收到由地理单元 1 流动的生态系统服务流量，同时又向地理单元 4 和地理单元 5 提供了生态系统服务流量，因此会收到来自地理单元 4 和地理单元 5 的生态补偿，同时也需要向地理单元 1 进行生态补偿。

在进行生态补偿额度的分配时，依据上游各地区水源涵养物质流的比例进行分配，如 2000 年德阳作为第 1 个水源涵养服务生态补偿支付区，需要向上游 17 个地区进行生态补偿，则每个地区根据自身水源涵养物质流与长江经济带水源涵养物质流总量的比例分配德阳的生态补偿额度；重庆作为第 2 个水源涵养服务生态补偿支付区，需要向除德阳以外的上游 20 个地区进行补偿，以此类推。

6.2 水源涵养生态补偿标准范围的确定

6.2.1 基于成本法的生态补偿下限确定

从理论上来说，生态保护的直接投入和机会成本之和是生态补偿标准的最低限。因此本书以水源涵养物质流的流量为基础，利用成本法确定长江经济带水源涵养服务生态补偿的标准下限。

1. 直接成本计算

由于长江经济带水源涵养服务功能主要由森林生态系统提供，因此以单位面积造林成本进行测算，具体计算公式如下

$$V_1 = \frac{C_1 W}{q}$$

式中，V_1 为生态补偿直接成本（元）；C_1 为单位面积造林成本（元 / 平方米），取 1.35 元 / 平方米（王娇，2015）；W 为水源涵养服务流量（立方米）；q 为每单位面积森林产生的水源涵养量（立方米 / 平方米），依据长江经济带森林水源涵养量与森林面积之比计算得到。长江经济带不同年份单位面积森林水源涵养量的计算如表 6.1 所示。

表 6.1 不同年份单位面积森林水源涵养量

年份	森林面积/(10^8 m^2)	森林水源涵养总量/(10^{11} m^3)	单位面积水源涵养量/(m^3/m^2)
2000 年	91.05	5.03	55.24
2010 年	91.34	5.91	64.70
2016 年	84.62	5.13	60.62

2. 间接成本计算

间接成本主要包括用于维护和生态保护投入的成本，同样以单位面积森林养护成本进行计算，具体计算公式如下

$$V_2 = \frac{C_2 W}{q}$$

式中，V_2 为生态补偿间接成本(元)；C_2 为单位面积森林养护成本(元/平方米)，取0.07元/平方米(王娇，2015)；W 为水源涵养服务流量(立方米)，q 为每单位面积森林产生的水源涵养量(立方米/平方米)，依据长江经济带森林水源涵养量与森林面积之比计算得到。

3. 生态补偿标准下限计算

直接成本与间接成本之和即为生态补偿标准的下限 $V_{下限}$，具体计算公式如下

$$V_{下限} = V_1 + V_2$$

式中，$V_{下限}$ 为基于成本法的生态补偿下限(元)，V_1 和 V_2 同上文。

6.2.2 基于生态系统服务价值量的生态补偿上限确定

目前对生态系统服务价值量的计算方法多种多样，同时远远超过实际生态补偿的能力，因此将生态系统服务流量的价值量作为生态补偿的上限，具体计算公式如下

$$V_{上限} = kW$$

式中，$V_{上限}$ 为基于生态系统服务价值量的生态补偿上限(元)；W 为水源涵养服务流量(立方米)；k 为单位水量的经济价值(元/立方米)，采用影子工程法进行计算(欧阳志云 等，1999)，其中单位库容造价取值为6.9元/立方米(郭伟 等，2015)，土壤容重为1.35吨/立方米，计算得到 k 值为5.11元/立方米。

6.2.3 基于生态系统服务价值量的生态补偿范围分析

1. 生态补偿上限

生态补偿上限由生态系统服务价值量计算得到，每个地区具体数值见附表9。在各地区中，上海市应支付的生态补偿上限额度最高，2000年、2010年和2016年分别为302.44亿元、378.95亿元和452.27亿元；甘孜藏族自治州应获得的生态补偿额度上限最高，2000年、2010年和2016年分别为35.56亿元、58.74亿元和102.08亿元。

对各省份生态补偿额度上限进行统计发现，如图6.2和表6.2所示，不同年份各省份基于水源涵养服务流动的生态补偿上限存在显著差异。上海市、安徽省、江苏省和重庆市为主要提供生态补偿的省份，贵州省、湖北省、湖南省、江西省、四川省和云南省则是生态补偿受益区。

在年际变化上，各省份生态补偿的支出和受益上限整体上呈增加的趋势，但部分省份如安徽省、重庆市和四川省年际间波动差异较大。

图 6.2 不同年份各省份生态补偿上限总和

表 6.2 不同年份各省份生态补偿上限统计

单位:亿元

省份	2000 年				2010 年				2016 年			
	总和	最大值	最小值	平均值	总和	最大值	最小值	平均值	总和	最大值	最小值	平均值
安徽	−28.04	5.25	−54.50	−2.80	6.96	11.42	−46.51	0.70	−62.99	10.94	−85.29	−6.30
贵州	87.39	17.15	4.34	10.92	69.88	14.95	2.36	8.73	103.39	23.79	5.09	12.92
湖北	53.51	16.46	−5.88	3.15	88.86	16.55	0.52	5.23	118.66	27.51	0.14	6.98
湖南	121.88	15.74	2.48	8.71	156.14	18.87	3.26	11.15	168.57	26.81	1.69	12.04
江苏	−200.64	0.86	−88.90	−18.24	−303.58	1.73	−163.83	−27.60	−278.87	1.17	166.13	−25.35
江西	120.68	25.78	2.09	10.06	204.87	36.32	3.73	17.07	182.01	30.06	3.12	15.17
四川	101.44	33.56	−31.88	4.83	284.24	58.73	0.70	13.54	259.24	102.08	−53.02	12.34
云南	49.06	10.87	2.99	7.01	76.18	23.02	0.97	10.88	108.58	34.20	5.88	15.51
重庆	−2.84	−2.84	−2.84	−2.84	−204.60	−204.60	−204.60	−204.60	−146.31	−146.31	−146.31	−146.31
上海	−302.44	−302.44	−302.44	−302.44	−378.95	−378.95	−378.95	−378.95	−452.27	−452.27	−452.27	−452.27

在应提供生态补偿的省份中,各地区补偿额度上限也存在较大差异,如2010 年上海市应支付额度达到最高,为 378.95 亿元;2000 年安徽省应支付额度则最低,仅为 28.04 亿元。在生态补偿受益区中,2010 年四川省应获得生态补偿额度最高,为 284.24 亿元;而 2000 年云南省应获得生态补偿额度达到最低值,为 49.06 亿元。

2. 生态补偿下限

根据成本法计算得到每个地区基于水源涵养生态系统服务的补偿下限,每个地区具体数值见附表 9。在各地区中,上海市应支付的生态补偿额度下限最高,2000 年、2010 年和 2016 年分别为 1.52 亿元、1.63 亿元和 2.07 亿元;甘孜藏族自治州应获得的生态补偿额度下限最高,2000 年、2010 年和 2016 年分别为 0.008 亿元、0.240 亿元和 19.977 亿元。

对各省份生态补偿额度下限进行统计发现,如图 6.3 和表 6.3 所示,不同年份各省份基于水源涵养服务流动的生态补偿上限存在显著差异。如安徽省于

2000 年和 2016 年属于水源涵养生态系统服务生态补偿支付区，但在 2010 年则属于受益区；重庆市的水源涵养生态系统服务生态补偿支付总额度下限在 2000—2010 年上升显著，共增加了 0.87 亿元，在 2010—2016 年则有所减少，共减少了 0.21 亿元。造成不同地区间差异的主要原因是区域水量供需平衡存在差异。

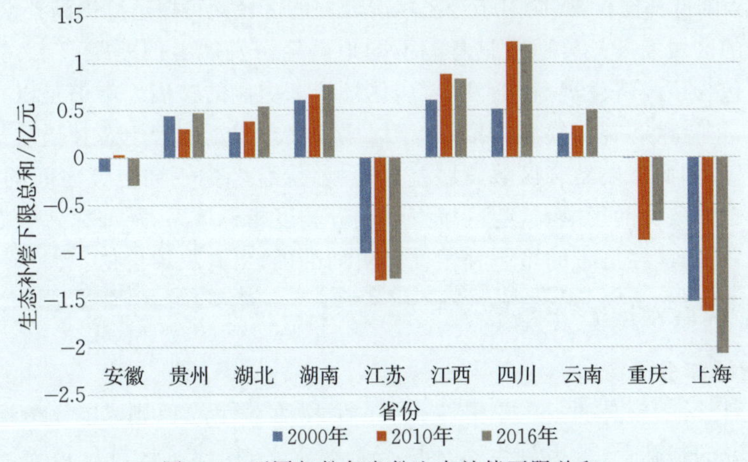

图 6.3　不同年份各省份生态补偿下限总和

表 6.3　不同年份各省份生态补偿下限统计　　单位：亿元

省份	2000 年				2010 年				2016 年			
	总和	最大值	最小值	平均值	总和	最大值	最小值	平均值	总和	最大值	最小值	平均值
安徽	−0.14	0.03	−0.27	−0.01	0.03	0.05	−0.27	0.00	−0.29	0.05	−0.39	−0.03
贵州	0.44	0.09	0.02	0.05	0.30	0.06	0.73	0.04	0.47	0.11	0.02	0.06
湖北	0.27	0.08	−0.03	0.02	0.38	0.07	1.73	0.02	0.54	0.13	0.00	0.03
湖南	0.61	0.08	0.01	0.04	0.67	0.08	2.73	0.05	0.77	0.12	0.01	0.06
江苏	−1.01	0.00	−0.45	−0.09	−1.30	0.01	−0.70	−0.12	−1.28	0.01	−0.76	−0.12
江西	0.61	0.13	0.01	0.05	0.88	0.16	4.73	0.07	0.83	0.14	0.01	0.07
四川	0.51	0.17	−0.16	0.02	1.22	0.25	5.73	0.06	1.19	0.47	−0.24	0.06
云南	0.25	0.05	0.02	0.04	0.33	0.10	6.73	0.05	0.50	0.16	0.03	0.07
重庆	−0.01	−0.01	−0.01	−0.01	−0.88	−0.88	7.73	−0.88	−0.67	−0.67	−0.67	−0.67
上海	−1.52	−1.52	−1.52	−1.52	−1.63	−1.63	−1.63	−1.63	−2.07	−2.07	−2.07	−2.07

6.3　基于区域发展差异的生态补偿调控研究

6.3.1　区域发展差异与生态补偿的关系

由于自然条件、社会、地理、人文及经济发展等因素的影响，不同地区的发展存在很大的差异。改革开放以来中国的粗放型经济增长方式导致多数地区的经济发展以牺牲环境和资源等为代价，通常经济较为发达的地区自然生态系统破坏及影响程度较大，生态系统服务功能较低，而人类活动干扰较小的区域自然生态系统服务功能较高。经济较发达、生态破坏较为严重的地区作为补偿区向为其提供了额外的生态系统服务的自然条件较好、较不发达的地区进行生态补偿。但是也会出现生态系统脆弱且经济较为落后的地区需要向为其提供额外生态系统服务的受益区进行生态补偿，在这种情况下，经济落后地区的补偿能力有限，因此需要根据区域发展差异适当降低补偿标准，而对于经济状况较好的区域则可以适度提高补偿标准。

狭义的区域发展差异通常只考虑不同地区经济发展上的差距，广义的区域发展差异则包含了经济发展、社会发展、居住环境等内涵的扩展。本书是以水源涵养服务为主，进行生态补偿模型模拟，由于区域发展差异影响着生态补偿政策的制定及相关测算，因此需要结合区域发展差异模型，综合考虑不同地域之间的经济、社会、人口、自然条件的影响，构建区域发展差异测度指标体系，从而完善生态补偿模型的构建，让长江经济带的生态补偿模型更加准确，更有决策价值。

6.3.2 区域发展差异系数

1. 指标体系构建

依据科学性、整体性、可操作性、层序性及动态性的原则，本书在党丽娟等(2014)研究的基础上，考虑到生态环境与资源水平，构建了区域发展差异测度体系，主要包括经济发展水平、社会发展水平、居住环境质量和生态环境与资源状况四个方面。经济发展水平主要包括经济总量、收入、支出和发展程度；社会发展水平主要包括人口、教育、城乡构成和交通；居住环境质量层面主要包括住房和饮水；生态环境与资源状况则主要考虑水体和植被资源人均占有程度。将各测度指标进行归一化处理后，根据专家打分法设定各要素所占的权重系数，最终根据四个准则层计算得到区域发展差异系数 P，如表 6.4 所示。具体数据见附表 10。

表 6.4　区域发展差异指标体系

<table>
<tr><th>区域发展差异系数</th><th>准则层</th><th>权重</th><th>要素指标</th><th>测度指标</th><th>权重</th></tr>
<tr><td rowspan="12">P</td><td rowspan="4">经济发展水平</td><td rowspan="4">0.3</td><td>经济总量</td><td>人均国内生产总值</td><td>0.4</td></tr>
<tr><td>收入</td><td>人均收入</td><td>0.2</td></tr>
<tr><td>支出</td><td>人均社会商品零售总额</td><td>0.2</td></tr>
<tr><td>发展程度</td><td>灯光指数</td><td>0.2</td></tr>
<tr><td rowspan="4">社会发展水平</td><td rowspan="4">0.3</td><td>人口</td><td>常住人口与户籍人口差值</td><td>0.1</td></tr>
<tr><td>教育</td><td>学龄儿童入学率</td><td>0.3</td></tr>
<tr><td>城乡构成</td><td>城镇化率</td><td>0.3</td></tr>
<tr><td>交通</td><td>人均交通面积</td><td>0.3</td></tr>
<tr><td rowspan="2">居住环境质量</td><td rowspan="2">0.2</td><td>城市住房</td><td>人均城市住房面积</td><td>0.5</td></tr>
<tr><td>农村住房</td><td>人均农村住房面积</td><td>0.5</td></tr>
<tr><td rowspan="2">生态环境与资源状况</td><td rowspan="2">0.2</td><td>植被资源</td><td>人均林草面积</td><td>0.6</td></tr>
<tr><td>水体资源</td><td>人均水域面积</td><td>0.4</td></tr>
</table>

2. 区域发展差异系数计算

通过搜集整理统计年鉴等数据得到各测度指标的原始值，经过归一化处理后得到测度指标实际值，计算公式如下

$$X_i = (X_{原始} - X_{min}) / (X_{max} - X_{min})$$

式中，X_i 为第 i 个测度指标实际值，$X_{原始}$ 为各测度指标原始值，X_{max} 和 X_{min} 分别为第 i 个测度指标原始值的最大值和最小值。

准则层的指标值则通过测度指标值进行计算，计算公式如下

$$M_i = a_1 X_1 + a_2 X_2 + a_3 X_3 + a_4 X_4$$

式中，M_i 为第 i 个准则层指标值，a_1、a_2、a_3、a_4 为各指标权重系数。

区域发展差异系数则通过准则层指标值进行计算，计算公式如下

$$P = b_1 M_1 + b_2 M_2 + b_3 M_3 + b_4 M_4$$

式中，P 为区域发展差异系数，M_i 为第 i 个准则层指标值，b_1、b_2、b_3、b_4 为各指标权重系数。

具体数据见附表 11。

6.3.3　区域发展差异指标因子分析

由于地理区划、资源环境、历史沿革等差异，长江经济带不同地区呈现出不同的发展差异，因此在进行具体的生态补偿时需要根据各地区的实际发展水平进行相应的调整，使得生态补偿措施更为客观合理。本书在参考前人研究的基础上，从经济发展水平、社会发展水平、居住环境质量及生态环境与资源状况四个方面对区域发展差异进行计算，最终得到长江经济带不同地区的生态补偿区域发展差异系数。由于 2000 年和 2010 年可获得性数据的缺失，本书中 2000 年和 2010 年的区域发展系数采用灯光指数进行代替，2016 年长江经济带各地区的区域差异系数则根据前文构建的区域发展差异指标体系进行计算得到。另外，根据 2011 年 8 月 21 日中共安徽省委办公厅、安徽省人民政府《关于撤销地级巢湖市及部分行政区划调整的实施意见》中“巢湖市由地级市变为县级市”，但是为了方便分析，本书在进行 2016 年的数据分析时依然将巢湖作为地级市进行研究。

1. 经济发展水平

经济发展水平是衡量某一地区经济状况的主要指标，本书选取常用的人均 GDP 指标表征经济发展的总体情况，即经济总量；采用人均收入指标表征各地区的经济收入情况；采用人均社会商品零售总额表征各地区的经济支出情况；采用前文计算得到的灯光指数来表征各地区经济发展程度。

2016 年长江经济带各地区经济发展水平指数最高的为上海，达 0.84；最低的为昭通，仅有 0.01。按照省份统计，除上海外，江苏经济发展水平最高，达 0.52；云南最低，仅为 0.08，如图 6.4 所示。

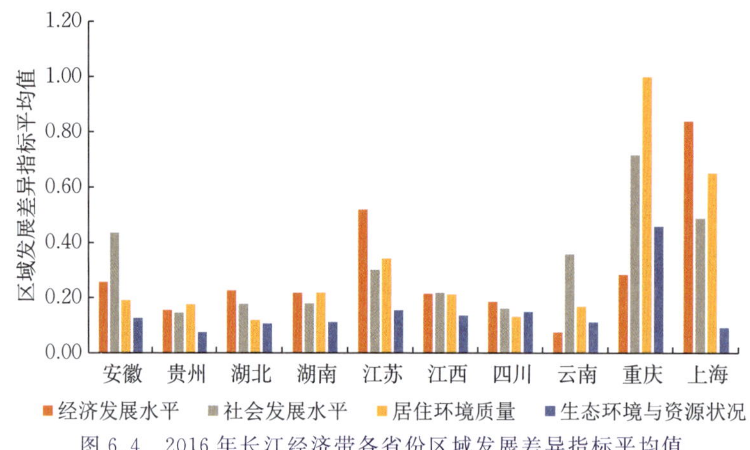

图 6.4　2016 年长江经济带各省份区域发展差异指标平均值

2. 社会发展水平

社会发展水平主要衡量某一地区人口结构、教育及社会活动等的发展程度。本书采用常住人口与户籍人口差值指标表征各地区人口结构的基本情况，采用学龄儿童入学率指标表征各地区的教育情况，采用城镇化率表征各地区的城乡构成情况，采用人均交通面积来表征各地区的运输业发展状况。

2016 年长江经济带各地区社会发展水平指数最高的为重庆，达 0.72；最低的为神农架，仅有 0.07。按照省份统计，除上海及重庆外，安徽平均社会发展水平最高，达 0.44；贵州最低，仅为 0.15。

3. 居住环境质量

居住环境质量指标主要反映居民生活的舒适度，本书采用城市人均住房面积和农村人均住房面积进行计算。

2016 年长江经济带各地区居住环境质量指数最高的为重庆，达 1.00；最低的为神农架，仅有 0.01。按照省份统计，除上海及重庆外，江苏平均居住环境质量指数最高，达 0.34；四川最低，仅为 0.13。

4. 生态环境与资源状况

生态环境与资源状况主要从人均占有的资源角度对区域发展差异进行考量，因此采用人均林草面积和人均水域面积进行计算。

2016 年长江经济带各地区生态环境与资源状况指数最高为甘孜藏族自治州，达 0.74；最低为神农架，仅有 0.07。按照省份统计，除重庆外，四川和江苏平均生态环境与资源状况最高，达 0.15；贵州最低，仅为 0.08；各省份平均值相差不大。

6.3.4　区域发展差异系数结果分析

各省各地区区域发展差异系数计算结果见附表 12。根据灯光指数计算得到的 2000 年及 2010 年上海区域发展差异系数最高，甘孜藏族自治州最低。根据区域发展差异指标体系计算得到的 2016 年重庆区域发展系数最高，为 0.59；其次为上海和苏州；神农架最低，仅为 0.06。

对各省份区域发展差异系数进行统计，如图 6.5 和表 6.5 所示，江苏平均区域发展差异系数最高，其次为安徽，云南最低。在年际变化上，各省份区域发展系数均逐年提高。其中，江苏平均区域发展系数增长幅度最大，从 2000 年的 0.35 增长到 2016 年的 0.61，共增长了 0.26。云南平均区域发展系数变化最小，从 2000 至 2016 年仅上浮了 0.01。说明长江经济带不同地区发展差异显著，区域之间的发展差距不断扩大。

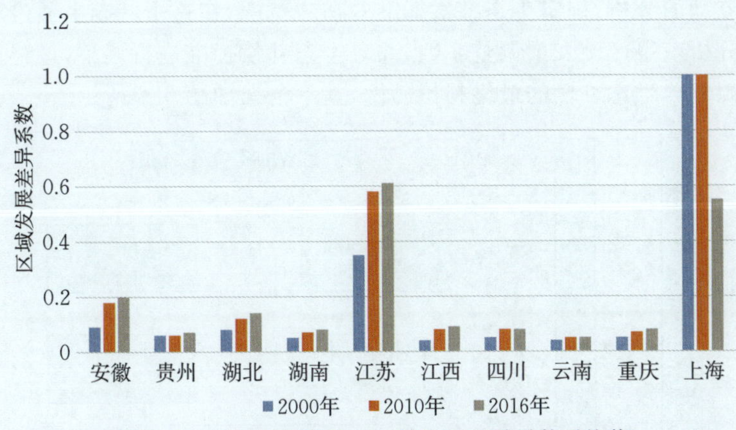

图 6.5　不同年份各省份区域发展差异系数平均值

表 6.5　2000—2016 年各省份区域发展差异指标体系分析结果

省份	2000 年			2010 年			2016 年		
	最大值	最小值	平均值	最大值	最小值	平均值	最大值	最小值	平均值
安徽	0.21	0.02	0.09	0.41	0.06	0.18	0.45	0.06	0.20
贵州	0.13	0.03	0.06	0.15	0.03	0.06	0.19	0.04	0.07
湖北	0.27	0.00	0.08	0.35	0.01	0.12	0.42	0.01	0.14
湖南	0.11	0.03	0.05	0.17	0.03	0.07	0.22	0.03	0.08
江苏	1.00	0.17	0.35	1.00	0.26	0.58	1.00	0.26	0.61
江西	0.09	0.02	0.04	0.18	0.04	0.08	0.20	0.04	0.09
四川	0.22	0.00	0.05	0.36	0.00	0.08	0.39	0.00	0.08
云南	0.11	0.00	0.04	0.15	0.01	0.05	0.15	0.01	0.05
重庆	0.05	0.05	0.05	0.07	0.07	0.07	0.08	0.08	0.08
上海	1.00	1.00	1.00	1.00	1.0	1.00	0.55	0.55	0.55

6.4 长江经济带水源涵养生态补偿模型的构建

6.4.1 基于水源涵养服务流动和区域发展差异的生态补偿模型基本框架

1. 基本框架

基于水源涵养服务流动和区域发展差异的生态补偿模型，主要是基于对水源涵养服务流动的分析，确定生态补偿标准的初步范围，在这个基础上通过对区域发展差异的分析获得区域发展调整系数，并对生态补偿标准进行调整，最终得到长江经济带水源涵养生态补偿的最终补偿额度，基本框架如图 6.6 所示。

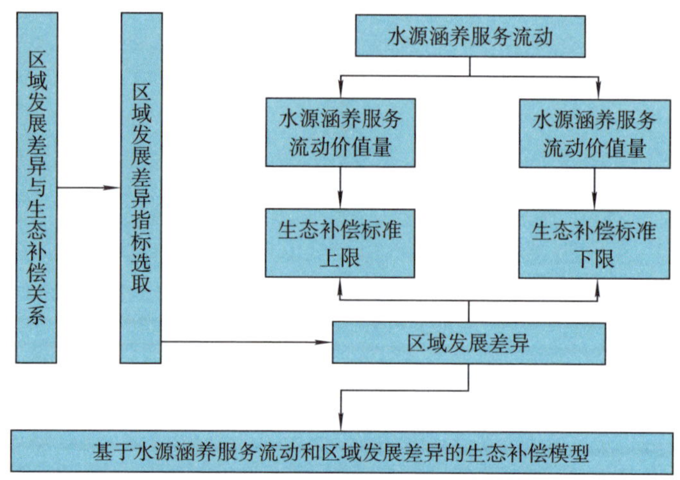

图 6.6 构建生态补偿模型技术路线

2. 模型计算

$$V_i = R_i \times (V_{i下限} + (V_{i上限} - V_{i下限}) \times P_i)$$

$$R_i = V_{GDP}/V_{i下限}$$

式中，V_i 为第 i 个地区的生态补偿额度（元）；R_i 为生态补偿需求强度系数，表征该地区需要获得生态补偿的迫切程度；$V_{i下限}$ 为第 i 个地区的生态补偿下限（元）；$V_{i上限}$ 为第 i 个地区的生态补偿上限（元）；P_i 为区域发展差异调整系数。V_{GDP} 是当地的地区生产总值。

$$V_j = R_j \times (V_{j下限} + (V_{j上限} - V_{j下限}) \times (1 - P_j))$$

$$R_j = V_{GDP}/V_{i下限}$$

式中，V_j 为第 j 个地区应获得的生态补偿额度（元）；R_j 为生态补偿需求强度系数，表征该地区需要获得生态补偿的迫切程度；$V_{j下限}$ 为第 j 个地区的生态补偿下限（元）；$V_{j上限}$ 为第 j 个地区的生态补偿上限（元）；P_j 为区域发展差异调整系数。

6.4.2　基于支付区（补偿区）区域差异的生态补偿模型

基于支付区区域差异的生态补偿模型，侧重于考虑不同水源涵养生态补偿支付区的经济社会等发展状况，实行发达地区多支付、落后地区少支付的原则，根据不同生态补偿支付区的区域差异计算出应支付的总额度，再将总额度以水源涵养流量比例分配给各生态补偿受益区。具体计算结果见附表 13。

经统计，上海是应支付额度最高的生态补偿支付区，2000 年、2010 年和 2016 年分别应向各受益区支付 302.43 亿元、378.95 亿元和 248.48 亿元；其次是苏州和无锡；常州、武汉及成都支付额度较少。

在年际变化上，不同地区的生态补偿支付额度存在较大差异，如上海及苏州等地区年际间生态补偿额度呈明显增加趋势，无锡和镇江等地区则呈现出先增后减的趋势，反映了不同城市间水量供需平衡的差异，如图 6.7 所示。

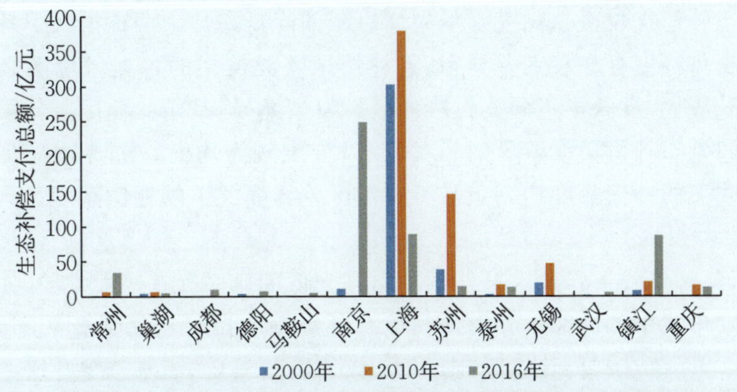

图 6.7　基于支付区区域差异的各地区生态补偿支付总额

6.4.3　基于受益区区域差异的生态补偿模型

基于受益区区域差异的生态补偿模型，侧重于考虑各生态补偿受益地区的区域发展差异，按照各受益地区水源涵养流量供给比例进行分配后，然后按照各地区差异计算得到每个受益区从不同支付区应得到的生态补偿额度，最后将同一支付区相应的各受益区应得到的生态补偿额度进行加和得到每个支付区应支付的水源涵养生态补偿总额。具体计算结果见附表 14。

经统计分析，上海、重庆、苏州及巢湖等地区水源涵养生态补偿支付总额度较高且增长趋势明显，常州、武汉和德阳等地区补偿额度较少，如图 6.8 所示。

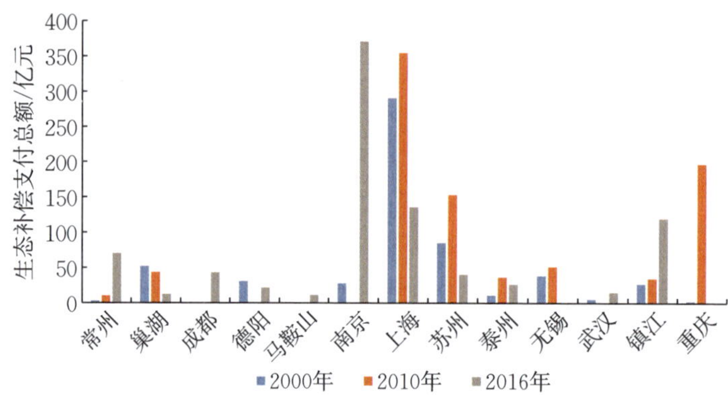

图 6.8 基于受益区区域差异的各地区生态补偿支付总额

6.4.4 两种模型结果对比分析

对比两种模式下的生态补偿额度发现，基于补偿区差异模式的长江经济带水源涵养生态补偿支付区总额度呈上升趋势，基于受益区差异模式的长江经济带水源涵养生态补偿支付区总额度则呈先增后减的降低趋势。两种模式下各生态补偿支付区的支付额度存在较大差异，基于补偿区差异模式的各支付地区之间生态补偿额度差异较大，反映了不同支付区的区域发展差异；基于受益区差异模式的各支付地区之间生态补偿额度差异则相对较小，分配较为均衡。上游地区在基于受益区差异模式下的补偿额度均高于基于补偿区差异模式下的补偿额度。具体数据见附表 15。

同时，两种模式下各地区补偿额度由高到低的排序存在较大差异，如表 6.6 所示，如 2000 年基于补偿区差异模式的生态补偿额度排序从高到低依次为上海、苏州、无锡、南京、镇江、巢湖、德阳、泰州、武汉、常州、重庆，而基于受益区差异模式的生态补偿额度排序从高到低依次为上海、苏州、巢湖、无锡、德阳、南京、镇江、泰州、武汉、常州、重庆。

表 6.6 不同年份生态补偿支出地区补偿额度

年份	生态补偿支出地区	基于补偿区差异生态补偿额度/亿元	基于受益区差异生态补偿额度/亿元	补偿地区数量/个
2000 年	德阳	3.46	31.15	17
	重庆	0.15	2.78	20
	武汉	1.64	5.66	54
	巢湖	4.09	52.50	79
	南京	10.62	28.20	85
	镇江	7.97	27.34	87
	泰州	2.82	11.34	87

续表

年份	生态补偿支出地区	基于补偿区差异生态补偿额度/亿元	基于受益区差异生态补偿额度/亿元	补偿地区数量/个
2000年	常州	1.02	3.30	87
	无锡	18.79	38.98	87
	苏州	38.14	85.51	87
	上海	302.43	290.80	88
	合计	391.13	577.56	
2010年	重庆	15.83	197.31	21
	巢湖	6.58	43.76	81
	镇江	20.49	34.93	90
	泰州	16.57	36.61	90
	常州	6.76	10.43	90
	无锡	46.55	51.47	90
	苏州	146.07	153.36	90
	上海	378.95	354.50	91
	合计	637.80	882.37	
2016年	成都	4.91	12.80	12
	德阳	9.75	43.33	16
	重庆	86.86	119.60	19
	巢湖	34.18	70.29	79
	马鞍山	7.43	22.01	84
	南京	5.09	11.65	84
	镇江	5.30	15.29	86
	泰州	13.85	40.60	86
	无锡	12.59	26.62	86
	苏州	88.98	136.23	86
	上海	248.48	370.77	87
	合计	517.41	869.20	

第7章　构建长江经济带水源涵养生态补偿机制的政策建议

7.1　国际生态补偿政策借鉴

国际上生态补偿实践与中国生态补偿机制建设探索基本相似，其基本内涵也同样是以生态系统服务功能为核心目标，以补偿付费为手段，调整生态系统服务供给和受益之间的利益分配关系。在流域管理领域，主要是水资源保护供给和水质改善等方面，例如美国纽约水务局制定流域上下游的水资源保护补偿标准；南非则将生态补偿与扶贫相结合，公共财政年均投入1.7亿美元雇佣贫困人口参与流域水资源保护和治理；德国和捷克于1990年达成双边协议，共同治理易北河流域。易北河流域上游为捷克，中下游为德国，因此根据其自然地理特点，双边合作组织共同制定措施筹措流域治理经费，主要包括三个方面：第一，下游德国对于上游捷克做生态补偿，德国环保部于2000年提供900万马克用于建设两国交界的城市污水处理厂；第二，对于流域治理工作提供政策性贷款；第三，对于企业和居民统一征收排污费，一部分用于污水处理厂的运维，另一部分纳入国家环保部门专项资金。

可以看出，在流域整治和水资源治理方面，国际上各个国家做法各有特色，其成功经验对我国长江经济带生态补偿机制建设有重要借鉴：第一，强调流域的系统性。山水林田湖草是一个生命共同体，将流域作为基本单元，注重其生态系统的完整性，系统保护与综合修复。不单一关注水质变化，还考虑保护生物多样性、维持经济社会可持续发展等因素。第二，国际成功实践表明国家自然资源产权制度的完善性对于生态补偿机制建设非常重要，是生态补偿开展的重要基础，尤其是自然资源的占有权、使用权、受益权、处置权等。例如，2012年巴西通过立法实施农村环境注册，要求农户通过全国统一网站进行登记，确认自然资源及其环境责任的归属。第三，采取差异化的补偿标准和多样化的补偿方式。国外以区域提供的生态系统服务为主要依据建立生态补偿机制，由于不同地区提供的生态系统服务差异明显，并且提供方的补偿需求也不一，因此，国际上越来越注重补偿差异化标准和补偿方式多样化，不断探索和完善政府主导、市场运作、社会参与的运作模式。第四，建立多边合作机制，共同决策、共担治理。流域涉及跨境多个国家或地区，往往采取双边或多边协议、框架，设立由各方代表组成的常设机构，成立专业小组，及时沟通协调，明确各方分工和责任，联合行动，共同开展流域生态补偿和保护修复。

第五，注重生态补偿的法律体系建设，健全生态补偿和自然资源管治的法律法规。将生态（环境）税、保证金等有效的约束制度纳入法制体系。第六，开展生态补偿效益的评估。国外生态补偿制度建设不仅关注资金的来源和使用设计，还关注生态补偿资金的使用效率。国外生态补偿效果的监督主要通过预算约束和事后环境质量评价两方面实现。基于利益相关者角度，通过引入第三方机构等方式，对项目成本、项目成效（直接效果、间接效果）等开展生态补偿效益的综合评估，并适时公开，接受社会公众监督，以便及时调整反馈，针对性地完善生态补偿政策，提高项目实施效果。

7.2　建立多元化生态补偿机制

7.2.1　完善长江经济带生态补偿公共财政制度

长江经济带生态补偿的来源主要是公共财政支出，但不能单纯只靠政府投入的增加来进行生态补偿。要通过对财政支出结构进行调整，将补偿倾斜到生态补偿具有迫切性和特殊性的地区，如生态环境破坏严重的地区、贫困地区等，合理安排资金投入重点，实现长江经济带生态补偿成效的最大化。设置长江经济带生态补偿转型基金，对各生态功能区进行财政预算统一拨付。

7.2.2　推进长江经济带横向生态补偿机制

横向生态补偿是生态补偿重要的有机组成部分，可以促进流域贯穿的各行政区之间利益关系的调节，并且可以促进生态保护经济外部性实现内部化。长江贯穿于多个行政区之内，不能单纯只对一个或几个行政区进行生态补偿，因此需要将行政区域内跨界断面水质生态补偿延伸到其他同流域的行政区域。长江经济带不同河段在生态系统服务功能及经济发展上均存在一定的差异性。一方面，在生态系统服务功能上，上游河段主要是水源涵养功能，而下游河段主要是提供水源、航运等服务功能；另一方面，在经济发展上，上中下游的经济发展水平也存在着一定的差异，下游地区经济发展水平高于上游和中游地区，因此，长江经济带上中下游要分类施策，建立因地制宜的生态补偿机制。同时，上游因行政区在履行保护生态环境义务的同时，丧失了经济发展的机会，国家和下游行政区要承担起对上游地区生态补偿的责任，对上游行政区进行合理补偿。上下游应通过签订生态补偿协议的方式，来更好地实现上游对长江生态环境的保护、下游对上游的生态补偿。根据水质、水量状况制定补偿标准，并制定质量评估参照系数，最终划分出生态补偿等级。

7.2.3 建立长江经济带多元投入生态补偿机制

对长江经济带的生态补偿不能只依赖于中央财政转移支付，还要鼓励地方政府、机构、企业及个人提供生态补偿资金，促进生态补偿由单一性补偿向综合性补偿转变，增加对生态保护者的直接补偿。提高长江经济带生态环境综合治理的资金保障能力，建立多元融资投资体制，推进政府资金和社会资本的合作。推进企业承担其相应的生态补偿职责，实现生态成本内部化。引导民间环境公益组织及个人等参与到市场竞争当中，并保障其市场主体地位。

7.2.4 综合考虑生态系统服务功能与区域发展差异问题

在为保护生态系统而进行生态补偿的同时，还必须要考虑到区域之间发展的差异、经济发展不平衡与扶贫的问题，因此，要将生态补偿、经济发展不平衡问题及扶贫三者有机地结合起来，利用生态补偿推动贫困地区脱贫，增加贫困人民的收入。

7.3 建立市场化生态补偿机制

7.3.1 建立生态补偿市场化机制

我国生态补偿试点主要是由生态保护区和受益区的上级政府牵头，通过行政手段推动其开展生态补偿工作。但这种补偿模式往往会出现补偿标准偏低、生态保护区利益得不到保障的问题，一定程度上弱化了生态保护区保护生态的积极性。而建立生态补偿市场化机制，就是要促使保护区和受益区成为独立的市场主体，生态补偿在双方自愿协商的基础上进行建立，充分反映了双方的意愿，有助于提升生态保护的积极性。长江经济带生态补偿市场化机制的建立就是要促使生态补偿遵循市场运行的基本原则和规则。推行用水权、排污权和碳排放权分配制度，建立环境资源有偿使用制度。推动排污权有偿使用和交易，建立和完善交易平台，排污权采用阶梯价格和市场交易制度，通过市场调节，增加排污成本，提高排污效率，推动企业开展环境友好型的生产经营方式。推进长江经济带供给侧改革试点，推动长江经济带向交易市场提供生态产品。建立长江经济带自然资源产权制度，严格规范产权市场的交易秩序。

7.3.2 完善生态税制度

生态税一方面促进生态环境的保护、资源的节约；另一方面，也是我国生态补偿的重要资金来源之一，是环境保护的一种经济手段。政府征收生态税既可以根据生态环境目标，对资金进行重新配置，集中用于生态环境建设方面，也可以对污染者破坏环境的行为进行纠正，激励其选择对生态环境有利的行为。要对现行的资源税进行完善和调整，扩大资源税的征收范围，对非再生性、稀缺性资源课以重税。对计税方法进行完善，增加税档之间的差距。改变资源税计税方法，根据资源产品的实际产量或动用的资源量计税。贯彻绿色发展理念，通过税收制度促进生态环境保护。

7.4　推动长江经济带多层次多领域合作

7.4.1　增强长江经济带保护整体意识，因地制宜分类施策

对东西部地区进行分类，进而按不同类型制定相应政策，上下游进行分工协作，坚持梯度发展。减少重工业在产业中的比重，对沿江各地进行合理分工，凸显各地优势，不断提升长江经济带整体水平；推进上中下游产业梯度转移，对产业进行筛选，避免污染转移的同时，促进技术转移和绿色转移。对沿江地区的不同区域，实施不同的生态补偿制度。针对长江流域各种生态环境问题，如水土流失问题、工业污染问题等，划分为不同层次、不同级别的生态补偿方式，并建立分区分类的生态补偿框架。

7.4.2　加强生态补偿区域间合作

为实现生态补偿成效的最大化就要通过区域之间的分工与协作进行实现，建立区域供需总体平衡和效益最大化的分工模式。拓宽生态补偿领域范围，加强各级政府部门间的交流与合作。鼓励和引导社会资本对于生态产品的投资，拓宽资金投资渠道。建立水污染联防共治机制，加强长江经济带联防联控和信息共享，上下游共同推动环境污染应急联动机制。上游要开展流域生态环境保护与治理，下游在对本行政区进行生态保护与治理的同时，还要对上游进行一定的生态补偿，并对上游的资金使用和治理情况进行监督。建立跨区域的长江经济带综合协调部门，利用综合协调部门来对长江经济带上下游各地区行政主管部门的利益关系进行协调，促进长江经济带生态补偿资金分配及监督问题的解决。

7.5　完善政府监管，有效约束生态补偿行为

7.5.1　强化政府部门职能

从前面的分析可以看出，水源涵养的根基在“山”和山上的“树”。正如2013年习近平总书记生动地描述：“山水林田湖是一个生命共同体，人的命脉在田，田的命

脉在水,水的命脉在山,山的命脉在土,土的命脉在树。……对山水林田湖进行统一保护、统一修复是十分必要的。”生态补偿是生态修复和保护的重要激励手段,但不是目的。因此,生态补偿机制的建立必须遵循整体性和系统性,统筹考虑生态服务功能,综合分析供给区和受益区,完整计算所有生态服务功能的能量流动和价值流动,分别制定补偿的政策、标准和方式,避免总书记所告诫的“种树的只管种树、治水的只管治水、护田的单纯护田”局部的、单一的、违背自然规律的生态保护和修复。建议不断推动生态补偿、生态修复和保护、国土空间用途管制的有机融合,形成生态补偿的手段,产生激励生态修复和保护的效果,达到国土空间用途管制的目的。

7.5.2 建立生态补偿绩效考核体系

建立考核指标和考核标准,明确长江经济带绩效考核范围,保证考核范围与生态补偿资金分配范围相适应。引入第三方机构评价生态补偿的开展情况及资金使用情况。阶段性生态补偿实施到期之后,对生态补偿产生效果进行绩效评价。

7.5.3 建立长江经济带生态保护和治理的奖惩机制

激励机制和惩处机制是生态补偿成功实践的重要保障。激励提供生态服务产品的社会群体,提高社会参与的积极性。对破坏生态环境及阻碍生态环境保护的个人或集体进行相应的处罚,可根据一定的标准扣除个人或集体所得的补偿。对于破坏生态环境的企业,应采取增加税收或罚款的形式进行处罚。

7.5.4 加大生态补偿投入力度,完善生态补偿监督机制

政府应在长江经济带生态补偿机制的建立中发挥建设性作用。抓住地方财政,以长江经济带生态环境的改善作为政府政绩考核的硬性标准,充分发挥政府的主导作用。建立政府行为监督考核机制,充分利用司法和社会舆论对主导生态补偿实施的行政官员进行监督,从而达到对政府行为的监督。

7.5.5 健全社会监督和公众参与制度

统筹安排使用生态补偿资金,严格监督和评估绩效,提高资金利用率。公开资金来源、分配、运营、监督考核情况。鼓励公众参与到生态补偿实践当中去。提高公众的生态环境保护意识,鼓励公众对生态环境建设进行投资。

第8章 结 语

8.1 主要创新

本书综合运用生态经济学、地理学、生态气象学等多学科领域理论、方法，对长江经济带水源涵养的生态补偿机制构建进行了较为深入系统的研究，以期能够进一步对生态补偿理论和生态经济学理论提供来自中国的研究证据，并帮助制定更加有效的生态补偿政策，以更好地实现环境保护与经济发展的目标。创新点主要体现在以下几个方面：

第一，依据生态经济学的基本原理和研究范式，在传统的当量因子生态服务价值核算方法基础上，运用生态气象学相关理论，融入了反映植被生态特征的增强植被指数(EVI)、净初级生产力(NPP)及植被生长季三个参数对不同地理空间、同类生态系统提供的生态服务价值量空间异质性进行差异化区分，并运用地理国情监测空间化表达关键技术(地理格网化)，实现了多尺度、多粒度下生态服务价值的精准核算和空间化表达，为多尺度下生态服务价值动态变化监测及驱动力分析提供了科学的技术支撑。

第二，本书基于生态过程的传输扩散机制，以水源涵养服务为例，结合长江经济带地理要素空间分布特征，在统计分析多年时间尺度的遥感影像数据和数字高程数据的基础上，通过水源涵养服务空间流动的分布式模拟，构建长江经济带水源涵养生态补偿供给区和受益区的识别模型，准确界定生态补偿供给区和受益区范围，揭示水源涵养空间流动的动态规律，科学评估生态系统服务流动实物流与价值流的空间匹配关系。

第三，本书从多视角出发，在综合分析长江经济带区域植被动态、气候因子及经济因子时空动态变化特征基础上，运用主成分分析方法、聚类分析方法探究了控制长江经济带水源涵养量时空动态变化的敏感性因子，为该区域精准地确定水源涵养生态补偿的经济主体、行为主体、补偿方式和运行机制提供数据支持。

第四，基于地理信息数据、遥感数据和经济社会发展数据等，对生态系统服务流动和长江经济带的区域发展差异进行深入分析，开展水源涵养生态补偿研究，构建水源涵养生态补偿模型，确立生态补偿框架，探索建立科学可行的生态补偿机制。

第五，结合实际数据综合测算生态补偿价值，合理提出生态补偿金额建议和规范的生态补偿标准，创新生态补偿路径，完善监管评价体系，系统解决跨流域、跨行政区的生态补偿问题，探索提出补偿生态供给区的政策建议。

8.2 研究不足

本书研究结合已有资料和前人研究成果，以水源涵养服务为例，模拟水源涵养服务在长江经济带的空间流动。从理论上分析，在长江经济带这种大区域空间尺度上的模拟空间流动路径很多，非常复杂，既可以沿长江径流路径流动，也可以进入大气环流路径流动。由于大气环流路径较为复杂，而长江径流路径相对符合研究实际，因此本书主要以水源涵养服务沿长江径流的流动路径为主。这是设定研究前提条件的难点。

生态系统服务空间流动模拟的验证，需要翔实的数据。虽然已有《水文年鉴》可作为验证模拟假设的依据，但对于模拟的针对性和准确性总会显得不够充分。这是数据资料的困难。

8.3 未来展望

研究自然资源资产所有权清晰界定和确权登记，以及占有权、使用权、收益权、处分权之间的关系和权利分置的影响。例如，供给区无论是否拥有自然资源资产的所有权，都应当因其付出成本而享有收益权。

研究自然资源资产所有权派生出来的各种权利的享有主体和生态补偿的承担主体，即当地政府、当地户籍人口、当地常住人口的关系，例如到底是由供给区中长期生活的人来负担生态系统保护的成本，还是由供给区所在政府来负担成本。

研究科学的自然资源资产核算方法，根据生态系统特征，选择生态补偿资金类型，如自然资源税或生态补偿专项基金等形式，进而明确开征资源税的基础和主体，以及生态补偿专项基金的规模和运作方式等。

结合当前生态文明建设的需求，探索生态服务价值成果在国土空间规划、生态文明建设考核等领域的应用，以此从生态学视角评价国土空间利用的合理性、科学性，以期更好地为生态文明建设服务。

参考文献

白杨，初东，田良，等，2014. 武汉城市圈的水源涵养功能重要性评价研究[J]. 地球信息科学学报，16(2)：233-241.

陈洪波，宗建树，2003. 债务融资与代理成本[J]. 经济体制改革(1)：103-106.

陈江龙，高金龙，徐梦月，等，2014. 南京大都市区建设用地扩张特征与机理[J]. 地理研究，33(3)：427-438.

陈龙，谢高地，张昌顺，等，2013. 澜沧江流域典型生态功能及其分区[J]. 资源科学(4)：138-145.

陈尚，张朝晖，马艳，等，2006. 我国海洋生态系统服务功能及其价值评估研究计划[J]. 地球科学进展，21(11)：1127-1133.

陈雯，孙伟，吴加伟，等，2015. 长江经济带开发与保护空间格局构建及其分析路径[J]. 地理科学进展，34(11)：1388-1397.

成晨，王玉杰，潘玉娟，等，2007. 长江三峡库区不同森林类型涵养水源能力比较研究[J]. 水土保持研究，14(2)：215-217.

程根伟，石培礼，2004. 长江上游森林涵养水源效益及其经济价值评估[J]. 中国水土保持科学，2(4)：17-20.

党丽娟，徐勇，王志强，2014. 陕西省榆林市水资源人口承载规模研究[J]. 水土保持研究，21(3)：90-97.

邓坤枚，石培礼，谢高地，2002. 长江上游森林生态系统水源涵养量与价值的研究[J]. 资源科学，24(6)：68-73.

董伟，蒋仲安，苏德，等，2010. 长江上游水源涵养区界定及生态安全影响因素分析[J]. 工程科学学报，32(2)：139-144.

杜万平，2001. 完善西部生态区域补偿机制的建议[J]. 中国人口·资源与环境，11(3)：119-120.

段锦，康慕谊，江源，等，2012. 东江流域生态系统服务价值变化研究[J]. 自然资源学报，27(1)：90-103.

段学军，秦贤宏，陈江龙，2009. 基于生态-经济导向的泰州市建设用地优化配置[J]. 自然资源学报，24(7)：1181-1191.

樊杰，王亚飞，汤青，等，2015. 全国资源环境承载能力监测预警(2014 版)学术思路与总体技术流程[J]. 地理科学，35(1)：1-10.

范小杉，高吉喜，于勇，2007. 基于生态补偿实施的 NSE 生态服务功能分类体系及应用模型[J]. 生态经济 (4)：35-39.

冯俏彬，2014. 农民工市民化的成本估算、分摊与筹措[J]. 经济研究参考(8)：20-30.

冯永钦，1985. 对长江流域开发利用的点滴看法[J]. 计划经济研究 (Z3)：36-39.

傅娇艳，丁振华，2007. 湿地生态系统服务、功能和价值评价研究进展[J]. 应用生态学报，18(3)：681-686.

高吉喜，2015. 区域生态学[M]. 北京：科学出版社.

高吉喜，2013. 区域生态学基本理论探索[J]. 中国环境科学，33(7)：1252-1262.

龚诗涵，肖洋，郑华，等，2017. 中国生态系统水源涵养空间特征及其影响因素[J]. 生态学报，37(7)：2455-2462.

郭伟，高红燕，2015. 黑龙江省林区林业发展战略初探[J]. 林业科技情报，47(4)：20-21.

郭中伟，甘雅玲，2003. 关于生态系统服务功能的几个科学问题[J]. 生物多样性(1)：63-69.

郭中伟，李典谟，1997. 生物多样性价值在空间上的流动和过程——效益评价法[J]. 科技导报(10)：58-60.

韩永伟，拓学森，高吉喜，等，2011. 黑河下游重要生态功能区植被防风固沙功能及其价值初步评估[J]. 自然资源学报，26(1)：58-65.

何沙，邓璨，2010. 国外生态补偿机制对我国的启发[J]. 西南石油大学学报(社会科学版)，3(4)：66-69.

贺淑霞，李叙勇，莫菲，等，2011. 中国东部森林样带典型森林水源涵养功能[J]. 生态学报，31(12)：3285-3295.

胡国红，彭培好，王玉宽，等，2008. 基于 GIS 的长江上游森林生态系统水源涵养功能[J]. 安徽农业科学，36(21)：8919-8921.

姜文来，2003. 森林涵养水源的价值核算研究[J]. 水土保持学报，17(2)：34-36.

赖敏，2013. 三江源基于生态系统服务价值的生态补偿研究[D]. 北京：中国科学院地理科学与资源研究所.

赖敏，吴绍洪，戴尔阜，等，2013. 三江源区生态系统服务间接使用价值评估[J]. 自然资源学报，28(1)：38-50.

郎奎建，李长胜，殷有，等，2000. 林业生态工程 10 种森林生态效益计量理论和方法[J]. 东北林业大学学报，28(1)：1-7.

李洪波，韦妮妮，2015. 城市湿地生态系统服务的空间流转过程研究——以泉州湾河口湿地为例[J]. 湿地科学，13(1)：98-102.

李金昌，1999. 要重视森林资源价值的计量和应用[J]. 林业资源管理 (5)：43-46.

李苗苗，2003. 植被覆盖度的遥感估算方法研究[D]. 北京：中国科学院遥感应用研究所.

李士美，谢高地，张彩霞，等，2010. 森林生态系统水源涵养服务流量过程研究[J]. 自然资源学报(4)：59-67.

李双成，王珏，朱文博，等，2014. 基于空间与区域视角的生态系统服务地理学框架[J]. 地理学报，69(11)：1628-1639.

李双成，郑度，张镱锂，2002. 环境与生态系统资本价值评估的区域范式[J]. 地理科学，22(3)：270-275.

李双权，苏德毕力格，哈斯，等，2011. 长江上游森林水源涵养功能及空间分布特征[J]. 水土保持通报，31(4)：62-67.

李亚娟，赵军，2012. 农畜产品虚拟水计算与虚拟水战略研究[J]. 人民黄河，34(12)：59-62.

刘璐璐，邵全琴，刘纪远，等，2013. 琼江河流域森林生态系统水源涵养能力估算[J]. 生态环境学报，22(3)：451-457.

刘思华，2014. 生态马克思主义经济学原理[M]. 修订版. 北京：人民出版社.

刘晓辉,吕宪国,姜明,等,2008. 湿地生态系统服务功能的价值评估[J]. 生态学报,28(11):5625-5631.

刘勇,王玉杰,王红霞,等,2014. 长江三峡库区6种退耕还林模式涵养水源与保育土壤效益及其价值估算[J]. 中国水土保持科学,12(6):50-58.

鲁春霞,谢高地,成升魁,2001. 河流生态系统的休闲娱乐功能及其价值评估[J]. 资源科学,23(5):79-83.

鲁春霞,于格,谢高地,等,2006. 高寒草地土壤保持功能的风洞模拟及其定量评估[J]. 自然资源学报,21(2):319-326.

吕晋,2009. 国外水源保护区的生态补偿机制研究[J]. 中国环保产业(1):64-67.

吕一河,胡健,孙飞翔,等,2015. 水源涵养与水文调节:和而不同的陆地生态系统水文服务[J]. 生态学报,35(15):252-257.

马超,常远,吴丹,等,2015. 我国水生态补偿机制的现状、问题及对策[J]. 人民黄河,37(4):76-80.

马雪华,胡星弼,1993. 亚热带杉木、马尾松人工林水文功能的研究[J]. 林业科学,29(3):199-206.

苗茜,黄玫,李仁强,2010. 长江流域植被净初级生产力对未来气候变化的响应[J]. 自然资源学报,25(8):1296-1305.

聂忆黄,龚斌,李忠,2010. 青藏高原水源涵养能力时空变化规律[J]. 地学前缘,17(1):373-377.

聂忆黄,龚斌,衣学文,2009. 青藏高原水源涵养能力评估[J]. 水土保持研究,16(5):210-213.

欧阳志云,符贵南,1996. 生态位适宜度模型及其在土地利用适宜性评价中的应用[J]. 生态学报,16(2):113-120.

欧阳志云,王如松,1999. 生态系统服务功能及其生态经济价值评价[J]. 应用生态学报,10(5):635-640.

乔旭宁,杨永菊,杨德刚,2011. 生态服务功能价值空间转移评价——以渭干河流域为例[J]. 中国沙漠,31(4):1008-1014.

冉瑞平,2007. 论完善退耕还林生态补偿机制[J]. 生态经济,1(5):299-301.

萨缪尔森,1991. 经济学[M]. 10版. 北京:商务印书馆.

邵全琴,樊江文,刘纪远,等,2016. 三江源生态保护和建设一期工程生态成效评估[J]. 地理学报,71(1):3-20.

石洪华,郑伟,陈尚,等,2007. 海洋生态系统服务功能及其价值评估研究[J]. 生态经济(3):139-142.

石培基,2004. 西部大开发的生态补偿机制与政策探讨[C]//生态保护与建设的补偿机制与政策国际研讨会议组. 生态补偿机制与政策设计国际研讨会论文集. 北京:中国环境科学出版社:89-95.

石垚,王如松,黄锦楼,等,2012. 中国陆地生态系统服务功能的时空变化分析[J]. 科学通报,57(9):720-731.

苏帆,张颖,2010. 森林涵养水资源价格计算方法的比较讨论[J]. 农村经济与科技(3):44-46.

孙刚,盛连喜,冯江,2000. 生态系统服务的功能分类与价值分类[J]. 环境与可持续发展,1(1):19-22.

孙新章，周海林，谢高地，2007. 中国农田生态系统的服务功能及其经济价值[J]. 中国人口·资源与环境，17(4)：55-60.

孙雪萍，王斌，刘某承，等，2016. 山东夏津黄河故道古桑树群生态系统服务功能分析及其对区域生态系统的影响(英文)[J]. 资源与生态学报(英文版)，7(3)：223-230.

孙艳红，张洪江，程金花，等，2006. 缙云山不同林地类型土壤特性及其水源涵养功能[J]. 水土保持学报，20(2)：106-109.

万军，张惠远，王金南，等，2005. 中国生态补偿政策评估与框架初探[J]. 环境科学研究，18(2)：1-8.

汪希，2016. 中国特色社会主义生态文明建设的实践研究[D]. 成都：电子科技大学.

王传胜，赵海英，孙贵艳，等，2010. 主体功能优化开发县域的功能区划探索——以浙江省上虞市为例[J]. 地理研究，29(3)：481-490.

王娇，2015. 基于生态服务系统视角下南疆农区复合模式效益评估[J]. 新疆农垦科技，38(12)：52-55.

王坤，何军，陈运帷，等，2018. 长江经济带上下游生态补偿方案设计[J]. 环境保护，46(5)：59-63.

王小刚，2003. 西部大开发生态环境保护与建设的利益补偿机制[J]. 天府新论，110(2)：40-42.

王晓学，沈会涛，李叙勇，等，2013. 森林水源涵养功能的多尺度内涵、过程及计量方法[J]. 生态学报，33(4)：1019-1030.

王原，陆林，赵丽侠，2014. 1976—2007 年纳木错流域生态系统服务价值动态变化[J]. 中国人口·资源与环境，24(11)：154-159.

吴钢，肖寒，赵景柱，等，2001. 长白山森林生态系统服务功能[J]. 中国科学：C辑　生命科学，31(5)：471-480.

肖寒，欧阳志云，赵景柱，等，2000. 森林生态系统服务功能及其生态经济价值评估初探[J]. 应用生态学报，11(4)：481-484.

肖玉，谢高地，安凯，2003. 莽措湖流域生态系统服务功能经济价值变化研究[J]. 应用生态学报，14(5)：676-680.

肖玉，谢高地，鲁春霞，等，2005. 稻田生态系统氮素转化经济价值研究[J]. 应用生态学报，16(9)：1740-1744.

肖玉，谢高地，鲁春霞，等，2016. 基于供需关系的生态系统服务空间流动研究进展[J]. 生态学报，36(10)：3096-3102.

谢高地，曹淑艳，2016. 生态补偿机制发展的现状与趋势[J]. 企业经济(4)：32-35.

谢高地，鲁春霞，冷允法，等，2003a. 青藏高原生态资产的价值评估[J]. 自然资源学报，18(2)：189-196.

谢高地，鲁春霞，肖玉，等，2003b. 青藏高原高寒草地生态系统服务价值评估[J]. 山地学报，21(1)：50-55.

谢高地，2012. 生态系统服务价值的实现机制[J]. 环境保护(17)：16-18.

谢高地，张彩霞，张雷明，等，2015. 基于单位面积价值当量因子的生态系统服务价值化方法改进[J]. 自然资源学报，30(8)：1243-1254.

谢高地，张钇锂，鲁春霞，等，2001. 中国自然草地生态系统服务价值[J]. 自然资源学报，16(1)：47-53.

谢高地，甄霖，鲁春霞，等，2008.一个基于专家知识的生态系统服务价值化方法[J].自然资源学报，23(5):911-919.

熊兴，储勇，2017.基于生态足迹的长江经济带生态补偿机制研究[J].重庆工商大学学报(自然科学版)，34(6):94-102.

徐翠，张林波，杜加强，等，2013.三江源区高寒草甸退化对土壤水源涵养功能的影响[J].生态学报，33(8):2388-2399.

徐子蒙，李广泳，周旭，等，2018.基于地理国情普查成果的生态系统服务价值核算方法[J].测绘学报，47(10):1396-1405.

薛达元，包浩生，李文华，1999.长白山自然保护区森林生态系统间接经济价值评估[J].中国环境科学，19(3):247-252.

阎水玉，王祥荣，2002.生态系统服务研究进展[J].自然资源学报，21(5):61-68.

杨光梅，2007.基于生态系统服务的生态补偿理论与实证研究——以内蒙古锡林郭勒草原为例[D].北京:中国科学院地理科学与资源研究所.

杨桂山，朱春全，蒋志刚，2011.长江保护与发展报告(2011)[M].武汉:长江出版社.

杨晓萌，2013.中国生态补偿与横向转移支付制度的建立[J].财政研究，2(8):19-23.

尹云鹤，吴绍洪，戴尔阜，2010.1971—2008年我国潜在蒸散时空演变的归因[J].科学通报，55(22):2226-2234.

余新晓，鲁绍伟，靳芳，等，2005.中国森林生态系统服务功能价值评估[J].生态学报，25(8):2096-2012.

虞孝感，2003.长江流域可持续发展研究[M].北京:科学出版社.

喻荣岗，左长清，杨洁，等，2007.红壤侵蚀区几种水土保持林水文效应研究[J].水土保持通报，27(6):194-198.

张彪，李文华，谢高地，等，2009.森林生态系统的水源涵养功能及其计量方法[J].生态学杂志，28(3):529-534.

张浩，赵志杰，谢金开，2011.近20年来乌鲁木齐河下游地区生态系统服务价值的动态变化[J].干旱区研究，28(2):341-348.

张惠远，万军，王金南，等，2004.西部生态补偿的现状评估及对策[C]//生态保护与建设的补偿机制与政策国际研讨会议组.生态补偿机制与政策设计国际研讨会论文集.北京:中国环境科学出版社:49-59.

张慧，李智，刘光，等，2016.中国城市湿地研究进展[J].湿地科学，14(1):103-107.

张明军，周立华，2004.对生态系统服务价值问题的思考[J].国土与自然资源研究(1):48-49.

张体操，乔琴，钟扬，2013.青藏高原生物资源开发的现状与前景[J].生命科学，25(5):446-450.

张文广，胡远满，张晶，等，2007.岷江上游地区近30年森林生态系统水源涵养量与价值变化[J].生态学杂志，26(7):1063-1067.

张志强，徐中民，程国栋，等，2001.中国西部12省(区市)的生态足迹[J].地理学报，56(5):599-610.

赵同谦，欧阳志云，郑华，等，2004.中国森林生态系统服务功能及其价值评价[J].自然资源学报，19(4):480-491.

周德成,罗格平,许文强,等,2010. 1960—2008年阿克苏河流域生态系统服务价值动态[J]. 应用生态学报,21(2):399-408.

左大康,许越先,1990. 中国北部地区水资源匮乏及缓解对策[C] // 中国地理学会水文专业委员会全国学术会议. 北京:中国地理学会水文专业委员会.

ALCAMO J, ASH N J, BUTLER C D, et al, 2003. Ecosystems and human well-being: a framework for assessment [M]. Washington DC: Island Press.

APAYDIN M S, BRUTLAG D L, GUESTRIN C, et al, 2003. Stochastic roadmap simulation: an efficient representation and algorithm for analyzing molecular motion[J]. Journal of Computational Biology, 10(3):257-281.

ASSESSMENT M E, 2005. Ecosystems and human well-being: multiscale assessments[M]. Washington D C:Island Press.

BAGSTAD K J, JOHNSON G W, VOIGT B, et al, 2013. Spatial dynamics of ecosystem service flows: a comprehensive approach to quantifying actual services[J]. Ecosystem Services (4): 117-125.

BANGASH R F, PASSUELLO A, SANCHEZ-CANALES M, et al, 2013. Ecosystem services in Mediterranean river basin: climate change impact on water provisioning and erosion control [J]. Science of the Total Environment, 458(4): 246-255.

BÁRBARA A, WILLAARTS, VOLK M, et al, 2012. Assessing the ecosystem services supplied by freshwater flows in Mediterranean agroecosystems[J]. Agricultural Water Management, 105(3):1-31.

BJÖRKLUND J, LIMBURG K E, RYDBERG T, 1999. Impact of production intensity on the ability of the agricultural landscape to generate ecosystem services: an example from Sweden [J]. Ecological Economics, 29(2): 269-291.

BOYD J, BANZHAF S, 2007. What are ecosystem services? The need for standardized environmental accounting units[J]. Ecological Economics, 63(2): 616-626.

BOYD J, WAINGER L, 2003. Measuring ecosystem service benefits: the use of landscape analysis to evaluate environmental trades and compensation[J]. Resources for the Future Discussion Paper:2-63.

BROUWER R, 2000. Environmental value transfer: state of the art and future prospects[J]. Ecological Economics, 11(3):137-152.

CALDER I R, 1998. Water use by forests, limits and controls[J]. Tree Physiology, 18(8): 625-631.

CANALS L M I, CHENOWETH J, CHAPAGAIN A, et al, 2009. Assessing freshwater use impacts in LCA: Part I-inventory modelling and characterisation factors for the main impact pathways[J]. The International Journal of Life Cycle Assessment, 14(1):28-42.

CARVALHEIRO L G, SEYMOUR C L, VELDTMAN R, et al, 2010. Pollination services decline with distance from natural habitat even in biodiversity-rich areas[J]. Journal of Applied Ecology, 47(4): 810-820.

CHAPMAN R W, MANCIA A, BEAL M, et al, 2011. The transcriptomic responses of the eastern oyster, Crassostrea virginica, to environmental conditions[J]. Molecular Ecology, 20(7):1431-1449.

COSTANZA R, D'ARGE R, DE GROOT R, et al, 1997. The value of the world's ecosystem services and natural capital[J]. Nature, 387(15): 253-260.

COSTANZA R, 2008. Ecosystem services: multiple classification systems are needed[J]. Biological conservation, 141(2): 350-352.

CUPERUS R, CANTERS K J, PIEPERS A A G, 1996. Ecological compensation of the impacts of a road. Preliminary method for the A50 road link (Eindhoven-Oss, The Netherlands)[J]. Ecological Engineering, 7(4):327-349.

DAILY G C, 1997. Nature's services: societal dependence on natural ecosystems[M]. Washington DC: Island Press.

DAILY G C, POLASKY S, GOLDSTEIN J, et al, 2009. Ecosystem services in decision making: time to deliver[J]. Frontiers in Ecology and the Environment, 7(1):21-28.

DE GROOT R S, ALKEMADE R, BRAAT L, et al, 2010. Challenges in integrating the concept of ecosystem services and values in landscape planning, management and decision making[J]. Ecological Complexity, 7(3):260-272.

DE GROOT R S, WILSON M A, BOUMANS R M, 2002. A typology for the classification, description and valuation of ecosystem functions, goods and services[J]. Ecological Economics, 41(3):393-408.

FISHER B, TURNER R K, MORLING P, 2009. Defining and classifying ecosystem services for decision making[J]. Ecological Economics, 68(3): 643-653.

FLEMING C M, COOK A, 2008. The recreational value of Lake McKenzie, Fraser Island: an application of the travel cost method[J]. Tourism Management, 29(6): 1197-1205.

GAO J, ZHAGN Y, 2014. Design of relay protection of transformer in substation in large WWTP[J]. China Water & Wastewater, 30(16):68-71.

GREEN M B, BAILEY A S, BAILEY S W, et al, 2013. Decreased water flowing from a forest amended with calcium silicate[J]. Proceedings of the National Academy of Sciences, 110(15): 5999-6003.

GUO H, ADHIKARY D P, CRAIG M S, et al, 2009. Simulation of mine water inflow and gas emission during longwall mining[J]. Rock Mechanics & Rock Engineering, 42(1):25-51.

GUTMAN G, IGNATOV A, 1998. The derivation of the green vegetation fraction from NOAA/AVHRR data for use in numerical weather prediction models[J]. International Journal of Remote Sensing, 19(8): 1533-1543.

HADDADIN M J, 2001. Water scarcity impacts and potential conflicts in the MENA region[J]. Water International, 26(4):460-470.

HAINES-YOUNG R, POTSCHIN M, 2010. Proposal for a common international classification of ecosystem goods and services (CICES) for integrated environmental and economic accounting[M]. Nottingham: European Environment Agency.

HE B, WU J, AIFENG L, et al, 2013. Quantitative assessment and spatial characteristic analysis of agricultural drought risk in China[J]. Natural Hazards, 66(2):155-166.

HOEKSTRA A Y, 2009. Human appropriation of natural capital: a comparison of ecological footprint and water footprint analysis, Ecological Economics,68(7): 1963-1974.

HOYER R, CHANG H, 2014. Assessment of freshwater ecosystem services in the Tualatin and Yamhill basins under climate change and urbanization[J]. Applied Geography, 53(3): 402-416.

HUTCHINSON M F, 1995. Interpolating mean rainfall using thin plate smoothing splines[J]. International Journal of Geographical Information Systems, 9(4):385-403.

JIANG X Q, CHLOE B, et al, 2016. Spatial fit between water quality policies and hydrologic ecosystem services in an urbanizing agricultural landscape[J]. Landscape Ecology, 32(3): 59-75.

KAREIVA P, TALLIS H, RICKETTS T H, et al,2011. Natural capital: theory and practice of mapping ecosystem services[M]. Oxford: Oxford University Press.

KOCH, EVAMARIA W, BARBIER E B, et al, 2009. Non linearity in ecosystem services[J]. Frontiers in Ecology and the Environment, 7(1):29-37.

KREUTER U P, HARRIS H G, MATLOCK M D, et al,2001. Change in ecosystem service values in the San Antonio area, Texas[J]. Ecological Economics, 39(3):333-346.

KUNDHLANDE G, ADAMOWICZ W, MAPAURE I, 2000. Valuing ecological services in a savanna ecosystem: a case study from Zimbabwe[J]. Ecological Economics,33(3):401-412.

LING Y, FAN L K, MIN X I, et al, 2017. Ecosystem services assessment of wetlands in Qingdao based on meta-analysis[J]. Chinese Journal of Ecology, 36(4):1038-1046.

LIU J L,XU S H, et al, 2002. Applicability of fractal models in estimating soil water retention characteristics from particle-size distribution data[J]. Pedosphere,12(4):14-21.

LOCATELLI B, PABLO I,RAFFAELE V,et al, 2011. Ecosystem services and hydroelectricity in Central America: modelling service flows with fuzzy logic and expert knowledge[J]. Regional Environmental Change,11(2):393-404.

MAASS J M,BALVANERA P,CASTILLO A,et al,2005. Ecosystem services of tropical dry forests: insights from long-term ecological and social research on the Pacific Coast of Mexico [J]. Ecology and Society,10(1):259-277.

MASSE D, CAMBIER C, BRAUMAN A, et al, 2007. MIOR: an individual-based model for simulating the spatial patterns of soil organic matter microbial decomposition[J]. European Journal of Soil Science, 58(5):1127-1135.

MAURER M, ESCHER B I, RICHLE P, et al, 2007. Elimination of β-blockers in sewage treatment plants[J]. Water Research, 41(7):1614-1622.

MILLENNIUM ECOSYSTEM ASSESSMENT, 2003. Ecosystems and human wellbeing: a framework for assessment[M]. Washington DC:Island Press.

MILLENNIUM ECOSYSTEM ASSESSMENT, 2005. Ecosystems and human well-being: synthesis[R]. Washington DC: World Resources Institute.

NAHLIK A M, KENTULA M E, FENNESSY M S,et al, 2012. Where is the consensus? A proposed foundation for moving ecosystem service concepts into practice[J]. Ecological Economics(77):27-35.

PAGIOLA S, BISHOP J, LANDELL-MILLS N, 2002. Selling forest environmental services [M]New York: Earthscan.

PALOMO I, MARTÍN-LÓPEZ B, POTSCHIN M, et al, 2013. National parks, buffer zones and surrounding lands: mapping ecosystem service flows[J]. Ecosystem Services, 4: 104-116.

PEEL J S, STEIN M, 2009. A new arthropod from the lower Cambrian Sirius Passet Fossil-Lagerstätte of North Greenland[J]. Bulletin of Geosciences, 84(4):625-630.

PER-ERIK, JANSSON, 1999. Simulated evapotranspiration from the Norunda forest stand during the growing season of a dry year[J]. Agricultural & Forest Meteorology, 98(3): 621-628.

PETERS C M, GENTRY A, MENDELSOHN R O, 1989. Valuation of an amazonian rainforest [J]. Nature, 339(6227): 655-656.

PORRAS I T, LANDELLMILLS N, 2005. Silver bullet or fools' gold Peluru perak atau emas loyang: a global review of markets for forest environment services and their impacts on the poor[J].

PROCHNOW L I, CHIEN S H, CARMONA G, et al, 2008. Plant availability of phosphorus in four superphosphate fertilizers varying in water-insoluble phosphate compounds[J]. Soil Science Society of America Journal, 72(2):462-470.

RADFORD K, JAMES P, 2011. Changes in the values of ecosystem services along a rural-urban gradient[J]. Landscape and Urban Planning, 109(1): 117-127.

RICHTER M, ULRIKE W, 2012. Applied Urban Ecology[M]. New Jersey: Wiley-Blackwell.

ROMAIN G, ZAHRA K, VLADIMIR C, et al, 2017. Distinction, quantification and mapping of potential and realized supply-demand of flow-dependent ecosystem services[J]. Science of the Total Environment, 593(1):599-609.

RUHL J B, KRAFT S E, LANT C L, 2007. The law and policy of ecosystem services[M]. Washington: Island Press.

SEMMENS D J, DIFFENDORFER J E, LÓPEZ-HOFFMAN L, et al, 2011. Accounting for the ecosystem services of migratory species: quantifying migration support and spatial subsidies[J]. Ecological Economics, 70(12): 2236-2242.

SERNA-CHAVEZ H M, SCHULP C J E, VAN BODEGOM P M, et al, 2014. A quantitative framework for assessing spatial flows of ecosystem services[J]. Ecological Indicators, 39(2): 24-33.

SPASH C L, VATN A, 2006. Transfering environmental value esti-mates: isues and alternatives [J]. Ecological Economics, 60(3):379-388.

STEINWAND A, L, et al, 2006. Water balance for Great Basin phreatophytes derived from eddy covariance, soil water, and water table measurements[J]. Journal of Hydrology Amsterdam, 329(4):596-605.

SWETNAM R, FISHER B, MBILINYI B, et al, 2011. Mapping socio-economic scenarios of land cover change: a GIS method to enable ecosystem service modelling[J]. Journal of Environmental Management, 92(3): 563-574.

SYRBE R U, WALZ U, 2012. Spatial indicators for the assessment of ecosystem services: providing, benefiting and connecting areas and landscape metrics[J]. Ecological Indicators (21):80-88.

TALLIS H, KAREIVA P, MARVIER M, et al, 2008. An ecosystem services framework to support both practical conservation and economic development[J]. Proceedings of the National Academy of Sciences, 105(45): 9457-9464.

TRENBERTH, JONES, AMBENJE, et al, 2007. Observations: surface and atmospheric climate change[M] // Climate change 2007: the physical science basis. Contribution of Working Group I to the Fourth Assessment Report of the Intergovernmental Panel on Climate Change. Cambridge: Cambridge University Press.

TROY A, WILSON M A, 2006. Mapping ecosystem services: practical challenges and opportunities in linking GIS and value transfer[J]. Ecological Economics, 60(2):435-449.

TURNER W R, BRANDON K, BROOKS T M, et al, 2012. Global biodiversity conservation and the alleviation of poverty[J]. BioScience, 62(1):85-92.

UNEP, 1993. Environmental data report 1993-94[R]. Nairobi: UNEP.

VIGERSTOL K, 2011. Water sustainability risk assessment, part 2: primary and secondary effects[J]. American Water Works Association Journal, 103(3):20-23.

VIGLIZZO E F, FRANK F C, 2006. Land-use options for Del Plata Basin in South America: tradeoffs analysis based on ecosystem service provision[J]. Ecological Economics, 57(1): 140-151.

WALLACE K J, 2007. Classification of ecosystem services: problems and solutions[J]. Biological conservation, 139(3): 235-246.

WALL D H, 2004. Sustaining biodiversity and ecosystem services in soils and sediments [M]. Washington DC: Island Press.

WANG S Z, ZHAGN T, 2008. Characteristics and Prevention Countermeasures of Chinese Rural Water Pollution[J]. China Water & Wastewater, 18(1):1-4.

WEI R, GE F, HUANG S, et al, 2011. Occurrence of veterinary antibiotics in animal wastewater and surface water around farms in Jiangsu Province, China[J]. Chemosphere, 82 (10): 1408-1414.

WESTMAN W E, 1977. How much are nature's services worth? [J]. Science, 197(4307): 960-964.

WILLIAM D S, ARILD A, BRIAN B, et al, 2005. Livelihoods, forests, and conservation in developing countries: an overview[J]. World Development, 33(9):1383-1402.

ZHANG B, LI W, XIE G, 2010. Ecosystem services research in China: progress and perspective[J]. Ecological Economics, 69(7): 1389-1395.

附　录

附表 1～附表 15 为长江经济带各地区的水资源涵养情况汇总。

附表 1　长江经济带各地区流经河段分析与区位、水资源情况汇总

序号	地区	省份	干流	涉及主要支流	区位及水资源情况
1	安庆	安徽	长江下游		处于长江下游平原，支流甚为发育。北岸计有二郎河等 12 条支流，大多与湖泊相串通，从东南向流动，注入长江；南岸计有尧渡河至青通河等 6 条支流，呈南北流向，注入长江。此外，龙泉河、鹰山河向南注入江西省鄱阳湖和太白湖。发源于岳西县境的淠河向北注入淮河，杭埠河向东注入巢湖
2	蚌埠		淮河		地表水以淮河为主，另北有北淝河，西南有天河，西有八里沟，东有龙子河、鲍家沟等小水系，小水系除北淝河外，均为河湖结合类型，河短，水流量小，干旱年份常见断流。蚌埠地下水基本上属入渗蒸发型，周围地形产生的侧面补给量很小，地下水静储量约 3.2×10^8 m^3。淮河南岸属贫水区，北岸属富水区。地下水蕴藏类型可分为第四系全新世孔隙水和基岩裂隙水两种
3	亳州		淮河		亳州市辖区内流域面积 10 km^2 以上河道 367 条，50 km^2 以上河道 72 条，100 km^2 以上河道 42 条，分属淮河水系和洪泽湖水系。主要干流河道有涡河、西淝河、茨淮新河、北淝河、茨河等
4	巢湖		长江下游		长江流经巢湖市 182 km，芜湖长江大桥和铜陵长江大桥横跨长江天堑

续表

序号	地区	省份	干流	涉及主要支流	区位及水资源情况
5	池州	安徽	长江下游		东接铜陵，南邻黄山，北与安庆隔江相望，西望庐山，与江西九江、景德镇、上饶市毗邻。长江流经池州 145 km，岸线长 162 km，上起江西省彭泽县接壤的东至县牛矶，下讫铜陵市交界的青通河口。境内有三大水系十条河流，长江水系有尧渡河、黄湓河、秋浦河、白洋河、大通河、九华河；青弋江水系有清溪河、陵阳河、喇叭河；鄱阳湖水系有龙泉河
6	滁州		长江下游、淮河		长江下游北岸，市境地跨长江、淮河两大流域，境内河流分属三大水系，即淮河干流水系、滁河水系和高邮湖水系
7	阜阳		淮河		位于黄淮海平原南端，淮北平原西部，安徽省西北部。境内河流均属淮河水系。阜阳市北部与黄河决口扇形地相连，南部与江淮丘岗区隔淮河相望
8	合肥		长江下游、淮河		地处中国华东地区、江淮之间，环抱巢湖
9	淮北		淮河		位于“长三角城市群”“淮海经济区”，属于淮河流域
10	淮南		淮河		地处长江三角洲腹地，淮河之滨。淮南市境位于淮河流域，最大的地表水为淮河
11	黄山		长江下游、钱塘江		黄山市的主要河流为新安江，属于钱塘水系。除新安江以外，黄山市境内还有发源于黄山北坡的青弋江，北流入长江，发源于黄山南坡西段的阊江，南流入鄱阳湖，均属长江水系
12	六安		长江下游、淮河		位于安徽省西部，处于长江与淮河之间
13	马鞍山		长江下游		位于长江下游南岸、安徽省东部，东临石臼湖与江苏溧水县和高淳县交界；西濒长江与和县相望，南与芜湖市郊、芜湖县、宣城市接壤；北与江苏省南京市江宁区毗连，具有临江近海，紧靠经济发达的长江三角洲的优越地理位置。马鞍山境内均属长江水系

续表

序号	地区	省份	干流	涉及主要支流	区位及水资源情况
14	宿州	安徽	淮河		宿州市属淮河流域，全市有主要河道 70 多条，分别属于黄河、淮河水系。较大的河流有浍河、沱河、解河、濉河、奎河、萧濉新河、新汴河、废黄河、闸河、萧濉引河、阎河、孤山河、灌沟河、股河、唐河、浍解河、方河、新河、郎溪河、欧河、新霞河、倒流河、洪河、减河、洪减河、大沙河、王引河、龙河、积谷河、岱河、利民河、湘西河、毛河、港河、萧濉运河、三龙支河、石梁河、龙河、潼河、老濉河、小黄河、小凄河、新濉河、新沱河
15	铜陵		长江下游		市境内的地表水主要是长江铜陵段，有 55 km
16	芜湖		长江下游		地处长江下游，流经芜湖市的河流，以长江芜湖段为主干构成了一个较为完整的水系。长江芜湖段又称芜裕河道，长约 24 km，右岸有青弋江在市南宝塔处注入长江，左岸裕溪河在裕溪口附近注入长江，扁担河系青弋江、水阳江在芜湖县清水镇汇合后的一个分支，流经市郊东侧在当涂县大桥镇附近注入长江
17	宣城		长江下游、钱塘江		宣城境内河流属长江流域和钱塘江流域。长江流域有青弋江、水阳江和太湖三大水系，钱塘江流域有新安江和天目溪两大水系
18	重庆	重庆	长江上游	嘉陵江、乌江、涪江	主要河流有长江、嘉陵江、乌江、涪江、綦江、大宁河、阿蓬江、西水河等。长江干流自西向东横贯全境，流程长达 665 km，横穿巫山三个背斜，形成著名的瞿塘峡、巫峡和湖北的西陵峡，即举世闻名的长江三峡；嘉陵江自西北而来，三折于渝中区入长江，乌江于涪陵区汇入长江，有沥鼻峡、温塘峡、观音峡，即嘉陵江小三峡
19	安顺	贵州	长江上游、珠江	乌江、北盘江	长江水系乌江流域和珠江水系北盘江流域的分水岭地带，是世界上典型的喀斯特地貌集中地区

续表

序号	地区	省份	干流	涉及主要支流	区位及水资源情况
20	毕节	贵州	长江上游、珠江	乌江、北盘江、赤水河	长江珠江之屏障，西邻云南，北接四川，是乌江、北盘江、赤水河发源地。毕节市全市河长大于10 km的河流有193条，分别流入乌江、赤水河、北盘江、金沙江四大水系。属长江流域乌江水系的主要干流有偏岩河、野济河、六冲河、三岔河；属赤水河水系的有赤水河；属金沙江水系的有牛栏江、白水河；属珠江流域的有北盘江上游的可渡河。市境内属长江流域的流域面积2.56万km^2，属珠江流域的流域面积1 239 km^2，分别占全市总面积的95.39%、4.61%。其中乌江水系流域面积1.78万km^2，金沙江水系流域面积4 901 km^2，赤水河系流域面积2 943 km^2，分别占总面积的66.2%、18.3%、10.9%
21	贵阳		长江上游、珠江	乌江、蒙江	贵阳处于长江水系与珠江水系的分水岭地带。以花溪区桐木岭为界，桐木岭以南的河流属珠江水系，以北的河流属长江水系。贵阳市域境内10 km以上河流共98条，其中长江流域90条，珠江流域8条，主要河流有长江水系的乌江、南明河、猫跳河、鸭池河、暗流河、鱼梁河、谷撒河、息烽河和洋水河及珠江水系的蒙江
22	六盘水		长江上游、珠江		六盘水地处滇、黔两省接合部，长江、珠江上游分水岭，南盘江、北盘江流域两岸
23	黔东南苗族侗族自治州		长江上游、珠江		黔东南苗族侗族自治州境内有大小河流2 900多条，以清水江、舞阳河、都柳江为主干，呈树枝状展布于各地。河流分属两个水系，苗岭以北的清水江、舞阳河属长江水系，苗岭以南的都柳江属珠江水系。清水江自西向东流经丹寨、麻江、凯里、黄平、施秉、台江、剑河、锦屏、天柱9县、市，州境河道长376 km，流域面积14 769 km^2。舞阳河自西向东流经黄平、施秉、镇远、岑巩4县，州境河道长166 km，流域面积为5 106 km^2。都柳江自西向东南流经榕江、从江2县，州境河道长141 km，流域面积为8 803 km^2

续表

序号	地区	省份	干流	涉及主要支流	区位及水资源情况
24	黔南布依族苗族自治州	贵州	长江上游、珠江		河流较多，全州有中、小河流 117 条，河网密度为 20.2 km/km^2。河流主要有大气降水补给，属雨型山区河流，年总产水量 327.7×10^8 m^3，径流量 760×10^8 m^3，其中，地下水补给 17×10^8 m^3，占 10.8%；境外河流经本州的过境水量 616×10^8 m^3，珠江流域 416×10^8 m^3，长江流域 200×10^8 m^3
25	黔西南布依族苗族自治州	贵州	珠江	南盘江、北盘江、红水河	境内河流均属珠江流域，州境内共有河长 10 km 以上、流域面积大于 20 km^2 的河流 103 条，南盘江、北盘江、红水河是州内 3 条较大的江河
26	铜仁	贵州	长江上游	沅江、乌江	境内水流属长江流域的沅江水系和乌江水系，其中沅江水系流域面积 6 879 km^2，占 38.2%；乌江水系流域面积 11 124 km^2，占 6.8%。境内河流均属山区雨源型，由降水补给形成地表径流
27	遵义	贵州	长江上游	乌江、赤水河和綦江	遵义市河流以大娄山山脉为分水岭，把遵义市河流分为乌江、赤水河和綦江三大水系，均属长江流域
28	恩施土家族苗族自治州	湖北	长江上游	清江	全州流域面积大于 100 km^2 的河流 45 条；大于 1 000 km^2 的河流有清江、酉水、沿渡河、溇水、唐岩河、郁江、忠建河（又名贡水河）、马水河、野三河，这 9 条河流在州境总长度 1 154 km，总流域面积 21 801 km^2。全州水资源总量为 299.8×10^8 m^3。根据多年实测和 12 个径流站年径流资料（按 8 个区划分）计算得出，全州平均年径流量为 233.63×10^8 m^3。本州岩溶发育强烈，暗河伏流多，地下水储量丰富，类型为裂隙岩溶水，储量 64×10^8 m^3，占全州水资源总量的 21.4%
29	鄂州	湖北	长江中游		滨于长江中游南岸
30	黄冈	湖北	长江中游		黄冈市水资源总量为 111.08×10^8 m^3，水能资源蕴藏量 46.4 万千瓦，其中可开发的水能资源 34.8 万千瓦，年发电量 9.6 亿千瓦时。长江过境容水量 7 200×10^8 m^3，可供沿江利用

续表

序号	地区	省份	干流	涉及主要支流	区位及水资源情况
31	黄石	湖北	长江中游		长江中游南岸，东北临长江，与黄冈市隔江相望，境内有长江自北向东流过，北起与黄石接址的鄂州市杨叶乡艾家湾，下迄阳新县上巢湖天马岭，全长 76.87 km。市境内由富水水系、大冶湖水系、保安湖水系及若干干流、支流和 258 个大小湖泊组成本地区水系。最大的水系为阳新境内的富水水系。富水河发源于通山，由西向东，流入长江，全长 196 km，流域面积 5 310 km^2，在市境内河段长 81 km，流域面积 2 245 km^2。大冶湖水系流域面积 1 339 km^2，保安湖水系流域面积 570 km^2。市境内河港纵横，湖泊、水库星罗棋布，大小河港有 408 条，其中 5 km 以上河港有 146 条，总河长 1 732 km
32	荆门		长江中游	汉江	汉江中下游，境内水系发达，河流湖泊众多，溪泉库渠纵横，形成四大水系。东为府澴河水系，流域面积 372.2 km^2，占全市国土总面积的 3%；南为长湖水系，流域面积 1 998 km^2，占全市国土总面积的 16%；西为漳河水系，流域面积 671.8 km^2，占全市国土总面积的 5%；中为汉江水系，流域面积 9 362 km^2，占全市国土总面积的 76%
33	荆州		长江中游		长江中游、江汉平原腹地，全市有大小河流近百条，均属长江水系，主要有长江干流及其支流松滋河、虎渡河、藕池河、调弦河等。荆州湖泊众多，全市有千亩以上湖泊 30 多个，总面积 8 万 hm^2，其中洪湖为湖北省第一大湖，总面积 3.5×10^4 hm^2，长湖次之，总面积 1.2×10^4 hm^2
34	潜江		长江中游	汉江、东荆河	位于湖北省中部江汉平原，北依汉水，南临长江，地处汉江下游，跨东荆河与上、下西荆河两岸，汉江、东荆河等长江支流贯穿全境

续表

序号	地区	省份	干流	涉及主要支流	区位及水资源情况
35	神农架	湖北	长江中游	汉江	湖北长江和汉江的分水岭。神农架林区共有四大水系，分为香溪河、沿渡河、南河、堵河四大流域，境内有大小河流 317 条，其中超过 1 000 km^2 的河流 1 条。神农架的水能资源十分丰富，年平均降水总量为 36.44×10^8 m^3，多年年平均径流总量为 22.004×10^8 m^3，水资源总量为 22×10^8～25×10^8 m^3，年人均占有水资源 13 591 m^3
36	十堰	湖北	长江中游	汉江	汉江中上游地区，汉江是十堰市过境河流，流经郧西、郧县和丹江口市，过境长度 216 km，平均汇入丹江口水库的水量达 262×10^8 m^3。入库汉水转变为巨大的电能送往华中大地，灌溉湖北、河南两省 350 万亩良田
37	随州	湖北	长江中游、淮河		地处长江流域和淮河流域的交汇地带，随州市河流众多，有名常流河 139 条，无名小溪不可尽数。按其所归，可分为四大流域：府河流域，占全市流域面积的 79.4%；淮河流域，约占全市流域面积的 10%；汉水流域，占全市流域面积的 7.5%；漳水流域，占全市流域面积的 3.1%。有涢水、淮河、漳河、大富水等河。主要支流是溦水、漂水、溠水、均水、浪河、刘家河、长安河、清水河、游河、四十里冲河、三夹河等
38	天门	湖北	长江中游	汉江	门市河流流域面积达 50 km^2 的河流 38 条，河道总长 1 014.15 km，逐步形成了现今的几大河流，即汉江、上天门河、下天门河和汉北河。天门市位于汉江下游，境内湖泊众多，面积 100 亩以上的 45 个，湖泊总面积达 37.38 km^2。大多分布在丘陵平岗与平原湖区的交接地带，跨市界湖泊 1 个：肖严湖（跨天门市、孝感市）；城中湖泊 4 个：东湖、西湖、北湖、鬼湖。其中水位面超过 1 km^2 的有陈家湖、张家大湖、石家湖等，以张家大湖最大，水面面积 6.17 km^2

续表

序号	地区	省份	干流	涉及主要支流	区位及水资源情况
39	武汉	湖北	长江中游		武汉地处长江中下游平原，江汉平原东部，江河纵横、湖港交织，长江、汉水交汇于市境中央，且接纳南北支流入汇，众多大小湖泊镶嵌在大江两侧，形成湖沼水网
40	襄樊		长江中游、淮河	汉江、沮漳河	位于湖北省西北部，汉江中游平原腹地。境内有大小河流 600 多条，分属长江、淮河两大水系，其中属长江水系的汉江、沮漳河两大河流流域面积为襄阳市河流流域总面积的绝大部分。年均径流总量约 $85\times10^8\ m^3$，正常年过境水量约 $400\times10^8\ m^3$
41	咸宁		长江中游		长江中游南岸，咸宁市境内有富水、陆水、金水、黄盖湖四大水系，湖泊面积 30 hm^2 以上大小湖泊 19 个，总湖容 $31.523\times10^8\ m^3$，主要湖泊有西梁湖、斧头湖、黄盖湖、大岩湖和密泉湖。河流 246 条，长江自西向东经螺山而下，流经赤壁市、嘉鱼县环绕簰洲湾经上沙伏，入武汉市江夏区向东流去，境内长 138 km。全市地表水资源 $79.455\times10^8\ m^3$，地下水资源量 $24.49\times10^8\ m^3$。全市有大小泉眼 18 244 处，仅在温泉城区的月亮湾就有 14 处泉眼。流量在 0.1 m^3/s 以上的就有 997 处。全市共成地热井约 60 口，平均日开采量约 30 000 m^3
42	仙桃		长江中游	汉江、东荆河、通顺河、通州河	江汉平原中心城市，仙桃市境内河湖密布。截至 2011 年，共有大小河流、沟渠 1 329 条，长 4 500 km。其中自然河流 14 条，包括汉江、东荆河、通顺河、通州河等，汉江过境长度 91.2 km，东荆河过境长度 103.34 km，流域面积 2 520 km^2；人工开挖的电排河 5 条，包括排湖电排河、沙湖电排河、保丰电排河、杨林尾电排河、周帮电排河。现有垸内湖泊 12 个，围堤固定湖区 4.37 km^2，泛湖泊 3 个，面积 15.5 km^2
43	孝感		长江中游	汉江	湖北省东北部，长江以北，汉江之东

续表

序号	地区	省份	干流	涉及主要支流	区位及水资源情况
44	宜昌	湖北	长江上中游分界	清江水系、洞庭湖水系和澧水水系	宜昌水系均属长江流域，可分为长江上游干流水系、长江中游水系以及清江水系、洞庭湖水系和澧水水系等五大水系。除长江、清江干流外，集雨面积在 30 km^2 以上的境内河流有 164 条，占境内集雨面积的 91.5%。河流总长 5 089 km，河网密度 0.24 km/km^2。集雨面积大于 300 km^2 的一级支流 14 条、其中大于 1 000 km^2 的有 4 条（沮漳河、黄柏河、香溪河、渔洋河等）
45	常德	湖南	长江中游	洞庭湖水系、沅江和澧水	地处长江中游洞庭湖水系、沅江下游和澧水中下游及武陵山脉、雪峰山脉东北端
46	长沙	湖南	长江中游	湘江、资江	地处湖南省东部偏北，湘江下游、湘浏盆地西缘，长沙市的河流大都属湘江水系，除了湘江外，还有汇入湘江的支流有 15 条，主要有浏阳河、捞刀河、靳江河和沩水河。支流河长 5 km 以上的有 302 条，其中湘江流域 289 条。按支流分级：一级支流 24 条，二级支流 128 条，三级支流 118 条，四级支流 32 条。另有 13 条属资江水系，形成相当完整的水系，河网密布。长沙水文特征：水系完整，河网密布；水量较多，水能资源丰富；冬不结冰，含沙量少
47	郴州	湖南	长江中游、珠江	赣江、湘江和北江	位于湖南省东南部，地处南岭山脉与罗霄山脉交错、长江水系与珠江水系分流的地带。郴州全市分属长江和珠江两大流域，三大水系，即赣江、湘江和北江。属长江流域面积为 15 718.8 km^2，属珠江流域面积为 3 674.5 km^2。境内河流发育，成放射状密布。集雨面积大于 10 km^2 的河流有 423 条，大于 50 km^2 的河流 127 条，大于 100 km^2 的河流 62 条，大于 500 km^2 的河流 13 条，大于 1 000 km^2 的河流 6 条

续表

序号	地区	省份	干流	涉及主要支流	区位及水资源情况
48	衡阳	湖南	长江中游	湘江	湘江中游，衡阳境内有河长 5 km 或流域面积 10 km^2 以上的江河溪流 393 条，总境长达 8 355 km，河网密度为 20.55 km/km^2。发源于广西兴安的湘江干流，自归阳镇清塘入境，依次流经祁东、衡南、常宁、市区、衡阳县、衡山和衡东，从衡东和平村出境，境内长 226 km，占湘江里程的 39.7%。境内流域面积在 3 000 km^2 以上的湘江一级支流有舂陵水、蒸水、耒水、洣水。湘江是湖南最大的河流，全长 856 km，流域面积 94 660 km^2
49	怀化		长江中游		怀化古称“五溪之地”。狭义的五溪指湖南省怀化市。其境内重要的支流有酉水、辰水、溆水、舞水和渠水。广义的五溪即沅水上游的五大支流
50	娄底		长江中游	湘江	娄底境内溪水奔流，河网密布，水系完整，水量充沛。娄底市主要河流有：东部涟水，为湘江中游一大支流，源于新邵观音山，自西向东，流经涟源市、娄星区、双峰县，经湘乡至湘潭县河口入湘江，境内全长 85.85 km，沿途纳孙水、湄江、测水等 1～4 级支流 89 条，控制流域面积 3 906 km^2。西部资水，由南向北，流经冷水江、新化。经安化柘溪，过益阳注入洞庭湖，贯穿境内西半部，区内流程 112 km，有 1～4 级支流 100 条，控制流域面积 3 985 km^2
51	邵阳		长江中游	资江、沅江	邵阳市境内溪河密布，有 5 km 以上的大小河流 595 条，分属资江、沅江、湘江与西江四大水系，主要是资江水系。资江干流两源逶迤，支派纵横，自西南向东北呈“Y”形流贯全境，流域面积遍及市辖 9 县 3 区。巫水源出城步，横贯绥宁，西入沅江，为境内西南部的主要水道。资江及其支流邵水流经市区，把市区一分为三，因此后来划分为三个区

续表

序号	地区	省份	干流	涉及主要支流	区位及水资源情况
52	湘潭	湖南	长江中游		湘潭市属湘江水系。区内地表水系发育，有涓水、涟水河为主要支流。涓水起源于双峰县马鞍山一带，河宽 70～100 m；涟水为湘江一级支流，流经涟源、娄底、湘乡，于湘潭河口注入湘江；湘江位于市域东部，总体上水流平缓。地表水体较大的有水府庙水库，是娄底市城区主要供水水源地，也是韶山灌渠的供水地，属于省级湿地保护区。此外有花石、瓦叶塘、上石坝等小型水库
53	湘西土家族苗族自治州	湖南	长江中游	澧水	酉水中游和武陵山脉中部，境内有酉水、沅水、澧水、武水等多条水系，河网星罗棋布，纵横交错，年平均径流量达 $132\times10^8 m^3$。境内岩溶地下水资源丰富，总量约为 $27.37\times10^8 m^3$，占年总水资源量的 20.6%，并且地下水与地表水相互转化，对水质有很好的净化作用
54	益阳	湖南	长江中游		位于长江中下游平原的洞庭湖南岸
55	永州	湖南	长江中游、珠江	资江	位于湖南省南部，潇、湘二水汇合处，故雅称“潇湘”，永州市共有大小河流 733 条，总长 10 515 km。境内河流受地形地貌及构造断裂带的控制，大都呈由南向北或自西向东的走向，并分为三个水系：一是湘江水系，包括境内主要河流，流域面积为 21 464 km^2，占永州市总面积的 96.09%。二是珠江水系，主要是江永桃川、江华河路口一带及蓝山的一部分小河，流域面积为 77.8 km^2。三是资江水系，只有东安南桥、大盛部分地方的小河属之，流域面积为 101.3 km^2。永州主要河流有湘江、潇水、宁远河、泠江、白水、祁水、舂陵水、永明河等

续表

序号	地区	省份	干流	涉及主要支流	区位及水资源情况
56	岳阳	湖南	长江中游	资江、沅江、澧水	位于江南洞庭湖之滨，依长江、纳三湘四水，江湖交汇，岳阳市水系发达，湖泊星罗棋布，河流网织，有大小湖泊 165 个，280 多条大小河流直接流入洞庭湖和长江。洞庭湖是长江中游最重要的调蓄湖泊，湖泊面积 2 691 km^2，总容积 $170\times10^8 m^3$，分为东、西、南洞庭湖。岳阳市境内洞庭湖面积约 1 328 km^2。东洞庭湖是洞庭湖泊群落中最大、保存最完好的天然季节性湖泊，占洞庭湖总水面的 49.35%，其水面大部分位于岳阳境内。在洞庭湖周边，沿东、南、西、北 4 个方向，分别有新墙河、汨罗江、湘江、资江、沅江、澧水、松滋河、虎渡河、藕池河等九条大中江河入湖，形成以洞庭湖为中心的辐射状水系，也被称“九龙闹洞庭”。其中前六条统称为“南水”，后三条统称为“北水”，南、北两水在洞庭湖“九九归一”于城陵矶汇入长江。岳阳市长 5 km 以上河流有 273 条，流域面积 100 km^2 的河流有 27 条，流域面积 2 000 km^2 以上的河流有两条：汨罗江发源于通城、修水、平江交界的黄龙山脉，长 253 km，流域面积 5 543 km^2；新墙河长 108 km，流域面积 2 370 km^2。黄盖湖位于湘鄂交界处，全流域面积 1 552.8 km^2，在岳阳市境内有 1 377.8 km^2
57	张家界		长江中游	澧水	张家界市境内溪河纵横，水系以澧水和溇水为主，澧水干流在桑植县南岔以上有北、中、南三源
58	株洲		长江中游		湘江下游，株洲市域的河流长度 5 km 以上的 341 条，30 km 以上的 19 条，100 km 以上的 7 条，均属湘江水系。湘江干流在株洲市域内全长 89.6 km，占湘江总长的 10.46%。市域内湘江一级支流较大的有渌水、渌水；湘江二级支流长度在 100 km 以上的有洮水、攸水、澄潭江、铁水等 4 条

续表

序号	地区	省份	干流	涉及主要支流	区位及水资源情况
59	常州	江苏	长江下游南岸		常州地处长江下游南岸，太湖流域水网平原，位于江苏省南部，长江三角洲中心地带，北携长江，南衔太湖，东望东海，与上海、南京、杭州皆等距相邻，扼江南地理要冲，与苏州、无锡联袂成片
60	淮安		长江下游、淮河		位于江苏省中北部，江淮平原东部
61	连云港		淮河		连云港水系基本属于淮河流域沂沭泗水系，沂沭地区的主要排洪河道新沂河、新沭河等均从市内入海，故有“洪水走廊”之称。境内还有玉带河、龙尾河、兴庄河、青口河、锈针河、柴米河、蔷薇河、善后河、盐河等大小干支河道40余条，有17条为直接入海河流，有盐河等河直接与运河及长江相通。连云港共有水库168座，其中石梁河、小塔山、安峰山水库较大
62	南京		长江下游		位于长江下游中部地区，南京水域面积达11%以上，有秦淮河、金川河、玄武湖、莫愁湖、百家湖、石臼湖、固城湖、金牛湖等大小河流湖泊，长江穿城，沿江岸线总长近200 km。境内共有大小河道120条，分属两江(长江、青弋江—水阳江)、两湖(固城湖、石臼湖)、两河(滁河、秦淮河)，以跨省、市的流域划分水系，可划分为长江南京段、滁河、秦淮河、青弋江—水阳江四大水系
63	南通		长江下游、淮河		南通境内地势平坦，河沟成网。老通扬运河接如泰运河到沿海出口以南为长江流域，面积约为5 700 km^2；以北为淮河流域，面积约为2 200 km^2
64	宿迁		淮河		宿迁市地处淮河、沂沭泗流域中下游，南临洪泽湖，北接骆马湖，承接上游21万 km^2 面积的来水，素有“洪水走廊”之称。宿迁市境内有两大水系，即淮河水系和沂沭泗水系。全市总面积8 555.0 km^2。其中淮河水系面积4 225.6 km^2，沂沭泗水系面积4 329.4 km^2；洪泽湖水面面积1 248.0 km^2，骆马湖水面面积222.0 km^2

续表

序号	地区	省份	干流	涉及主要支流	区位及水资源情况
65	苏州	江苏	长江下游		北依长江，境内河港交错，湖荡密布，最著名的湖泊有位于西隅的太湖和漕湖；东有淀山湖、澄湖；北有昆承湖；中有阳澄湖、金鸡湖、独墅湖；长江及京杭运河贯穿市区之北。太湖水量北泄入江和东进淀泖后，经黄浦江入江；运河水量由西入望亭，南出盛泽；原出海的“三江”，今由黄浦江东泄入江，由此形成苏州市的三大水系
66	泰州		长江下游、淮河		泰州境内河网密布，纵横交织。北部地区，地势低洼，水网呈向心状，由四周向低处集中，这里的湖泊分布较多。江淮分水岭由西向东从中部穿过该市，境内河流大致以通扬公路为界，路北属淮河水系，路南属长江水系。人们习惯上把属于长江水系的老通扬运河和与之相连接的河流称为“上河”，而把属于淮河水系的新通扬运河和与之相连的河流称为“下河”
67	无锡		长江下游		位于江苏省南部，地处长江三角洲平原、江南腹地，太湖流域。北倚长江，南滨太湖，东接苏州，西连常州
68	徐州		黄河、淮河		徐州地处古淮河的支流沂、沭、泗诸水的下游，以黄河故道为分水岭，形成北部的沂、沭、泗水系和南部的濉、安河水系。境内河流纵横交错，湖沼、水库星罗棋布，废黄河斜穿东西，京杭大运河横贯南北，东有沂、沭诸水及骆马湖，西有夏兴、大沙河及微山湖
69	盐城		里下河地区		盐城地处里下河水网地区，市区河流纵横交错，蜿蜒曲折，数量众多，水乡特色显著，号称“百河之城”。流经市区的主要河流有新洋港、蟒蛇河、串场河、朱沥沟、皮岔河、小洋河、通榆河、川东港、江界河等，是盐城主要的生态水脉和生态走廊。亭湖区的大洋湾作为城市中心最主要的湿地。大丰区沿海滩涂面积列全国之最
70	扬州		长江下游		位于江苏省中部、长江与京杭大运河交汇处，位于长江北岸、江淮平原南端

续表

序号	地区	省份	干流	涉及主要支流	区位及水资源情况
71	镇江	江苏	长江下游南岸		全市河流 60 余条，总长约 700 km，以人工运河为多。水系分北部沿江地区、东部太湖湖西地区和西部秦淮河地区。长江流经境内长 103.7 km
72	抚州	江西	长江中游	抚河、信江、赣江	抚州市有抚河、信江、赣江三大水系，大小河流 470 条。水流方向除赣江水系乌江外，均由南向北汇入鄱阳湖。①抚河水系。抚河古称盱江，又名汝水，贯穿抚州市中南部，是流入鄱阳湖区主要支流之一，为全省仅次于赣江的第二大河流。抚河干流总长 350 km，流径境内长 271 km，多年平均径流量为 78.9×10^8 m^3，流域面积为 16 800 km^2。抚河主要支流有临水、盱江、黎滩河、东乡水。②赣江水系。市内赣江水系主要河流在乐安县境内，流域面积为 1 422 km^2，有青田水、南村水、敖溪水、潭港水、招携水、牛田水、湖坪水、柯树水。③信江水系。市内信江水系河流分布在东乡、金溪、资溪三县，流域面积为 1 560 km^2，有泸溪水、黄通水、肠田水。此外，还有直接流入鄱阳湖的润溪河，其发源于东乡县北部愉怡乡眉毛尖，全长 21 km，市内流域面积为 116.2 km^2
73	赣州		长江中游、珠江	赣江	赣州市四周山峦起伏，地势周高中低，南高北低，水系呈辐辏状向中心——章贡区汇集。赣南山区成为赣江发源地，也成为珠江之东江的源头之一。千余条支流汇成上犹江、章水、梅江（古称河水，也称宁都江、梅川）、琴江、绵江（又称瑞金河）、湘江（湘水，又称雁门水）、濂江（濂水，又称梅林江、安远江）、平江（又称兴国江、平固江）、桃江（又名信丰江）9 条较大支流。其中由上犹江、章水（古称豫章水）汇成章江；由其余 7 条支流汇成贡江（贡水，古称湖汉水，又称雩江、会昌江）；章贡两江在章贡区相会而成赣江，北入鄱阳湖，属长江流域赣江水系。另有百条支流分别从寻乌、安远、定南、信丰流入珠江流域东江、北江水系和韩江流域梅江水系

续表

序号	地区	省份	干流	涉及主要支流	区位及水资源情况
74	吉安	江西	长江中游		吉安市位于江西省中部，赣江中游。境内水系以赣江为主流，赣江在万安县涧田乡良口入境，纵贯市境中部，流经万安、泰和、吉安市、青原、吉州、吉水、峡江、新干等县（区），在新干县三湖镇蒋家出境，境内河段长 264 km，天然落差 54 m，干流吉安市段流域面积为 26 251.7 km^2，占赣江流域总面积的 32.8%
75	景德镇	江西	长江中游		昌江、西河、南河，昌江为流经景德镇市的最大河流，西河、南河是其重要支流，于景德镇市区注入昌江。昌江发源于江西省与安徽省交界处的山区，大致呈北南走向，由北向南注入鄱阳湖。历史上，昌江曾是景德镇对外交通最重要的通道
76	九江	江西	长江中下游分界湖口所在	修河	九江位于江西省最北部，赣、鄂、皖、湘四省交界处，号称“三江之口、七省通衢”与“天下眉目之地”，有“江西北大门”之称。九江是座靠水的名城，水资源十分丰富，地表水资源 $136.5\times10^8 m^3$，水资源总量 $141.8\times10^8 m^3$，可开发的水力资源 32.9 万千瓦。长江过境长度 151 km，年流量 $8\,900\times10^8 m^3$，直入长江的河流流域面积 3 904 km^2。境内主要有修河、博阳河、长江三大水系，万亩以上湖泊有 10 个，千亩以上 31 个。中国第一大淡水湖鄱阳湖是省内诸河入长江的总通道，又是庐山西海水量的调节器，有 53% 的水域在九江境内，面积近 300 万亩，沿湖 12 个县区，其中九江有 6 个
77	南昌	江西	长江中游	赣江、抚河	南昌市地处江西中部偏北，赣江、抚河下游，鄱阳湖西南岸

续表

序号	地区	省份	干流	涉及主要支流	区位及水资源情况
78	萍乡	江西	长江中游	赣江	萍乡市位于江西省西部，东与本省宜春市、南与吉安市、西与湖南省株洲市、北与湖南省浏阳市接壤。水系地域分属长江流域的洞庭湖水系和鄱阳湖水系。全市主要河流有五条，即萍水、栗水、草水、袁水、莲水。袁水、莲水发源于罗霄山和武功山，流入赣江；萍水、栗水、草水发源于武功山与罗霄山、杨岐山之间，最终注入湘江。主要支流有长平河、福田河、东源河、楼下河、高坑河、万龙山河、张家坊河、金山河、大山冲河、鸭路河等
79	上饶	江西	长江下游		位于江西省东北部，属内陆区域
80	新余	江西	长江中游	袁河	新余水资源总量达 59.539 5×10^8 m^3，其中区域外流入 25.436 8×10^8 m^3。地表水的来源主要是河川径流量，少许是山泉水，全市大部分地区径流量均在 750～900 mm，总的趋势是西北部大于东南部，山区大于袁河下游平原地区，以杨桥河水系为最高，普遍大于 850 mm。以南安口水系为最低，在 780 mm 左右。其他地区在 800 mm 左右。全市平均为 800 mm，径流的地区分布不均，而且径流的年份内分配也不均，因流川径流主要靠降水补给，多年平均降水量为 1 600 mm，季节性变化较大。全市地下水平均储量达 8.79×10^8 m^3，其中可供开发利用的有 3.44×10^8 m^3，主要分布于松散岩类地下水和岩溶型地下水中
81	宜春	江西	长江中游	赣江、修水	宜春境内的河流基本属鄱阳湖水系，主要是赣江、赣江支流与修水支流
82	鹰潭	江西	长江中游	信江	鹰潭市位于江西省东北部，信江中下游

续表

序号	地区	省份	干流	涉及主要支流	区位及水资源情况
83	上海	上海	长江下游	黄浦江	上海地处长江入海口、太湖流域东缘。境内河道(湖泊)面积约 500 km^2,河道面积率为 9%~10%;上海河道长度 2 万余千米,河网密度平均每平方千米 3~4 km。其中黄浦江干流全长 80 余千米,河宽大都在 300~700 m,其上游在松江区米市渡处承接太湖、阳澄淀泖地区和杭嘉湖平原来水,贯穿上海至吴淞口汇入长江口。吴淞江发源于太湖瓜泾口,在市区外白渡桥附近汇入黄浦江,全长约 125 km,其中上海境内约 54 km,俗称苏州河,为黄浦江主要支流。上海的湖泊集中在与苏、浙交界的西部洼地,最大的湖泊为淀山湖,面积为约 60 km^2
84	巴中	四川	长江上游		巴中水利资源极其丰富,总量为 79.65×10^8 m^3,有大小河流 1 100 多条,水能蕴量为 81.24 万千瓦,可开发量为 41.7 万千瓦,已开发量仅为 4.535 6 万千瓦。截止到 2000 年底已建成水库 409 处,其中,中型水库 3 处,小一型 30 处,小二型 376 处,山平塘 23 980 口,微水工程 12.75 万处,治理水土流失 2 070.26 km^2,蓄引提水能力 42 515 m^3,有效灌溉面积 102.13 万亩
85	成都		长江上游	岷江、沱江	河网密度大。成都市有岷江、沱江等 12 条干流及几十条支流,河流纵横,沟渠交错,河网密度高达 1.22 km/km^2;加上驰名中外的都江堰水利工程,库、塘、堰、渠星罗棋布。2004 年有效灌溉面积达 34.5 万公顷;全市水能资源理论蕴藏量为 161.5 万千瓦
86	达州		长江上游	嘉陵江	达州地处川渝鄂陕四省市接合部和长江上游成渝经济带,达州市河流主要属长江支流的嘉陵江水系,发源于大巴山,由北而南呈树枝状分布。前河、中河、后河汇成州河后与巴河在渠县三汇镇汇合成渠江,南流 300 km 入长江。境内流域面积在 100 km^2 以上的河流有 53 条,1 000 km^2 以上的干流有 15 条。共有通航河流 9 条,分别是渠江、州河、巴河、前河、后河、中河、铁溪河、清溪河、林岗溪,基本形成以渠江、州河、巴河这主干流的水路运输网络,流域覆盖达州市四个县(市)。各河流可通航里程不等,运载量在 100 吨以下

续表

序号	地区	省份	干流	涉及主要支流	区位及水资源情况
87	德阳	四川	长江上游	沱江、涪江	德阳市河流分属沱江和涪江水系，主要河流有绵远河、石亭江、鸭子河、青白江、凯江等。此外，人工修建的四川省人民渠引来岷江过境水成为市境工农业生产和人民生活的重要水利资源。德阳市最大水库为中江继光水库，蓄水量 8 900×10^4 m^3
88	甘孜藏族自治州		长江上游	金沙江、雅砻江、大渡河	甘孜州江河湖泊众多，流经境内的河流主要有金沙江、雅砻江、大渡河，均为长江上游主要支干流。“两江一河”自西向东，南北向平行排列，汹涌湍急，支流甚多。中等河流有大小金川、折多河、鲜水河、无量河、硕曲河、巴楚河、九龙河、色曲河、泥曲河等。各支流的山溪广布，水流急，落差大，水量丰沛，水源较稳定。地表出露的热泉有 249 处。据初步估算，全州水资源年径流量约为 641.8×10^8 m^3，水力发电的蕴藏量约为 3 700 万千瓦
89	广安		长江上游	嘉陵江	广安拥有溪河 333 条，江河径流总量 437×10^8 m^3，地下水总量 4×10^8 m^3，年降水量 20×10^8 m^3，水资源较为丰富。水能蕴藏量 60 万千瓦，尤以嘉陵江为最。拥有东西关、桐子壕、富流滩、四九滩、凉滩等水电站
90	广元		长江上游	嘉陵江	广元市境内河流属长江水系。集域面积在 50 km 以上的大小支流有 80 多条，主要通航河流有嘉陵江、白龙江、东河、清江河等，这些河流均汇集到嘉陵江至重庆注入长江。广元市境内河流以嘉陵江为主干，有白龙江、清水河、东河、木门河等 75 条河流，水量丰富，流速急、落差大，水能蕴藏量为 270 万千瓦，发展水电事业很有前途。目前有宝珠寺、紫兰坝等大中小型水电站和即将竣工的亭子口水利枢纽工程。广元水域面积 89.47 万亩，水资源总量 67.42×10^8 m^3，地表水资源总量 57.8×10^8 m^3，水能蕴藏量 270 万千瓦，可开发量 186 万千瓦，已开发 73.2 万千瓦

续表

序号	地区	省份	干流	涉及主要支流	区位及水资源情况
91	乐山	四川	长江上游	岷江(青衣江、大渡河)	乐山位于四川盆地西南部,坐落在岷江、青衣江、大渡河三江交汇处,市境江河众多,拥有岷江、大渡河、青衣江和众多中小河流,属丰水地区,年平均产水量 113.7×10^8 m^3,加上过境水 741.4×10^8 m^3,水资源总量 855×10^8 m^3,人均占有水资源量 3 366 m^3。水能资源理论蕴藏量约 800 万千瓦,经济可开发量约 750 万千瓦。截至目前,全市发电装机容量达 695.7 万千瓦,其中水电装机容量 527.2 万千瓦
92	凉山彝族自治州		长江上游	金沙江、雅砻江、大渡河	凉山河流水能总蕴藏量高达 3 000 多万千瓦,占全省 20%以上,金沙江、雅砻江、大渡河在凉山州境内可建 100 万~1 000 万千瓦大型电站 8 座,规划装机容量高达 2 500 万千瓦以上
93	泸州		长江上游	沱江	长江和沱江两江交汇处,长江自西向东横贯境内,沱江、永宁河、赤水河、濑溪河、龙溪河等交织成网。境内长江航道 133 km,入境水量 2 420.8×10^8 m^3,出境水量 2 945.6×10^8 m^3
94	眉山		长江上游	岷江(青衣江)	位于四川盆地成都平原西南部,岷江中游和青衣江下游的扇形地带
95	绵阳		长江上游	嘉陵江(涪江、白龙江与西河)	绵阳市受地貌影响,降水丰沛,径流量大,江河纵横,水系发达。全市境内有大小河流及溪沟 3 000 余条。所有河流、溪沟都分别注入嘉陵江支流涪江、白龙江与西河,全属嘉陵江水系。涪江是嘉陵江右岸的最大支流,也是市境最主要的河流,它在市境的流域面积占全市辖区面积的 97.2%,对市境的自然地理环境形成和经济发展产生着重大影响。涪江支流较多,市境内的主要一级支流有涪江右岸的平通河、通口河(湔江)、安昌河、凯江;涪江左岸有火溪河、芙蓉溪、梓江等,构成不对称的羽状水系。市境多发洪灾,洪灾的区域分布以安昌江和涪江上游出现的频率最高,特别是涪江右岸及以西沿龙门山前缘一线的北川、安县、江油最为频繁

续表

序号	地区	省份	干流	涉及主要支流	区位及水资源情况
96	南充	四川	长江上游	嘉陵江	南充市处在四川省东北部、嘉陵江中游
97	内江	四川	长江上游	沱江	沱江下游中段，沱江是市区内主要河流，流经资中、东兴及市中区，是市内水路运输要道，自古有“万斛之舟行若风”的繁忙景象描写。沱江水流缓急交替，滩沱相间，蜿蜒曲折，常年平均流量为 375 m^3/s，自然落差 135.5 m，平均比降 0.45%，水能蕴藏量有 14.5 万千瓦供开发。较大支流有资中的球溪河、内江的大清河等。这些河均有灌溉、航运和发电之利。加上沱江河的水能资源，年发电量可达 9.2 亿千瓦时，现已开发的水能资源仅占可开发量的 21.7%。清流河分大清流河和小清流河。大清流河和小清流河在石子汇合后合称清流河，全长 121.74 km(内江河段 94 km)，流域面积 1 538.3 km^2(内江河段 523 km^2)。小青龙河经大治、太安，于小河口入沱江，全长 56 km，流域面积 532 km^2
98	阿坝藏族羌族自治州	四川	长江上游、黄河上游	岷江、嘉陵江、涪江发源地	阿坝州境内江河纵横。黄河在阿坝州流经 165 km。长江上游四川境内的主要支流岷江、嘉陵江、涪江均发源于阿坝州。岷江干流及最大支流大渡河纵贯全境，其流域内水量充沛、天然落差大，蕴藏着丰富的水能资源。全州大小河流 530 余条，多年平均水资源总量 $446\times10^8 m^3$。水能理论蕴藏量 1 933 万千瓦，占四川省水能蕴藏量的 14%；可开发量 1 400 万千瓦，占四川省的 11%；水能资源特点是河流落差大，距离负荷中心近，年发电小时长，各类电站单位造价低

续表

序号	地区	省份	干流	涉及主要支流	区位及水资源情况
99	攀枝花	四川	长江上游	金沙江、雅砻江	攀枝花市属金沙江、雅砻江两大水系，雅砻江于境内倮果汇入金沙江，主要支流有安宁河、鳡鱼河、大河、藤桥河等。全市流域面大于 5 km^2 的河流有 95 条，其中流域面积大于 500 km^2 的 6 条，100～500 km^2 的 26 条，50～100 km^2 的 18 条，5～50 km^2 的 45 条。全市水资源量 1 144.18×10^8 m^3，其中当地水资源量 42.18×10^8 m^3，过境水资源量 1 102×10^8 m^3。攀枝花市境内金沙江、雅砻江及其支流，目前已开发装机 707.4 万千瓦，其中二滩水电站 330 万千瓦、观音岩水电站 300 万千瓦（坝址在攀枝花市仁和区和丽江市华坪县境内）、桐子林水电站 60 万千瓦、盐边县小水电站 8.8 万千瓦，米易县小水电站 8.6 万千瓦；正在开发装机 95 万千瓦，其中金沙水电站 56 万千瓦、银江水电站 39 万千瓦
100	遂宁		长江上游	涪江中游	遂宁市位于四川盆地中部，涪江中游。遂宁市位于四川盆地中部，涪江中游
101	雅安		长江上游	岷江	雅安位于四川盆地西部边缘，长江上游
102	宜宾		长江上游	金沙江、岷江	宜宾境内水系属外流水系，以长江为主脉，河流多、密度大、水量丰富。金沙江、岷江汇合成为长江横贯市境北部，三江支流共有大小溪河 600 多条。文星河、南广河、长宁河、横江河、西宁河、黄沙河、越溪河、箭板河、古宋河等 9 条中等河流流域面积均在 500 km^2 以上。另有 21 条河流流域面积为 100～500 km^2，有 23 条小河流域面积为 50～100 km^2。三江的支流、溪河或由北向南，或由南向北作不对称的南多北少状河网分布，南部支流多发源于崇山峻岭，故滩多水急；北部支流多发源流经丘陵，故水势平缓，岸势开阔。主要河流：岷江、莘河、文星河、南广河、长宁河、横江河、西宁河、黄沙河、越溪河、箭板河、金沙江、长江、玉河等

续表

序号	地区	省份	干流	涉及主要支流	区位及水资源情况
103	自贡	四川	长江上游	沱江、岷江	市内河流主要为沱江水系，沱江下游段流经市境 127 km。釜溪河为沱江在市境的主要支流，其上游有旭水河、威远河注入，流域总面积为 3 490 km^2。市境西部有越溪河自北向南穿越荣县，属岷江水系
104	资阳	四川	长江上游	沱江	发源于川西北高原茶坪山脉九顶山麓的沱江自雁江区临江镇入境，向东南流，在资阳市与内江接壤的伍隍镇出境而蜿蜒东去。沱江河在市内经临江、保和、宝台、雁江、松涛、南津、忠义、伍隍 8 个乡镇，总长 175.4 km，水域面积约为 30 km^2，平均流量为 225～275 m^3/s，流域面积约 2 000 km^2。因河网水系发育共有沱、涪两江支流（中、小河流）110 条，流域面积大于 100 km^2 的河流就有 11 条；50～100 km^2 的小河 8 条。还有短小溪流 40 余条，这些河流小溪几乎都发源于丘陵，河床平、缓、宽，地形切割浅、落差小、水流平缓、岸势开阔，是典型的丘陵地区水系网络
105	保山	云南	澜沧江、怒江、伊洛瓦底江		保山市河流分别属于澜沧江、怒江、伊洛瓦底江三大流域，均为国际河流。伊洛瓦底江流域的大盈江和瑞丽江两大水系干流发源于保山市西北部，澜沧江和怒江干流为过境河流。保山市境内集水面积 1 000 km^2 以上的河流 6 条，集水面积在 100～1 000 km^2 的河流 43 条，主要支流中右甸河属澜沧江流域，勐波罗河和大勐统河属怒江流域，槟榔江为大盈江上游，龙江（龙川江）为瑞丽江上游，叠水河大盈江左岸支流南底河上游

续表

序号	地区	省份	干流	涉及主要支流	区位及水资源情况
106	楚雄彝族自治州	云南	长江上游、元江	金沙江、元江（红河上游主干，入越南）	楚雄州地处金沙江和元江的分水岭上，境内无天然湖泊，也无入境暗河，水资源多由大气降水形成。楚雄州多年水资源量为 $68.67\times10^8\ m^3$。州内的地面河流分属金沙江和元江两大水系，蕴藏量达117.7万千瓦（不含金沙江干流），宜开发量为25.21万千瓦。20世纪70年代末以来，相继建起了武定大响水（1 200千瓦）、禄丰花桥（2 400千瓦）、双柏鱼庄河（3 200千瓦）、大姚天生桥（3 700千瓦）、永仁他皮里（2 000千瓦）、元谋虎跳滩（2 700千瓦）等一批电站。1998年建成投产的双柏县老虎山电站，装机3.7万千瓦，年发电量1.74亿千瓦/小时，是楚雄州目前最大的水电站
107	大理白族自治州		长江上游、元江、澜沧江、怒江	金沙江、澜沧江、怒江、红河（元江）	主要河流属金沙江、澜沧江、怒江、红河（元江）四大水系，有大小河流160多条，呈羽状遍布大理州。州境内分布有洱海、天池、此碧湖、西湖、东湖、剑湖、海西海、青海湖8个湖泊
108	德宏傣族景颇族自治州		长江上游	怒江、大盈江、瑞丽江	“三江”（怒江、大盈江、瑞丽江）和“四河”（芒市河、南畹河、户撒河、芒东河）德宏州境内江河年平均产水量 $136.3\times10^8\ m^3$，过境水量 $81.7\times10^8\ m^3$。共有水资源总量 $218\times10^8\ m^3$，地表水大部分未被污染，物理性能良好，符合工农业生产和生活用水要求。德宏州的水资源利用率仅占拥有量的2.3%。全州水能理论蕴藏量362.4万千瓦，其中可开发利用量102.15万千瓦
109	迪庆藏族自治州		长江上游	金沙江、澜沧江、怒江	金沙江、澜沧江、怒江三江并流

续表

序号	地区	省份	干流	涉及主要支流	区位及水资源情况
110	红河哈尼族彝族自治州	云南	珠江、红河		境内河道属珠江、红河两大流域，其中珠江流域面积 12 837.2 km^2，占总面积的 39.9%；红河流域面积 19 343.8 km^2，占总面积的 60.1%。红河州大小河流众多，红河州境内集水面积在 50 km^2 以上的河流有 180 条，其中珠江流域有 65 条，红河流域有 115 条。100 km^2 以上的河流有 94 条，其中珠江流域有 41 条，红河流域有 53 条。1 000 km^2 以上的河流有 14 条，其中珠江流域有 5 条，红河流域有 9 条。红河流域主要河流有红河、李仙江、藤条江、南溪河、小河底河、小黑江、牛孔河、盘龙河、大梁子河等。珠江流域主要河流有南盘江、泸江、甸溪河、沙甸河、曲江。河流径流总量 $142.9\times10^8 m^3$。境内最大的河流为红河，从红河县入境至河口县出境，流经境内红河县、石屏县、元阳县、建水县、个旧市、金平县、蒙自市、河口县，州境内长 240.6 km，流域面积 11 534.7 km^2，年均流量 297 m^3/s
111	昆明		长江上游		金沙江与普渡河汇合处
112	丽江		长江上游、澜沧江	金沙江、雅砻江、黑惠江	丽江市境内河流分属两大流域、三大水系，即长江流域的金沙江水系和雅砻江水系、澜沧江流域的黑惠江水系。其中，长江流域面积 20 799 km^2，占总面积的 98%；澜沧江流域面积 420 km^2，占总面积的 2%。全市共有金沙江、雅砻江、澜沧江的二级及其以上支流 93 条，其中，流域面积在 200 km^2 及其以上的河流有 21 条
113	临沧		怒江、澜沧江		临沧市河流分属怒江、澜沧江两大水系，集水面积大于 1 000 km^2 的河流有 7 条，即罗闸河、小黑江、南汀河、南捧河、永康河、勐勐河和南滚河

续表

序号	地区	省份	干流	涉及主要支流	区位及水资源情况
114	怒江傈僳族自治州	云南	怒江、澜沧江、独龙江		怒江州境内河流密集，拥有怒江、澜沧江、独龙江三大干流及183条支流。水资源总量是955.91×10^8 m^3，占云南省水资源总量的43%。怒江、澜沧江、独龙江及支流落差大、流速快，水能资源极为丰富，怒江州水能资源理论蕴藏量达2 000多万千瓦，占云南省水能资源蕴藏量的20%，可开发的装机容量1 800万千瓦，年发电量可达850.9亿千瓦时，占云南省的19%。仅怒江干流两库十三级可开发装机容量就达2132万千瓦，怒江州境内可开发以马吉为龙头水库，丙中洛、鹿马登、福贡、碧江、亚碧罗、泸水、六库、石头寨等9级电站（松塔、赛格、岩桑树、光坡不在怒江州境内）装机容量达1 428万千瓦。兰坪县境内澜沧江开发黄登水电站，装机容量达180万千瓦。183条支流中，可开发中、小型电站的有80余条，总装机容量达70多万千瓦，现已开发6.4万千瓦，尚待开发的有63.6万千瓦
115	普洱		澜沧江		普洱市水能蕴藏量1 500万千瓦，是“西电东送”“云电外送”的重要基地。地处横断山脉南段滇西南哀牢山区，澜沧江自北向南纵贯全境，还有阿墨江、南卡江等主要河流
116	曲靖		长江、珠江		曲靖市地处长江、珠江两大水系的分水岭地带，山高谷深，断裂、河曲发育，流域面积100 km^2以上的河流有80多条，以南盘江、北盘江、牛栏江、黄泥河、以礼河、块择河、小江等为主要干流，分属长江和珠江两大水系
117	文山壮族苗族自治州		未找到		

续表

序号	地区	省份	干流	涉及主要支流	区位及水资源情况
118	西双版纳傣族自治州	云南	澜沧江		西双版纳地表水资源量可分为三部分：一是澜沧江干流过境水量，径流总量 $555.2\times10^8\,m^3$；二是发源于境外的河流汇入本州境内，总量为 $23.6\times10^8\,m^3$；三是州内降雨产生的地表水，总量为 $119.2\times10^8\,m^3$。从西双版纳流出国境的总水量达 $695\times10^8\,m^3$；地下水资源总量达 $22.52\times10^8\,m^3$。西双版纳水能理论蕴藏量 529.23 万千瓦，年发电量可达 463 亿千瓦时
119	玉溪	云南	珠江、红河		玉溪境内河流水系发育，主要分属珠江、红河两大水系，由位于峨山中部的总果山和红塔区西部的高鲁山相连接构成两大水系分水岭
120	昭通	云南	金沙江		位于云南省东北部，地处云、贵、川三省接合处；金沙江下游沿岸；坐落在四川盆地向云贵高原抬升的过渡地带
121	杭州	浙江	长江三角洲、钱塘江		杭州有着江、河、湖、山交融的自然环境。全市丘陵山地占总面积的 65.6%，平原占总面积的 26.4%，江、河、湖、水库占总面积的 8%，世界上最长的人工运河——京杭大运河和以大涌潮闻名的钱塘江穿过。杭州地处长江三角洲南沿和钱塘江流域，地形复杂多样。杭州市西部属浙西丘陵区，主干山脉有天目山等。东部属浙北平原，地势低平，河网密布，湖泊密布，物产丰富，具有典型的“江南水乡”特征
122	湖州	浙江	长江下游		湖州市境内主要河流有西苕溪、东苕溪、下游塘、双林塘、泗安塘等；境边南接东苕溪上游，北濒太湖，东联大运河及黄浦江。平原河网湖荡密布，山区建有山塘水库，库容 10 m^3 以上水库 149 座。域内 536 km^2，河道密度 2.6～3.8 km/km^2，其中河流、湖泊面积 496 km^2。京杭大运河和源于天目山麓的东、西苕溪纵穿横贯湖州全境。苕溪东经由页塘，流于黄浦江，北经 56 条溇港注入太湖
123	嘉兴	浙江	长江下游		东临大海，南倚钱塘江，北负太湖，西接天目之水，大运河纵贯境内

续表

序号	地区	省份	干流	涉及主要支流	区位及水资源情况
124	金华	浙江	钱塘江、沤江、椒江		金华市域内江河分属钱塘江、瓯江、曹娥江、椒江四大水系，流域面积分别为 9 332.73 km^2、949.71 km^2、341.6 km^2 和 293.96 km^2，分别占金华市总面积的 85.49%、8.69%、3.13%和 2.69%。集水面积在 100 km^2 以上的江溪有 40 多条
125	丽水		瓯江、钱塘江、飞云江、椒江、闽江、赛江		丽水市区域内有瓯江、钱塘江、飞云江、椒江、闽江、赛江，被称为“六江之源”
126	宁波		余姚江、奉化江、甬江，余姚江		宁波是浙江省八大水系之一，河流有余姚江、奉化江、甬江，余姚江发源于上虞区梁湖；奉化江发源于奉化区斑竹。余姚江、奉化江在市区“三江口”汇成甬江，流向东北，经招宝山入东海
127	衢州		钱塘江	信江	衢州市位于浙江省西部，钱塘江上游，河流为雨源型山溪性河流，源近流短，过境水量少，天然入境水量 26.2×$10^8 m^3$，出境水量 124.77×$10^8 m^3$。径流受季风控制，季节变化大，水位受降水影响，暴涨暴落。侵蚀切割深。境内河流主要属钱塘江水系。流域面积为 8 332.9 km^2，占全境土地面积的 94.2%。与赣、闽交界处，有部分小溪流入长江鄱阳湖水系的乐安江和信江，流域面积为 515.8 km^2。出境水量 119.64×$10^8 m^3$ 流入钱塘江水系，5.13×$10^8 m^3$ 流往长江鄱阳湖流域。河网结构为羽状。山区性河流河床狭窄，比降大，上游多“V”形峡谷，多瀑布。河流汇入盆地底部，河床展开.渐趋平缓，多浅滩。从开化城关到出境全长约 170 km，有浅滩 198 处。衢江上游马金溪比降约 1‰，河宽 60～120 m，衢江下游河床比降为 0.5‰，河宽达 300 m。境内河流水流湍急，侵蚀强烈，自净能力强。受降水控制，径流季节变化大，水位易涨易落，其流量、水位、泥沙、水质都有季节性变化的特点。境内河流年均流量月分配过程呈单型，汛期大，枯水期小。季峰出现在梅雨期。洪峰流量与枯水流量相差悬殊

续表

序号	地区	省份	干流	涉及主要支流	区位及水资源情况
128	绍兴	浙江	钱塘江、富春江		境内河道密布，湖泊众多，向以“水乡泽国”享誉海内外。受山脉走向制约和亚热带季风气候影响，河流普遍具有流量丰富，水位季节变化大，一年有两个汛期，上游水力资源丰富，下游多受海潮顶托等特点。境内主要有汇入钱塘江的曹娥江、浦阳江、鉴湖水系；浙东运河东西横贯北部，与南北向河流沟通，交织成北部平原区河密率很高的河网水系。此外，上虞尚有部分河溪属甬江水系，诸暨尚有很小部分属壶源江，经富阳直接注入富春江
129	台州	浙江	椒江、金清		台州市境内有大小河流（含干支流）700 多条，其中流域面积大于 100 km^2 的 25 条。椒江、金清两大河流水系的流域面积占全市陆域面积 80%左右
130	温州	浙江	沤江、飞云江		温州市河流发育受地质构造制约，沿华夏式断裂线流向。干流大抵西向东流，又因纵横断裂影响，支流多构成羽状水系。许多河流左右岸流域面积不对称，如瓯江支流大部分发育在左岸；飞云江更甚。河流多为山溪性强潮河
131	舟山	浙江			地处我国东南沿海，长江口南侧，地处我国东南沿海，长江口南侧，舟山市水文情况复杂，地表水系不发育，多源自丘陵腹地，呈放射状蜿蜒入海。水系受海岛规模影响，流程短，汇水面积小，受暴雨影响，水位暴涨暴落，易引发山洪等自然灾害。地表水系不发育

附表2 长江经济带长江流域内各地区的上下游关系

干流流经地区	支流流经地区	省份	河段	干流或支流名称
甘孜藏族自治州		四川	通天河、金沙江—雅砻江汇入金沙江	金沙江
迪庆藏族自治州		云南	金沙江—雅砻江汇入金沙江	
丽江		云南	金沙江—雅砻江汇入金沙江	
大理白族自治州		云南	金沙江—雅砻江汇入金沙江	
楚雄彝族自治州		云南	金沙江—雅砻江汇入金沙江	
攀枝花		四川	金沙江—雅砻江汇入金沙江	
	甘孜藏族自治州	四川	雅砻江	雅砻江
	凉山彝族自治州	四川	雅砻江	
	攀枝花	四川	雅砻江	
楚雄彝族自治州		云南	雅砻江汇入金沙江—金沙江	金沙江
昆明		云南	雅砻江汇入金沙江—金沙江	
曲靖市		云南	雅砻江汇入金沙江—金沙江	
昭通市		云南	雅砻江汇入金沙江—金沙江	
宜宾市		四川	金沙江—岷江汇入长江	
	阿坝藏族羌族自治州	四川	岷江干流—大渡河汇入岷江	岷江
	成都市	四川	岷江干流—大渡河汇入岷江	
	眉山	四川	岷江干流—大渡河汇入岷江	
	乐山	四川	岷江干流—大渡河汇入岷江	
	阿坝藏族羌族自治州	四川	大渡河—大渡河汇入岷江	大渡河
	甘孜藏族自治州	四川	大渡河—大渡河汇入岷江	
	雅安	四川	大渡河—大渡河汇入岷江	
	乐山	四川	大渡河—大渡河汇入岷江	
宜宾		四川	岷江汇入长江—沱江汇入长江	长江
泸州		四川	岷江汇入长江—沱江汇入长江	
	德阳	四川	沱江	沱江
	成都	四川	沱江	
	资阳	四川	沱江	
	眉山	四川	沱江	
	内江	四川	沱江	
	自贡	四川	沱江	
	重庆	重庆	沱江	
	泸州	四川	沱江	
泸州		四川	沱江汇入长江—嘉陵江汇入长江	长江
重庆		重庆	沱江汇入长江—嘉陵江汇入长江	
	广元	四川	嘉陵江干流—渠江汇入嘉陵江	嘉陵江
	南充	四川	嘉陵江干流—渠江汇入嘉陵江	
	广安	四川	嘉陵江干流—渠江汇入嘉陵江	
	重庆	重庆	嘉陵江干流—渠江汇入嘉陵江	
	巴中	四川	渠江	渠江
	达州	四川	渠江	
	广安	四川	渠江	
	重庆	重庆	渠江	
	阿坝藏族羌族自治州	四川	涪江	涪江
	绵阳	四川	涪江	
	德阳	四川	涪江	
	遂宁	四川	涪江	
	巴中	四川	涪江	
	重庆	重庆	涪江	

续表

干流流经地区	支流流经地区	省份	河段	干流或支流名称
	重庆	重庆	涪江汇入嘉陵江—嘉陵江汇入长江	嘉陵江
重庆		重庆	嘉陵江汇入长江—乌江汇入长江	长江
	毕节	贵州	乌江	乌江
	六盘水	贵州	乌江	
	安顺	贵州	乌江	
	贵阳	贵州	乌江	
	黔南布依族苗族自治州	贵州	乌江	
	黔东南苗族侗族自治州	贵州	乌江	
	遵义	贵州	乌江	
	铜仁	贵州	乌江	
	重庆	重庆	乌江	
重庆		重庆	乌江汇入长江—清江汇入长江	长江
恩施土家族苗族自治州		湖北	乌江汇入长江—清江汇入长江	
宜昌		湖北	乌江汇入长江—清江汇入长江	
	恩施土家族苗族自治州	湖北	清江	清江
	宜昌	湖北	清江	
宜昌		湖北	清江汇入长江—洞庭湖水系汇入长江	长江
荆州		湖北	清江汇入长江—洞庭湖水系汇入长江	
岳阳		湖南	清江汇入长江—洞庭湖水系汇入长江	
	黔南布依族苗族自治州	贵州	沅江	洞庭湖水系沅江
	黔东南苗族侗族自治州	贵州	沅江	
	铜仁	贵州	沅江	
	怀化	湖南	沅江	
	重庆	重庆	沅江	
	湘西土家族苗族自治州	湖南	沅江	
	怀化	湖南	沅江	
	张家界	湖南	沅江	
	常德	湖南	沅江	
	邵阳	湖南	资江	洞庭湖水系资江
	娄底	湖南	资江	
	益阳	湖南	资江	
	永州	湖南	湘江	洞庭湖水系湘江
	衡阳	湖南	湘江	
	郴州	湖南	湘江	
	衡阳	湖南	湘江	
	株洲	湖南	湘江	
	萍乡	江西	湘江	
	株洲	湖南	湘江	
	湘潭	湖南	湘江	
	娄底	湖南	湘江	
	湘潭	湖南	湘江	
	长沙	湖南	湘江	
	岳阳	湖南	湘江	
	恩施土家族苗族自治州	湖北	澧水	洞庭湖水系澧水
	张家界	湖南	澧水	
	荆州	湖北	澧水	
	常德	湖南	澧水	
	益阳	湖南	澧水	

续表

干流流经地区	支流流经地区	省份	河段	干流或支流名称
岳阳		湖南	洞庭湖水系汇入长江—内荆河汇入长江	长江
荆州		湖北	洞庭湖水系汇入长江—内荆河汇入长江	
咸宁		湖北	洞庭湖水系汇入长江—内荆河汇入长江	
	荆门	湖北	拾桥河—内荆河	拾桥河—内荆河
	荆州	湖北	拾桥河—内荆河	
	潜江	湖北	拾桥河—内荆河	
	荆州	湖北	拾桥河—内荆河	
武汉		湖北	内荆河汇入长江—东荆河汇入长江	长江
	天门	湖北	东荆河	东荆河
	潜江	湖北	东荆河	
	仙桃	湖北	东荆河	
	武汉	湖北	东荆河	
荆州		湖北	东荆河汇入长江—汉江汇入长江	长江
武汉		湖北	东荆河汇入长江—汉江汇入长江	
	十堰	湖北	汉江	汉江
	神农架	湖北	汉江	
	襄阳	湖北	汉江	
	随州	湖北	汉江	
	荆门	湖北	汉江	
	天门	湖北	汉江	
	潜江	湖北	汉江	
	仙桃	湖北	汉江	
	孝感	湖北	汉江	
	武汉	湖北	汉江	
武汉		湖北	汉江汇入长江—府河汇入长江	长江
	随州	湖北	府澴河	府澴河
	孝感	湖北	府澴河	
	武汉	湖北	府澴河	
武汉		湖北	府澴河汇入长江—滠水汇入长江	长江
	孝感	湖北	滠水	滠水
	黄冈	湖北	滠水	
	武汉	湖北	滠水	
武汉		湖北	滠水汇入长江—倒水汇入长江	长江
	黄冈	湖北	倒水	倒水
	武汉	湖北	倒水	
武汉		湖北	倒水汇入长江—举水汇入长江	长江
	黄冈	湖北	举水	举水
	武汉	湖北	举水	
鄂州		湖北	举水汇入长江—富水汇入长江	长江
黄冈		湖北	举水汇入长江—富水汇入长江	
黄石		湖北	举水汇入长江—富水汇入长江	
	咸宁	湖北	富水	富水
	黄石	湖北	富水	
九江		江西	富水汇入长江—鄱阳湖水系汇入长江	长江
	赣州	江西	鄱阳湖水系	鄱阳湖水系
	吉安	江西	鄱阳湖水系	
	萍乡	江西	鄱阳湖水系	
	新余	江西	鄱阳湖水系	

续表

干流流经地区	支流流经地区	省份	河段	干流或支流名称
	宜春	江西	鄱阳湖水系	鄱阳湖水系
	抚州	江西	鄱阳湖水系	
	鹰潭	江西	鄱阳湖水系	
	景德镇	江西	鄱阳湖水系	
	上饶	江西	鄱阳湖水系	
	南昌	江西	鄱阳湖水系	
	九江	江西	鄱阳湖水系	
安庆		安徽	鄱阳湖水系汇入长江—青弋江汇入长江	长江
池州		安徽	鄱阳湖水系汇入长江—青弋江汇入长江	
铜陵		安徽	鄱阳湖水系汇入长江—青弋江汇入长江	
巢湖		安徽	鄱阳湖水系汇入长江—青弋江汇入长江	
芜湖		安徽	鄱阳湖水系汇入长江—青弋江汇入长江	
	黄山	安徽	青弋江	青弋江
	池州	安徽	青弋江	
	宣城	安徽	青弋江	
	芜湖	安徽	青弋江	
芜湖		安徽	青弋江汇入长江—巢湖水系汇入长江	长江
巢湖		安徽	青弋江汇入长江—巢湖水系汇入长江	
	六安	安徽	巢湖水系	巢湖水系
	安庆	安徽	巢湖水系	
	合肥	安徽	巢湖水系	
	巢湖	安徽	巢湖水系	
巢湖		安徽	巢湖水系汇入长江—水阳江汇入长江	长江
芜湖		安徽	巢湖水系汇入长江—水阳江汇入长江	
马鞍山		安徽	巢湖水系汇入长江—水阳江汇入长江	
	宣城	安徽	水阳江	水阳江
	南京	江苏	水阳江	
	马鞍山	安徽	水阳江	
马鞍山		安徽	水阳江汇入长江—滁河汇入长江	长江
南京		江苏	水阳江汇入长江—滁河汇入长江	
	合肥	安徽	滁河	滁河
	滁州	安徽	滁河	
	南京	江苏	滁河	
扬州		江苏	滁河汇入长江—太湖水系汇入长江	长江
镇江		江苏	滁河汇入长江—太湖水系汇入长江	
泰州		江苏	滁河汇入长江—太湖水系汇入长江	
常州		江苏	滁河汇入长江—太湖水系汇入长江	
无锡		江苏	滁河汇入长江—太湖水系汇入长江	
苏州		江苏	滁河汇入长江—太湖水系汇入长江	
南通		江苏	滁河汇入长江—太湖水系汇入长江	
上海		上海	滁河汇入长江—太湖水系汇入长江	
	杭州	浙江	太湖水系	太湖水系
	宣城	安徽	太湖水系	
	湖州	浙江	太湖水系	
	嘉兴	浙江	太湖水系	
	南京	江苏	太湖水系	
	镇江	江苏	太湖水系	
	常州	江苏	太湖水系	
	无锡	江苏	太湖水系	
	苏州	江苏	太湖水系	
	上海	上海	太湖水系	

附表 3 2000 年长江经济带不同受益区水源涵养服务实物流统计

单位：亿立方米

地区	省份	德阳	重庆	武汉	巢湖	南京	镇江	泰州	常州	无锡	苏州	上海
甘孜藏族自治州*	四川	1.500 1	0.130 1	0.073 8	0.494 0	0.254 4	0.246 3	0.102 2	0.029 8	0.351 2	0.770 4	2.615 1
迪庆藏族自治州	云南	0.363 8	0.031 6	0.017 9	0.119 8	0.061 7	0.059 7	0.024 8	0.007 2	0.085 2	0.186 8	0.634 2
丽江*	云南	0.260 4	0.022 6	0.012 8	0.085 8	0.044 2	0.042 8	0.017 7	0.005 2	0.061 0	0.133 8	0.454 0
大理白族自治州*	云南	0.320 4	0.027 8	0.015 8	0.105 5	0.054 3	0.052 6	0.021 8	0.006 4	0.075 0	0.164 5	0.558 5
楚雄彝族自治州*	云南	0.266 6	0.023 1	0.013 1	0.087 8	0.045 2	0.043 8	0.018 2	0.005 3	0.062 4	0.136 9	0.464 8
攀枝花*	四川	0.057 4	0.005 0	0.002 8	0.018 9	0.009 7	0.009 4	0.003 9	0.001 1	0.013 4	0.029 5	0.100 1
凉山彝族自治州*	四川	0.749 1	0.065 0	0.036 8	0.246 7	0.127 0	0.123 0	0.051 0	0.014 9	0.175 4	0.384 8	1.306 0
昆明*	云南	0.133 8	0.011 6	0.006 6	0.044 1	0.022 7	0.022 0	0.009 1	0.002 7	0.031 3	0.068 7	0.233 2
曲靖*	云南	0.486 1	0.042 2	0.023 9	0.160 1	0.082 4	0.079 8	0.033 1	0.009 6	0.113 8	0.249 7	0.847 4
昭通	云南	0.361 8	0.031 4	0.017 8	0.119 2	0.061 4	0.059 4	0.024 6	0.007 2	0.084 7	0.185 8	0.630 8
宜宾*	四川	0.296 2	0.025 7	0.014 6	0.097 5	0.050 2	0.048 6	0.020 2	0.005 9	0.069 3	0.152 1	0.516 3
阿坝藏族羌族自治州*	四川	0.598 4	0.051 9	0.029 4	0.197 1	0.101 5	0.098 3	0.040 8	0.011 9	0.140 1	0.307 3	1.043 2
成都*	四川	0.011 1	0.001 0	0.000 5	0.003 7	0.001 9	0.001 8	0.000 8	0.000 2	0.002 6	0.005 7	0.019 4
眉山*	四川	0.082 6	0.007 2	0.004 1	0.027 2	0.014 0	0.013 6	0.005 6	0.001 6	0.019 3	0.042 4	0.143 9
乐山*	四川	0.195 9	0.017 0	0.009 6	0.064 5	0.033 2	0.032 2	0.013 3	0.003 9	0.045 9	0.100 6	0.341 5
雅安*	四川	0.246 3	0.021 4	0.012 1	0.081 1	0.041 8	0.040 4	0.016 8	0.004 9	0.057 7	0.126 5	0.429 3
泸州*	四川	0.308 7	0.026 8	0.015 2	0.101 7	0.052 3	0.050 7	0.021 0	0.006 1	0.072 3	0.158 5	0.538 1
德阳*	四川											
资阳*	四川		0.005 1	0.002 9	0.019 2	0.009 9	0.009 6	0.004 0	0.001 2	0.013 7	0.030 0	0.101 8
内江*	四川		0.005 0	0.002 8	0.018 9	0.009 7	0.009 4	0.003 9	0.001 1	0.013 5	0.029 5	0.100 2
自贡*	四川		0.005 3	0.003 0	0.020 1	0.010 4	0.010 0	0.004 2	0.001 2	0.014 3	0.031 4	0.106 4
重庆*	重庆											
广元*	四川			0.015 2	0.101 7	0.052 3	0.050 7	0.021 0	0.006 1	0.072 3	0.158 5	0.538 2
南充*	四川			0.020 4	0.136 6	0.070 3	0.068 1	0.028 2	0.008 2	0.097 1	0.213 0	0.723 0

续表

地区	省份	德阳	重庆	武汉	巢湖	南京	镇江	泰州	常州	无锡	苏州	上海
广安*	四川			0.010 5	0.070 7	0.036 4	0.035 2	0.014 6	0.004 3	0.050 2	0.110 2	0.374 0
巴中*	四川			0.023 4	0.157 1	0.080 9	0.078 3	0.032 5	0.009 5	0.111 6	0.244 9	0.831 3
达州*	四川			0.033 4	0.224 0	0.115 3	0.111 7	0.046 3	0.013 5	0.159 2	0.349 3	1.185 7
绵阳*	四川			0.009 2	0.061 4	0.031 6	0.030 6	0.012 7	0.003 7	0.043 6	0.095 7	0.324 8
遂宁*	四川			0.004 1	0.027 2	0.014 0	0.013 6	0.005 6	0.001 6	0.019 4	0.042 5	0.144 2
毕节*	贵州			0.034 7	0.232 5	0.119 7	0.115 9	0.048 1	0.014 0	0.165 3	0.362 5	1.230 6
六盘水*	贵州			0.017 1	0.114 4	0.058 9	0.057 0	0.023 7	0.006 9	0.081 3	0.178 4	0.605 6
安顺*	贵州			0.019 7	0.132 2	0.068 1	0.065 9	0.027 3	0.008 0	0.094 0	0.206 2	0.700 0
贵阳*	贵州			0.012 7	0.085 0	0.043 8	0.042 4	0.017 6	0.005 1	0.060 4	0.132 6	0.449 9
黔南布依族苗族自治州*	贵州			0.048 3	0.323 7	0.166 7	0.161 4	0.066 9	0.019 5	0.230 1	0.504 8	1.713 4
黔东南苗族侗族自治州*	贵州			0.050 1	0.335 7	0.172 9	0.167 4	0.069 4	0.020 2	0.238 7	0.523 6	1.777 2
遵义	贵州			0.047 4	0.317 6	0.163 5	0.158 4	0.065 7	0.019 1	0.225 8	0.495 3	1.681 3
铜仁*	贵州			0.025 4	0.170 1	0.087 6	0.084 8	0.035 2	0.010 2	0.120 9	0.265 3	0.900 5
恩施土家族苗族自治州*	湖北			0.048 1	0.322 2	0.165 9	0.160 7	0.066 6	0.019 4	0.229 1	0.502 5	1.705 7
宜昌*	湖北			0.028 8	0.193 2	0.099 5	0.096 3	0.040 0	0.011 6	0.137 3	0.301 3	1.022 6
荆州	湖北			0.011 5	0.076 8	0.039 5	0.038 3	0.015 9	0.004 6	0.054 6	0.119 7	0.406 4
岳阳*	湖南			0.019 3	0.129 5	0.066 7	0.064 6	0.026 8	0.007 8	0.092 1	0.202 0	0.685 6
怀化*	湖南			0.046 0	0.308 3	0.158 7	0.153 7	0.063 8	0.018 6	0.219 2	0.480 8	1.631 8
湘西土家族苗族自治州*	湖南			0.032 5	0.217 9	0.112 2	0.108 7	0.045 1	0.013 1	0.154 9	0.339 8	1.153 5
张家界*	湖南			0.013 9	0.092 8	0.047 8	0.046 3	0.019 2	0.005 6	0.066 0	0.144 7	0.491 2
常德	湖南			0.022 3	0.149 7	0.077 1	0.074 6	0.031 0	0.009 0	0.106 4	0.233 4	0.792 3
邵阳*	湖南			0.034 8	0.232 8	0.119 8	0.116 1	0.048 1	0.014 0	0.165 5	0.363 0	1.232 2
娄底*	湖南			0.013 3	0.089 1	0.045 9	0.044 4	0.018 4	0.005 4	0.063 3	0.138 9	0.471 5
益阳*	湖南			0.018 7	0.125 4	0.064 6	0.062 5	0.025 9	0.007 6	0.089 2	0.195 6	0.664 0

续表

地区	省份	德阳	重庆	武汉	巢湖	南京	镇江	泰州	常州	无锡	苏州	上海
永州*	湖南			0.030 0	0.201 2	0.103 6	0.100 3	0.041 6	0.012 1	0.143 0	0.313 7	1.064 8
衡阳*	湖南			0.038 0	0.254 8	0.131 2	0.127 0	0.052 7	0.015 3	0.181 1	0.397 3	1.348 5
郴州*	湖南			0.038 8	0.259 7	0.133 7	0.129 5	0.053 7	0.015 6	0.184 6	0.404 9	1.374 4
株洲*	湖南			0.022 8	0.152 8	0.078 7	0.076 2	0.031 6	0.009 2	0.108 6	0.238 3	0.808 9
湘潭*	湖南			0.007 3	0.048 6	0.025 0	0.024 2	0.010 1	0.002 9	0.034 6	0.075 8	0.257 3
长沙*	湖南			0.018 5	0.124 2	0.063 9	0.061 9	0.025 7	0.007 5	0.088 3	0.193 6	0.657 2
咸宁*	湖北			0.010 7	0.071 5	0.036 8	0.035 7	0.014 8	0.004 3	0.050 9	0.111 6	0.378 7
荆门*	湖北			0.008 4	0.056 6	0.029 1	0.028 2	0.011 7	0.003 4	0.040 2	0.088 2	0.299 5
武汉*	湖北											
十堰**	湖北				0.115 8	0.059 6	0.057 7	0.023 9	0.007 0	0.082 3	0.180 5	0.612 7
神农架*	湖北				0.017 0	0.008 7	0.008 5	0.003 5	0.001 0	0.012 1	0.026 5	0.089 9
襄樊*	湖北				0.096 8	0.049 8	0.048 2	0.020 0	0.005 8	0.068 8	0.150 9	0.512 2
天门*	湖北				0.014 3	0.007 3	0.007 1	0.003 0	0.000 9	0.010 1	0.022 3	0.075 6
潜江*	湖北				0.016 8	0.008 6	0.008 4	0.003 5	0.001 0	0.011 9	0.026 2	0.088 9
仙桃*	湖北				0.008 1	0.004 2	0.004 0	0.001 7	0.000 5	0.005 7	0.012 6	0.042 7
孝感*	湖北				0.035 8	0.018 4	0.017 9	0.007 4	0.002 2	0.025 5	0.055 9	0.189 6
随州*	湖北				0.042 0	0.021 6	0.020 9	0.008 7	0.002 5	0.029 8	0.065 4	0.222 1
黄冈*	湖北				0.081 6	0.042 0	0.040 7	0.016 9	0.004 9	0.058 0	0.127 3	0.432 0
鄂州*	湖北				0.002 3	0.001 2	0.001 1	0.000 5	0.000 1	0.001 6	0.003 6	0.012 2
黄石*	湖北				0.019 0	0.009 8	0.009 5	0.003 9	0.001 1	0.013 5	0.029 6	0.100 6
九江*	江西				0.186 7	0.096 1	0.093 1	0.038 6	0.011 2	0.132 7	0.291 2	0.988 3
赣州*	江西				0.512 5	0.263 8	0.255 5	0.106 0	0.030 9	0.364 3	0.799 1	2.712 5
吉安*	江西				0.348 9	0.179 6	0.174 0	0.072 2	0.021 0	0.248 0	0.544 1	1.847 0
萍乡*	江西				0.053 0	0.027 3	0.026 4	0.011 0	0.003 2	0.037 7	0.082 7	0.280 8

续表

地区	省份	德阳	重庆	武汉	巢湖	南京	镇江	泰州	常州	无锡	苏州	上海
新余*	江西				0.041 5	0.021 4	0.020 7	0.008 6	0.002 5	0.029 5	0.064 8	0.219 8
宜春*	江西				0.285 5	0.147 0	0.142 4	0.059 0	0.017 2	0.203 0	0.445 2	1.511 2
抚州*	江西				0.317 5	0.163 5	0.158 3	0.065 7	0.019 1	0.225 7	0.495 1	1.680 7
鹰潭*	江西				0.067 0	0.034 5	0.033 4	0.013 9	0.004 0	0.047 6	0.104 5	0.354 6
景德镇*	江西				0.063 9	0.032 9	0.031 9	0.013 2	0.003 8	0.045 4	0.099 6	0.338 2
上饶*	江西				0.354 7	0.182 6	0.176 9	0.073 4	0.021 4	0.252 2	0.553 1	1.877 6
南昌*	江西				0.077 2	0.039 8	0.038 5	0.016 0	0.004 7	0.054 9	0.120 4	0.408 7
安庆*	江西				0.090 7	0.046 7	0.045 2	0.018 8	0.005 5	0.064 5	0.141 4	0.480 0
池州*	安徽				0.084 6	0.043 6	0.042 2	0.017 5	0.005 1	0.060 1	0.131 9	0.447 8
铜陵*	安徽				0.022 7	0.011 7	0.011 3	0.004 7	0.001 4	0.016 1	0.035 4	0.120 1
巢湖*	安徽											
芜湖*	安徽					0.022 7	0.022 0	0.009 1	0.002 7	0.031 4	0.068 9	0.233 9
黄山*	安徽					0.059 8	0.057 9	0.024 0	0.007 0	0.082 6	0.181 2	0.615 2
宣城*	安徽					0.051 6	0.050 0	0.020 7	0.006 0	0.071 2	0.156 3	0.530 5
六安*	安徽					0.040 6	0.039 3	0.016 3	0.004 7	0.056 0	0.122 8	0.416 9
合肥*	安徽					0.025 1	0.024 3	0.010 1	0.002 9	0.034 6	0.075 9	0.257 6
马鞍山*	安徽					0.007 3	0.007 0	0.002 9	0.000 8	0.010 0	0.022 0	0.074 6
南京*	江苏											
滁州*	安徽						0.033 9	0.014 1	0.004 1	0.048 3	0.106 0	0.359 9
扬州*	江苏						0.010 1	0.004 2	0.001 2	0.014 4	0.031 7	0.107 6
镇江	江苏											
泰州	江苏											
常州	江苏											
无锡	江苏											

续表

地区	省份	德阳	重庆	武汉	巢湖	南京	镇江	泰州	常州	无锡	苏州	上海
苏州	江苏											
南通	江苏											0.134 4
上海	上海											

注：* 该地区处于南水北调东线工程上游地区，需要对该地水源涵养服务的供需平衡量进行核减。行政区排列顺序按照上游-下游的关系，即出现缺口地区的以上各地区均摊缺水量。**由于丹江口水库位于湖北省十堰市，处于汉江上游地区，而 2016 年水源涵养服务流动已考虑剔除南水北调调水量之后再进行水源涵养服务流量的模拟，因此，中线调水量已从十堰市水源涵养量中扣除。

附表 4　2010 年长江经济带不同受益区水源涵养服务实物流统计

单位:亿立方米

地区	省份	重庆	巢湖	镇江	泰州	常州	无锡	苏州	上海
甘孜藏族自治州*	四川	7.479 2	0.271 7	0.204 0	0.213 8	0.060 9	0.300 6	0.895 6	2.068 0
迪庆藏族自治州	云南	2.931 0	0.106 5	0.079 9	0.083 8	0.023 9	0.117 8	0.351 0	0.810 4
丽江*	云南	0.998 4	0.036 3	0.027 2	0.028 5	0.008 1	0.040 1	0.119 6	0.276 1
大理白族自治州*	云南	0.873 1	0.031 7	0.023 8	0.025 0	0.007 1	0.035 1	0.104 6	0.241 4
楚雄彝族自治州*	云南	0.123 9	0.004 5	0.003 4	0.003 5	0.001 0	0.005 0	0.014 8	0.034 3
攀枝花*	四川	0.089 6	0.003 3	0.002 4	0.002 6	0.000 7	0.003 6	0.010 7	0.024 8
凉山彝族自治州*	四川	3.597 8	0.130 7	0.098 1	0.102 8	0.029 3	0.144 6	0.430 8	0.994 8
昆明*	云南	0.356 3	0.012 9	0.009 7	0.010 2	0.002 9	0.014 3	0.042 7	0.098 5
曲靖*	云南	2.355 3	0.085 6	0.064 2	0.067 3	0.019 2	0.094 7	0.282 0	0.651 2
昭通	云南	2.063 1	0.074 9	0.056 3	0.059 0	0.016 8	0.082 9	0.247 1	0.570 5
宜宾*	四川	1.821 9	0.066 2	0.049 7	0.052 1	0.014 8	0.073 2	0.218 2	0.503 8
阿坝藏族羌族自治州*	四川	6.264 0	0.227 5	0.170 8	0.179 1	0.051 0	0.251 8	0.750 1	1.732 0
成都*	四川	0.692 1	0.025 1	0.018 9	0.019 8	0.005 6	0.027 8	0.082 9	0.191 4
眉山*	四川	1.278 2	0.046 4	0.034 9	0.036 5	0.010 4	0.051 4	0.153 1	0.353 4
乐山*	四川	1.753 1	0.063 7	0.047 8	0.050 1	0.014 3	0.070 5	0.209 9	0.484 7
雅安*	四川	3.043 3	0.110 6	0.083 0	0.087 0	0.024 8	0.122 3	0.364 4	0.841 5
泸州*	四川	1.747 4	0.063 5	0.047 7	0.049 9	0.014 2	0.070 2	0.209 2	0.483 2
德阳*	四川	0.106 1	0.003 9	0.002 9	0.003 0	0.000 9	0.004 3	0.012 7	0.029 3
资阳*	四川	0.845 5	0.030 7	0.023 1	0.024 2	0.006 9	0.034 0	0.101 2	0.233 8
内江*	四川	0.961 9	0.034 9	0.026 2	0.027 5	0.007 8	0.038 7	0.115 2	0.266 0
自贡*	四川	0.657 5	0.023 9	0.017 9	0.018 8	0.005 4	0.026 4	0.078 7	0.181 8
重庆*	重庆								
广元*	四川		0.128 5	0.096 5	0.101 1	0.028 8	0.142 2	0.423 7	0.978 3
南充*	四川		0.078 7	0.059 1	0.061 9	0.017 6	0.087 0	0.259 3	0.598 7

续表

地区	省份	重庆	巢湖	镇江	泰州	常州	无锡	苏州	上海
广安*	四川		0.044 4	0.033 3	0.034 9	0.009 9	0.049 1	0.146 3	0.337 9
巴中*	四川		0.110 1	0.082 7	0.086 6	0.024 7	0.121 8	0.362 9	0.838 0
达州*	四川		0.121 9	0.091 5	0.095 9	0.027 3	0.134 9	0.401 9	0.927 9
绵阳*	四川		0.096 4	0.072 4	0.075 9	0.021 6	0.106 7	0.317 8	0.733 7
遂宁*	四川		0.029 3	0.022 0	0.023 1	0.006 6	0.032 4	0.096 6	0.223 0
毕节*	贵州		0.094 2	0.070 7	0.074 1	0.021 1	0.104 2	0.310 4	0.716 7
六盘水*	贵州		0.047 4	0.035 6	0.037 3	0.010 6	0.052 5	0.156 4	0.361 1
安顺*	贵州		0.068 6	0.051 5	0.054 0	0.015 4	0.075 9	0.226 2	0.522 3
贵阳*	贵州		0.031 3	0.023 5	0.024 6	0.007 0	0.034 6	0.103 1	0.238 0
黔南布依族苗族自治州*	贵州		0.175 9	0.132 0	0.138 4	0.039 4	0.194 6	0.579 8	1.338 7
黔东南苗族侗族自治州*	贵州		0.170 4	0.127 9	0.134 1	0.038 2	0.188 5	0.561 7	1.297 0
遵义	贵州		0.198 1	0.148 7	0.155 8	0.044 4	0.219 1	0.652 9	1.507 5
铜仁*	贵州		0.139 6	0.104 8	0.109 9	0.031 3	0.154 5	0.460 3	1.062 9
恩施土家族苗族自治州*	湖北		0.219 1	0.164 5	0.172 4	0.049 1	0.242 5	0.722 4	1.668 0
宜昌*	湖北		0.123 6	0.092 8	0.097 2	0.027 7	0.136 7	0.407 3	0.940 5
荆州	湖北		0.118 4	0.088 9	0.093 2	0.026 5	0.131 0	0.390 4	0.901 5
岳阳*	湖南		0.177 2	0.133 1	0.139 5	0.039 7	0.196 1	0.584 2	1.349 0
怀化*	湖南		0.249 8	0.187 6	0.196 6	0.056 0	0.276 4	0.823 6	1.901 8
湘西土家族苗族自治州*	湖南		0.182 2	0.136 8	0.143 4	0.040 8	0.201 6	0.600 7	1.387 1
张家界*	湖南		0.115 2	0.086 5	0.090 6	0.025 8	0.127 4	0.379 7	0.876 8
常德	湖南		0.173 0	0.129 9	0.136 1	0.038 8	0.191 4	0.570 3	1.316 8
邵阳*	湖南		0.153 5	0.115 3	0.120 8	0.034 4	0.169 9	0.506 1	1.168 6
娄底*	湖南		0.092 3	0.069 3	0.072 6	0.020 7	0.102 1	0.304 3	0.702 7
益阳*	湖南		0.139 6	0.104 8	0.109 9	0.031 3	0.154 5	0.460 2	1.062 7

续表

地区	省份	重庆	巢湖	镇江	泰州	常州	无锡	苏州	上海
永州*	湖南		0.194 3	0.145 9	0.152 9	0.043 6	0.215 0	0.640 5	1.479 0
衡阳*	湖南		0.157 8	0.118 5	0.124 2	0.035 4	0.174 6	0.520 2	1.201 1
郴州*	湖南		0.153 3	0.115 1	0.120 6	0.034 4	0.169 6	0.505 3	1.166 8
株洲*	湖南		0.121 0	0.090 8	0.095 2	0.027 1	0.133 8	0.398 8	0.920 8
湘潭*	湖南		0.043 1	0.032 4	0.034 0	0.009 7	0.047 7	0.142 2	0.328 4
长沙*	湖南		0.115 4	0.086 6	0.090 8	0.025 9	0.127 6	0.380 3	0.878 0
咸宁*	湖北		0.155 6	0.116 8	0.122 5	0.034 9	0.172 2	0.513 0	1.184 5
荆门*	湖北		0.034 6	0.026 0	0.027 2	0.007 8	0.038 3	0.114 1	0.263 4
武汉*	湖北		0.052 8	0.039 6	0.041 5	0.011 8	0.058 4	0.173 9	0.401 6
十堰**	湖北		0.074 5	0.055 9	0.058 6	0.016 7	0.082 4	0.245 6	0.567 1
神农架*	湖北		0.006 9	0.005 2	0.005 4	0.001 5	0.007 6	0.022 7	0.052 4
襄樊*	湖北		0.040 2	0.030 2	0.031 6	0.009 0	0.044 5	0.132 5	0.305 9
天门*	湖北		0.014 9	0.011 2	0.011 7	0.003 3	0.016 4	0.049 0	0.113 2
潜江*	湖北		0.013 1	0.009 8	0.010 3	0.002 9	0.014 5	0.043 2	0.099 8
仙桃*	湖北		0.017 8	0.013 4	0.014 0	0.004 0	0.019 7	0.058 7	0.135 5
孝感*	湖北		0.034 7	0.026 1	0.027 3	0.007 8	0.038 4	0.114 6	0.264 5
随州*	湖北		0.033 9	0.025 5	0.026 7	0.007 6	0.037 5	0.111 7	0.258 0
黄冈*	湖北		0.173 1	0.130 0	0.136 2	0.038 8	0.191 6	0.570 7	1.317 8
鄂州*	湖北		0.009 3	0.006 9	0.007 3	0.002 1	0.010 2	0.030 5	0.070 4
黄石*	湖北		0.054 3	0.040 8	0.042 8	0.012 2	0.060 1	0.179 2	0.413 7
九江*	江西		0.252 2	0.189 4	0.198 5	0.056 5	0.279 0	0.831 4	1.919 7
赣州*	江西		0.433 6	0.325 5	0.341 2	0.097 2	0.479 7	1.429 3	3.300 4
吉安*	江西		0.341 9	0.256 7	0.269 0	0.076 6	0.378 3	1.127 1	2.602 4
萍乡*	江西		0.050 6	0.038 0	0.039 8	0.011 3	0.055 9	0.166 6	0.384 8

续表

地区	省份	重庆	巢湖	镇江	泰州	常州	无锡	苏州	上海
新余*	江西		0.049 4	0.037 1	0.038 9	0.011 1	0.054 6	0.162 8	0.375 8
宜春*	江西		0.299 5	0.224 9	0.235 7	0.067 1	0.331 4	0.987 3	2.279 7
抚州*	江西		0.355 0	0.266 5	0.279 3	0.079 6	0.392 8	1.170 3	2.702 1
鹰潭*	江西		0.081 5	0.061 2	0.064 1	0.018 3	0.090 2	0.268 6	0.620 3
景德镇*	江西		0.104 2	0.078 2	0.082 0	0.023 4	0.115 3	0.343 5	0.793 3
上饶*	江西		0.481 0	0.361 1	0.378 5	0.107 8	0.532 2	1.585 6	3.661 2
南昌*	江西		0.112 2	0.084 2	0.088 3	0.025 1	0.124 1	0.369 8	0.853 9
安庆*	江西		0.152 2	0.114 3	0.119 8	0.034 1	0.168 4	0.501 8	1.158 6
池州*	安徽		0.125 7	0.094 4	0.098 9	0.028 2	0.139 0	0.414 3	0.956 6
铜陵*	安徽		0.028 6	0.021 5	0.022 5	0.006 4	0.031 6	0.094 3	0.217 6
巢湖*	安徽								
芜湖*	安徽			0.041 9	0.043 9	0.012 5	0.061 8	0.184 0	0.425 0
黄山*	安徽			0.121 8	0.127 7	0.036 4	0.179 5	0.535 0	1.235 2
宣城*	安徽			0.092 5	0.096 9	0.027 6	0.136 3	0.406 1	0.937 6
六安*	安徽			0.080 2	0.084 0	0.023 9	0.118 1	0.351 9	0.812 6
合肥*	安徽			0.057 8	0.060 5	0.017 2	0.085 1	0.253 7	0.585 7
马鞍山*	安徽			0.004 4	0.004 6	0.001 3	0.006 4	0.019 1	0.044 2
南京*	江苏			0.004 3	0.004 5	0.001 3	0.006 3	0.018 9	0.043 5
滁州*	安徽			0.047 5	0.049 8	0.014 2	0.070 0	0.208 6	0.481 7
扬州*	江苏			0.018 5	0.019 4	0.005 5	0.027 2	0.081 2	0.187 4
镇江	江苏								
泰州	江苏								
常州	江苏								
无锡	江苏								

续表

地区	省份	重庆	巢湖	镇江	泰州	常州	无锡	苏州	上海
苏州	江苏								
南通	江苏								0.130 0
上海	上海								

注：*该地区处于南水北调东线工程上游地区，需要对该地水源涵养服务的供需平衡量进行核减。行政区排列顺序按照上游-下游的关系，即出现缺口地区的以上各地区均摊缺水量。**由于丹江口水库位于湖北省十堰市，处于汉江上游地区，而2016年水源涵养服务流动已考虑剔除南水北调调水量之后再进行水源涵养服务流量的模拟，因此，中线调水量已从十堰市水源涵养量中扣除。

附表 5　2016 年长江经济带不同受益区水源涵养服务实物流统计

单位：亿立方米

地区	省份	成都	德阳	重庆	巢湖	马鞍山	南京	镇江	泰州	无锡	苏州	上海
甘孜藏族自治州*	四川	0.929 3	2.766 1	7.537 6	0.926 2	0.278 5	0.147 4	0.192 0	0.509 6	0.333 9	1.709 2	4.647 1
迪庆藏族自治州	云南	0.151 3	0.450 4	1.227 3	0.150 8	0.045 3	0.024 0	0.031 3	0.083 0	0.054 4	0.278 3	0.756 7
丽江*	云南	0.065 3	0.194 4	0.529 7	0.065 1	0.019 6	0.010 4	0.013 5	0.035 8	0.023 5	0.120 1	0.326 5
大理白族自治州*	云南	0.053 5	0.159 2	0.433 9	0.053 3	0.016 0	0.008 5	0.011 1	0.029 3	0.019 2	0.098 4	0.267 5
楚雄彝族自治州*	云南	0.066 1	0.196 9	0.536 4	0.065 9	0.019 8	0.010 5	0.013 7	0.036 3	0.023 8	0.121 6	0.330 7
攀枝花*	四川	0.033 6	0.100 0	0.272 4	0.033 5	0.010 1	0.005 3	0.006 9	0.018 4	0.012 1	0.061 8	0.168 0
凉山彝族自治州*	四川	0.397 8	1.184 0	3.226 4	0.396 5	0.119 2	0.063 1	0.082 2	0.218 1	0.142 9	0.731 6	1.989 2
昆明*	云南	0.144 8	0.430 9	1.174 3	0.144 3	0.043 4	0.023 0	0.029 9	0.079 4	0.052 0	0.266 3	0.724 0
曲靖*	云南	0.311 3	0.926 6	2.525 0	0.310 3	0.093 3	0.049 4	0.064 3	0.170 7	0.111 9	0.572 6	1.556 7
昭通	云南	0.196 2	0.583 9	1.591 0	0.195 5	0.058 8	0.031 1	0.040 5	0.107 6	0.070 5	0.360 8	0.980 9
宜宾*	四川	0.147 4	0.438 7	1.195 6	0.146 9	0.044 2	0.023 4	0.030 4	0.080 8	0.053 0	0.271 1	0.737 1
阿坝藏族羌族自治州*	四川	0.589 5	1.754 8	4.781 9	0.587 6	0.176 7	0.093 5	0.121 8	0.323 3	0.211 9	1.084 3	2.948 1
成都*	四川											
眉山*	四川		0.095 3	0.259 8	0.031 9	0.009 6	0.005 1	0.006 6	0.017 6	0.011 5	0.058 9	0.160 2
乐山*	四川		0.262 8	0.716 2	0.088 0	0.026 5	0.014 0	0.018 2	0.048 4	0.031 7	0.162 4	0.441 6
雅安*	四川		0.488 5	1.331 1	0.163 6	0.049 2	0.026 0	0.033 9	0.090 0	0.059 0	0.301 8	0.820 7
泸州*	四川		0.343 8	0.936 8	0.115 1	0.034 6	0.018 3	0.023 9	0.063 3	0.041 5	0.212 4	0.577 6
德阳*	四川											
资阳*	四川			0.087 1	0.010 7	0.003 2	0.001 7	0.002 2	0.005 9	0.003 9	0.019 8	0.053 7
内江*	四川			0.131 1	0.016 1	0.004 8	0.002 6	0.003 3	0.008 9	0.005 8	0.029 7	0.080 8
自贡*	四川			0.138 9	0.017 1	0.005 1	0.002 7	0.003 5	0.009 4	0.006 2	0.031 5	0.085 6
重庆*	重庆											
广元*	四川				0.187 7	0.056 4	0.029 9	0.038 9	0.103 3	0.067 7	0.346 3	0.941 6
南充*	四川				0.116 5	0.035 0	0.018 5	0.024 1	0.064 1	0.042 0	0.214 9	0.584 4

续表

地区	省份	成都	德阳	重庆	巢湖	马鞍山	南京	镇江	泰州	无锡	苏州	上海
广安*	四川				0.124 8	0.037 5	0.019 9	0.025 9	0.068 7	0.045 0	0.230 3	0.626 2
巴中*	四川				0.170 6	0.051 3	0.027 1	0.035 4	0.093 9	0.061 5	0.314 9	0.856 1
达州*	四川				0.333 8	0.100 4	0.053 1	0.069 2	0.183 7	0.120 4	0.616 0	1.674 8
绵阳*	四川				0.110 9	0.033 3	0.017 6	0.023 0	0.061 0	0.040 0	0.204 7	0.556 4
遂宁*	四川				0.029 1	0.008 7	0.004 6	0.006 0	0.016 0	0.010 5	0.053 7	0.146 0
毕节*	贵州				0.314 6	0.094 6	0.050 0	0.065 2	0.173 1	0.113 4	0.580 5	1.578 2
六盘水*	贵州				0.130 7	0.039 3	0.020 8	0.027 1	0.071 9	0.047 1	0.241 2	0.655 8
安顺*	贵州				0.143 5	0.043 1	0.022 8	0.029 7	0.078 9	0.051 7	0.264 8	0.719 9
贵阳*	贵州				0.105 5	0.031 7	0.016 8	0.021 9	0.058 1	0.038 1	0.194 8	0.529 5
黔南布依族苗族自治州*	贵州				0.409 6	0.123 2	0.065 2	0.084 9	0.225 4	0.147 7	0.755 9	2.055 1
黔东南苗族侗族自治州*	贵州				0.493 2	0.148 3	0.078 5	0.102 2	0.271 3	0.177 8	0.910 1	2.474 3
遵义	贵州				0.318 2	0.095 7	0.050 6	0.065 9	0.175 0	0.114 7	0.587 1	1.596 3
铜仁*	贵州				0.227 9	0.068 5	0.036 3	0.047 2	0.125 4	0.082 2	0.420 6	1.143 4
恩施土家族苗族自治州*	湖北				0.570 3	0.171 5	0.090 7	0.118 2	0.313 8	0.205 6	1.052 5	2.861 5
宜昌*	湖北				0.387 5	0.116 5	0.061 6	0.080 3	0.213 2	0.139 7	0.715 1	1.944 3
荆州	湖北				0.186 8	0.056 2	0.029 7	0.038 7	0.102 8	0.067 4	0.344 7	0.937 2
岳阳*	湖南				0.338 3	0.101 7	0.053 8	0.070 1	0.186 1	0.122 0	0.624 2	1.697 2
怀化*	湖南				0.555 8	0.167 1	0.088 4	0.115 2	0.305 8	0.200 4	1.025 8	2.788 8
湘西土家族苗族自治州*	湖南				0.283 6	0.085 3	0.045 1	0.058 8	0.156 1	0.102 3	0.523 4	1.423 1
张家界*	湖南				0.161 9	0.048 7	0.025 8	0.033 5	0.089 1	0.058 4	0.298 7	0.812 2
常德	湖南				0.292 8	0.088 0	0.046 6	0.060 7	0.161 1	0.105 6	0.540 3	1.469 0
邵阳*	湖南				0.283 9	0.085 4	0.045 2	0.058 8	0.156 2	0.102 4	0.523 9	1.424 3
娄底*	湖南				0.110 9	0.033 3	0.017 6	0.023 0	0.061 0	0.040 0	0.204 6	0.556 2
益阳*	湖南				0.238 4	0.071 7	0.037 9	0.049 4	0.131 2	0.085 9	0.439 9	1.196 0

续表

地区	省份	成都	德阳	重庆	巢湖	马鞍山	南京	镇江	泰州	无锡	苏州	上海
永州*	湖南				0.292 1	0.087 8	0.046 5	0.060 5	0.160 7	0.105 3	0.539 1	1.465 6
衡阳*	湖南				0.239 3	0.072 0	0.038 1	0.049 6	0.131 7	0.086 3	0.441 7	1.200 8
郴州*	湖南				0.305 2	0.091 8	0.048 5	0.063 2	0.167 9	0.110 0	0.563 1	1.531 1
株洲*	湖南				0.172 1	0.051 8	0.027 4	0.035 7	0.094 7	0.062 1	0.317 7	0.863 7
湘潭*	湖南				0.035 0	0.010 5	0.005 6	0.007 3	0.019 3	0.012 6	0.064 7	0.175 8
长沙*	湖南				0.184 9	0.055 6	0.029 4	0.038 3	0.101 8	0.066 7	0.341 3	0.927 9
咸宁*	湖北				0.275 6	0.082 9	0.043 9	0.057 1	0.151 7	0.099 4	0.508 6	1.382 9
荆门*	湖北				0.095 1	0.028 6	0.015 1	0.019 7	0.052 3	0.034 3	0.175 4	0.477 0
武汉*	湖北				0.039 2	0.011 8	0.006 2	0.008 1	0.021 6	0.014 1	0.072 4	0.196 8
十堰**	湖北				0.149 3	0.044 9	0.023 7	0.030 9	0.082 1	0.053 8	0.275 5	0.749 0
神农架*	湖北				0.045 7	0.013 8	0.007 3	0.009 5	0.025 2	0.016 5	0.084 4	0.229 4
襄樊*	湖北				0.191 9	0.057 7	0.030 5	0.039 8	0.105 6	0.069 2	0.354 1	0.962 6
天门*	湖北				0.013 6	0.004 1	0.002 2	0.002 8	0.007 5	0.004 9	0.025 1	0.068 2
潜江*	湖北				0.018 3	0.005 5	0.002 9	0.003 8	0.010 0	0.006 6	0.033 7	0.091 6
仙桃*	湖北				0.017 5	0.005 3	0.002 8	0.003 6	0.009 6	0.006 3	0.032 3	0.087 8
孝感*	湖北				0.049 3	0.014 8	0.007 8	0.010 2	0.027 1	0.017 8	0.091 0	0.247 5
随州*	湖北				0.092 5	0.027 8	0.014 7	0.019 2	0.050 9	0.033 4	0.170 8	0.464 3
黄冈*	湖北				0.238 7	0.071 8	0.038 0	0.049 5	0.131 3	0.086 0	0.440 4	1.197 4
鄂州*	湖北				0.003 0	0.000 9	0.000 5	0.000 6	0.001 6	0.001 1	0.005 5	0.015 0
黄石*	湖北				0.085 5	0.025 7	0.013 6	0.017 7	0.047 1	0.030 8	0.157 8	0.429 1
九江*	江西				0.549 8	0.165 3	0.087 5	0.113 9	0.302 5	0.198 2	1.014 6	2.758 5
赣州*	江西				0.519 0	0.156 1	0.082 6	0.107 6	0.285 6	0.187 1	0.957 8	2.604 0
吉安*	江西				0.513 8	0.154 5	0.081 7	0.106 5	0.282 7	0.185 3	0.948 2	2.577 9
萍乡*	江西				0.080 3	0.024 1	0.012 8	0.016 6	0.044 2	0.028 9	0.148 2	0.402 8

续表

地区	省份	成都	德阳	重庆	巢湖	马鞍山	南京	镇江	泰州	无锡	苏州	上海
新余*	江西				0.064 7	0.019 5	0.010 3	0.013 4	0.035 6	0.023 3	0.119 4	0.324 7
宜春*	江西				0.487 2	0.146 5	0.077 5	0.101 0	0.268 1	0.175 7	0.899 1	2.444 6
抚州*	江西				0.342 0	0.102 8	0.054 4	0.070 9	0.188 2	0.123 3	0.631 1	1.715 9
鹰潭*	江西				0.101 4	0.030 5	0.016 1	0.021 0	0.055 8	0.036 6	0.187 2	0.508 9
景德镇*	江西				0.148 5	0.044 7	0.023 6	0.030 8	0.081 7	0.053 5	0.274 0	0.745 0
上饶*	江西				0.623 1	0.187 4	0.099 1	0.129 1	0.342 8	0.224 7	1.149 9	3.126 3
南昌*	江西				0.126 6	0.038 1	0.020 1	0.026 2	0.069 7	0.045 6	0.233 6	0.635 2
安庆*	江西				0.216 4	0.065 1	0.034 4	0.044 8	0.119 1	0.078 0	0.399 3	1.085 6
池州*	安徽				0.196 8	0.059 2	0.031 3	0.040 8	0.108 3	0.071 0	0.363 2	0.987 4
铜陵*	安徽				0.031 2	0.009 4	0.005 0	0.006 5	0.017 2	0.011 3	0.057 7	0.156 7
巢湖*	安徽											
芜湖*	安徽					0.019 5	0.010 3	0.013 4	0.035 6	0.023 3	0.119 5	0.324 9
黄山*	安徽					0.076 3	0.040 4	0.052 6	0.139 6	0.091 5	0.468 3	1.273 1
宣城*	安徽					0.056 1	0.029 7	0.038 6	0.102 6	0.067 2	0.344 0	0.935 3
六安*	安徽					0.045 9	0.024 3	0.031 7	0.084 1	0.055 1	0.282 0	0.766 7
合肥*	安徽					0.032 1	0.017 0	0.022 1	0.058 7	0.038 5	0.196 9	0.535 3
马鞍山*	安徽											
南京*	江苏											
滁州*	安徽							0.026 2	0.069 5	0.045 5	0.232 9	0.633 3
扬州*	江苏							0.006 0	0.015 8	0.010 4	0.053 1	0.144 2
镇江	江苏											
泰州	江苏											
常州	江苏									0.002 9	0.015 0	0.040 8
无锡	江苏											

续表

地区	省份	成都	德阳	重庆	巢湖	马鞍山	南京	镇江	泰州	无锡	苏州	上海
苏州	江苏											
南通	江苏											0.115 7
上海	上海											

注：* 该地区处于南水北调东线工程上游地区，需要对该地水源涵养服务的供需平衡量进行核减。行政区排列顺序按照上游-下游的关系，即出现缺口地区的以上各地区均摊缺水量。**由于丹江口水库位于湖北省十堰市，处于汉江上游地区，而2016年水源涵养服务流动已考虑剔除南水北调调水量之后再进行水源涵养服务流量的模拟，因此，中线调水量已从十堰市水源涵养量中扣除。

附表 6　2000 年长江经济带不同受益区水源涵养服务价值流统计

单位:亿元

地区	省份	德阳	重庆	武汉	巢湖	南京	镇江	泰州	常州	无锡	苏州	上海
甘孜藏族自治州*	四川	7.665 3	0.665 0	0.376 9	2.524 6	1.299 8	1.258 8	0.522 1	0.152 0	1.794 7	3.936 9	13.363 2
迪庆藏族自治州	云南	1.859 0	0.161 3	0.091 4	0.612 3	0.315 2	0.305 3	0.126 6	0.036 9	0.435 3	0.954 8	3.240 9
丽江*	云南	1.330 9	0.115 5	0.065 4	0.438 3	0.225 7	0.218 6	0.090 6	0.026 4	0.311 6	0.683 5	2.320 2
大理白族自治州*	云南	1.637 1	0.142 0	0.080 5	0.539 2	0.277 6	0.268 8	0.111 5	0.032 5	0.383 3	0.840 8	2.854 1
楚雄彝族自治州*	云南	1.362 5	0.118 2	0.067 0	0.448 7	0.231 0	0.223 7	0.092 8	0.027 0	0.319 0	0.699 8	2.375 2
攀枝花*	四川	0.293 3	0.025 4	0.014 4	0.096 6	0.049 7	0.048 2	0.020 0	0.005 8	0.068 7	0.150 6	0.511 3
凉山彝族自治州*	四川	3.828 1	0.332 1	0.188 2	1.260 8	0.649 1	0.628 6	0.260 7	0.075 9	0.896 3	1.966 1	6.673 7
昆明*	云南	0.683 6	0.059 3	0.033 6	0.225 1	0.115 9	0.112 3	0.046 6	0.013 6	0.160 0	0.351 1	1.191 7
曲靖*	云南	2.483 9	0.215 5	0.122 1	0.818 1	0.421 2	0.407 9	0.169 2	0.049 3	0.581 6	1.275 8	4.330 3
昭通	云南	1.848 9	0.160 4	0.090 9	0.609 0	0.313 5	0.303 6	0.125 9	0.036 7	0.432 9	0.949 6	3.223 3
宜宾*	四川	1.513 5	0.131 3	0.074 4	0.498 5	0.256 6	0.248 5	0.103 1	0.030 0	0.354 4	0.777 3	2.638 5
阿坝藏族羌族自治州*	四川	3.057 9	0.265 3	0.150 4	1.007 1	0.518 5	0.502 2	0.208 3	0.060 7	0.715 9	1.570 5	5.330 9
成都*	四川	0.056 8	0.004 9	0.002 8	0.018 7	0.009 6	0.009 3	0.003 9	0.001 1	0.013 3	0.029 2	0.099 0
眉山*	四川	0.421 9	0.036 6	0.020 7	0.139 0	0.071 5	0.069 3	0.028 7	0.008 4	0.098 8	0.216 7	0.735 5
乐山*	四川	1.001 1	0.086 8	0.049 2	0.329 7	0.169 8	0.164 4	0.068 2	0.019 9	0.234 4	0.514 2	1.745 2
雅安*	四川	1.258 5	0.109 2	0.061 9	0.414 5	0.213 4	0.206 7	0.085 7	0.025 0	0.294 7	0.646 4	2.194 0
泸州*	四川	1.577 3	0.136 8	0.077 6	0.519 5	0.267 5	0.259 0	0.107 4	0.031 3	0.369 3	0.810 1	2.749 8
德阳*	四川											
资阳*	四川		0.025 9	0.014 7	0.098 2	0.050 6	0.049 0	0.020 3	0.005 9	0.069 8	0.153 2	0.520 0
内江*	四川		0.025 5	0.014 4	0.096 8	0.049 8	0.048 2	0.020 0	0.005 8	0.068 8	0.150 9	0.512 2
自贡*	四川		0.027 1	0.015 3	0.102 7	0.052 9	0.051 2	0.021 2	0.006 2	0.073 0	0.160 2	0.543 9
重庆*	重庆											
广元*	四川			0.077 6	0.519 5	0.267 5	0.259 0	0.107 4	0.031 3	0.369 3	0.810 2	2.750 0
南充*	四川			0.104 2	0.697 9	0.359 3	0.348 0	0.144 3	0.042 0	0.496 1	1.088 4	3.694 3

续表

地区	省份	德阳	重庆	武汉	巢湖	南京	镇江	泰州	常州	无锡	苏州	上海
广安*	四川			0.0539	0.3611	0.1859	0.1800	0.0747	0.0217	0.2567	0.5631	1.9114
巴中*	四川			0.1198	0.8026	0.4132	0.4002	0.1660	0.0483	0.5705	1.2515	4.2481
达州*	四川			0.1709	1.1446	0.5893	0.5707	0.2367	0.0689	0.8137	1.7850	6.0589
绵阳*	四川			0.0468	0.3136	0.1614	0.1563	0.0648	0.0189	0.2229	0.4890	1.6598
遂宁*	四川			0.0208	0.1392	0.0717	0.0694	0.0288	0.0084	0.0989	0.2170	0.7366
毕节*	贵州			0.1774	1.1880	0.6117	0.5923	0.2457	0.0715	0.8445	1.8526	6.2884
六盘水*	贵州			0.0873	0.5847	0.3010	0.2915	0.1209	0.0352	0.4156	0.9118	3.0948
安顺*	贵州			0.1009	0.6758	0.3479	0.3369	0.1398	0.0407	0.4804	1.0538	3.5770
贵阳*	贵州			0.0648	0.4344	0.2236	0.2166	0.0898	0.0262	0.3088	0.6773	2.2991
黔南布依族苗族自治州*	贵州			0.2469	1.6541	0.8516	0.8247	0.3421	0.0996	1.1759	2.5795	8.7556
黔东南苗族侗族自治州*	贵州			0.2561	1.7156	0.8833	0.8554	0.3548	0.1033	1.2196	2.6754	9.0813
遵义	贵州			0.2423	1.6231	0.8357	0.8093	0.3357	0.0977	1.1538	2.5311	8.5914
铜仁*	贵州			0.1298	0.8693	0.4476	0.4334	0.1798	0.0524	0.6180	1.3556	4.6014
恩施土家族苗族自治州*	湖北			0.2458	1.6466	0.8478	0.8210	0.3405	0.0992	1.1706	2.5678	8.7159
宜昌*	湖北			0.1474	0.9872	0.5082	0.4922	0.2042	0.0595	0.7018	1.5394	5.2253
荆州	湖北			0.0586	0.3924	0.2020	0.1956	0.0811	0.0236	0.2789	0.6118	2.0768
岳阳*	湖南			0.0988	0.6619	0.3408	0.3300	0.1369	0.0399	0.4705	1.0321	3.5035
怀化*	湖南			0.2352	1.5754	0.8111	0.7855	0.3258	0.0949	1.1199	2.4567	8.3387
湘西土家族苗族自治州*	湖南			0.1663	1.1136	0.5733	0.5552	0.2303	0.0671	0.7916	1.7366	5.8945
张家界*	湖南			0.0708	0.4742	0.2442	0.2364	0.0981	0.0286	0.3371	0.7395	2.5102
常德	湖南			0.1142	0.7648	0.3938	0.3813	0.1582	0.0461	0.5437	1.1927	4.0484
邵阳*	湖南			0.1776	1.1895	0.6124	0.5931	0.2460	0.0716	0.8456	1.8550	6.2963
娄底*	湖南			0.0680	0.4552	0.2344	0.2270	0.0941	0.0274	0.3236	0.7099	2.4096
益阳*	湖南			0.0957	0.6410	0.3300	0.3196	0.1326	0.0386	0.4557	0.9996	3.3931

续表

地区	省份	德阳	重庆	武汉	巢湖	南京	镇江	泰州	常州	无锡	苏州	上海
永州*	湖南			0.153 5	1.027 9	0.529 2	0.512 5	0.212 6	0.061 9	0.730 7	1.603 0	5.441 1
衡阳*	湖南			0.194 4	1.301 8	0.670 3	0.649 1	0.269 2	0.078 4	0.925 5	2.030 1	6.891 0
郴州*	湖南			0.198 1	1.326 9	0.683 1	0.661 6	0.274 4	0.079 9	0.943 3	2.069 2	7.023 4
株洲*	湖南			0.116 6	0.780 9	0.402 0	0.389 3	0.161 5	0.047 0	0.555 1	1.217 7	4.133 2
湘潭*	湖南			0.037 1	0.248 4	0.127 9	0.123 9	0.051 4	0.015 0	0.176 6	0.387 4	1.314 9
长沙*	湖南			0.094 7	0.634 4	0.326 6	0.316 3	0.131 2	0.038 2	0.451 0	0.989 3	3.358 2
咸宁*	湖北			0.054 6	0.365 6	0.188 2	0.182 3	0.075 6	0.022 0	0.259 9	0.570 1	1.935 2
荆门*	湖北			0.043 2	0.289 1	0.148 9	0.144 2	0.059 8	0.017 4	0.205 5	0.450 9	1.530 4
武汉*	湖北											
十堰**	湖北				0.591 5	0.304 5	0.294 9	0.122 3	0.035 6	0.420 5	0.922 4	3.131 0
神农架*	湖北				0.086 8	0.044 7	0.043 3	0.018 0	0.005 2	0.061 7	0.135 4	0.459 6
襄樊*	湖北				0.494 4	0.254 6	0.246 5	0.102 3	0.029 8	0.351 5	0.771 1	2.617 2
天门*	湖北				0.072 9	0.037 6	0.036 4	0.015 1	0.004 4	0.051 9	0.113 7	0.386 1
潜江*	湖北				0.085 8	0.044 2	0.042 8	0.017 7	0.005 2	0.061 0	0.133 8	0.454 2
仙桃*	湖北				0.041 2	0.021 2	0.020 6	0.008 5	0.002 5	0.029 3	0.064 3	0.218 3
孝感*	湖北				0.183 0	0.094 2	0.091 3	0.037 9	0.011 0	0.130 1	0.285 5	0.968 9
随州*	湖北				0.214 4	0.110 4	0.106 9	0.044 3	0.012 9	0.152 4	0.334 4	1.135 1
黄冈*	湖北				0.417 0	0.214 7	0.207 9	0.086 2	0.025 1	0.296 4	0.650 3	2.207 3
鄂州*	湖北				0.011 8	0.006 1	0.005 9	0.002 4	0.000 7	0.008 4	0.018 4	0.062 4
黄石*	湖北				0.097 1	0.050 0	0.048 4	0.020 1	0.005 8	0.069 0	0.151 5	0.514 1
九江*	江西				0.954 1	0.491 2	0.475 7	0.197 3	0.057 5	0.678 2	1.487 8	5.050 2
赣州*	江西				2.618 6	1.348 2	1.305 7	0.541 5	0.157 7	1.861 5	4.083 6	13.860 9
吉安*	江西				1.783 0	0.918 0	0.889 0	0.368 7	0.107 4	1.267 5	2.780 5	9.438 0
萍乡*	江西				0.271 0	0.139 5	0.135 1	0.056 1	0.016 3	0.192 7	0.422 7	1.434 6

续表

地区	省份	德阳	重庆	武汉	巢湖	南京	镇江	泰州	常州	无锡	苏州	上海
新余*	江西				0.212 2	0.109 2	0.105 8	0.043 9	0.012 8	0.150 8	0.330 9	1.123 1
宜春*	江西				1.458 9	0.751 1	0.727 4	0.301 7	0.087 9	1.037 1	2.275 1	7.722 3
抚州*	江西				1.622 5	0.835 3	0.809 0	0.335 5	0.097 7	1.153 4	2.530 1	8.588 2
鹰潭*	江西				0.342 4	0.176 3	0.170 7	0.070 8	0.020 6	0.243 4	0.533 9	1.812 2
景德镇*	江西				0.326 5	0.168 1	0.162 8	0.067 5	0.019 7	0.232 1	0.509 1	1.728 1
上饶*	江西				1.812 6	0.933 2	0.903 8	0.374 8	0.109 2	1.288 5	2.826 6	9.594 3
南昌*	江西				0.394 6	0.203 2	0.196 7	0.081 6	0.023 8	0.280 5	0.615 3	2.088 6
安庆*	江西				0.463 3	0.238 6	0.231 0	0.095 8	0.027 9	0.329 4	0.722 6	2.452 6
池州*	安徽				0.432 3	0.222 6	0.215 5	0.089 4	0.026 0	0.307 3	0.674 1	2.288 1
铜陵*	安徽				0.116 0	0.059 7	0.057 8	0.024 0	0.007 0	0.082 5	0.180 9	0.613 9
巢湖*	安徽											
芜湖*	安徽					0.116 2	0.112 6	0.046 7	0.013 6	0.160 5	0.352 1	1.195 0
黄山*	安徽					0.305 8	0.296 1	0.122 8	0.035 8	0.422 2	0.926 1	3.143 4
宣城*	安徽					0.263 7	0.255 4	0.105 9	0.030 8	0.364 1	0.798 7	2.710 9
六安*	安徽					0.207 2	0.200 7	0.083 2	0.024 2	0.286 1	0.627 7	2.130 5
合肥*	安徽					0.128 0	0.124 0	0.051 4	0.015 0	0.176 8	0.387 7	1.316 1
马鞍山*	安徽					0.037 1	0.035 9	0.014 9	0.004 3	0.051 2	0.112 3	0.381 0
南京*	江苏											
滁州*	安徽						0.173 3	0.071 9	0.020 9	0.247 0	0.541 9	1.839 3
扬州*	江苏						0.051 8	0.021 5	0.006 3	0.073 8	0.161 9	0.549 7
镇江	江苏											
泰州	江苏											
常州	江苏											
无锡	江苏											

续表

地区	省份	德阳	重庆	武汉	巢湖	南京	镇江	泰州	常州	无锡	苏州	上海
苏州	江苏											
南通	江苏											0.687 0
上海	上海											

注：* 该地区处于南水北调东线工程上游地区，需要对该地水源涵养服务的供需平衡量进行核减。行政区排列顺序按照上游-下游的关系，即出现缺口地区的以上各地区均摊缺水量。**由于丹江口水库位于湖北省十堰市，处于汉江上游地区，而 2016 年水源涵养服务流动已考虑剔除南水北调调水量之后再进行水源涵养服务流量的模拟，因此，中线调水量已从十堰市水源涵养量中扣除。

附表 7　2010 年长江经济带不同受益区水源涵养服务价值流统计

单位:亿元

地区	省份	重庆	巢湖	镇江	泰州	常州	无锡	苏州	上海
甘孜藏族自治州*	四川	38.2189	1.3884	1.0424	1.0925	0.3112	1.5360	4.5767	10.5676
迪庆藏族自治州	云南	14.9772	0.5441	0.4085	0.4281	0.1219	0.6019	1.7935	4.1412
丽江*	云南	5.1018	0.1853	0.1391	0.1458	0.0415	0.2050	0.6109	1.4107
大理白族自治州*	云南	4.4615	0.1621	0.1217	0.1275	0.0363	0.1793	0.5343	1.2336
楚雄彝族自治州*	云南	0.6330	0.0230	0.0173	0.0181	0.0052	0.0254	0.0758	0.1750
攀枝花*	四川	0.4580	0.0166	0.0125	0.0131	0.0037	0.0184	0.0548	0.1266
凉山彝族自治州*	四川	18.3849	0.6679	0.5014	0.5255	0.1497	0.7389	2.2016	5.0835
昆明*	云南	1.8207	0.0661	0.0497	0.0520	0.0148	0.0732	0.2180	0.5034
曲靖*	云南	12.0355	0.4372	0.3283	0.3440	0.0980	0.4837	1.4412	3.3278
昭通	云南	10.5425	0.3830	0.2875	0.3013	0.0858	0.4237	1.2624	2.9150
宜宾*	四川	9.3099	0.3382	0.2539	0.2661	0.0758	0.3742	1.1148	2.5742
阿坝藏族羌族自治州*	四川	32.0088	1.1628	0.8730	0.9150	0.2606	1.2865	3.8330	8.8505
成都*	四川	3.5369	0.1285	0.0965	0.1011	0.0288	0.1421	0.4235	0.9779
眉山*	四川	6.5316	0.2373	0.1781	0.1867	0.0532	0.2625	0.7821	1.8060
乐山*	四川	8.9583	0.3254	0.2443	0.2561	0.0729	0.3600	1.0727	2.4770
雅安*	四川	15.5514	0.5649	0.4241	0.4445	0.1266	0.6250	1.8623	4.3000
泸州*	四川	8.9293	0.3244	0.2435	0.2552	0.0727	0.3589	1.0693	2.4690
德阳*	四川	0.5423	0.0197	0.0148	0.0155	0.0044	0.0218	0.0649	0.1499
资阳*	四川	4.3205	0.1569	0.1178	0.1235	0.0352	0.1736	0.5174	1.1946
内江*	四川	4.9153	0.1786	0.1341	0.1405	0.0400	0.1975	0.5886	1.3591
自贡*	四川	3.3597	0.1220	0.0916	0.0960	0.0274	0.1350	0.4023	0.9289
重庆*	重庆								
广元*	四川		0.6568	0.4931	0.5168	0.1472	0.7267	2.1651	4.9993
南充*	四川		0.4019	0.3018	0.3163	0.0901	0.4447	1.3249	3.0592

续表

地区	省份	重庆	巢湖	镇江	泰州	常州	无锡	苏州	上海
广安*	四川		0.226 8	0.170 3	0.178 5	0.050 8	0.251 0	0.747 7	1.726 5
巴中*	四川		0.562 6	0.422 4	0.442 7	0.126 1	0.622 4	1.854 5	4.282 1
达州*	四川		0.622 9	0.467 7	0.490 2	0.139 6	0.689 2	2.053 5	4.741 5
绵阳*	四川		0.492 6	0.369 8	0.387 6	0.110 4	0.545 0	1.623 8	3.749 5
遂宁*	四川		0.149 7	0.112 4	0.117 8	0.033 6	0.165 6	0.493 5	1.139 5
毕节*	贵州		0.481 1	0.361 2	0.378 6	0.107 8	0.532 3	1.586 1	3.662 2
六盘水*	贵州		0.242 4	0.182 0	0.190 8	0.054 3	0.268 2	0.799 2	1.845 3
安顺*	贵州		0.350 7	0.263 3	0.275 9	0.078 6	0.388 0	1.156 0	2.669 1
贵阳*	贵州		0.159 8	0.120 0	0.125 7	0.035 8	0.176 8	0.526 7	1.216 1
黔南布依族苗族自治州*	贵州		0.898 7	0.674 8	0.707 2	0.201 4	0.994 3	2.962 6	6.840 8
黔东南苗族侗族自治州*	贵州		0.870 7	0.653 7	0.685 1	0.195 2	0.963 3	2.870 3	6.627 5
遵义	贵州		1.012 1	0.759 9	0.796 4	0.226 8	1.119 7	3.336 2	7.703 4
铜仁*	贵州		0.713 6	0.535 8	0.561 5	0.159 9	0.789 5	2.352 3	5.431 5
恩施土家族苗族自治州*	湖北		1.119 8	0.840 8	0.881 2	0.251 0	1.238 9	3.691 4	8.523 6
宜昌*	湖北		0.631 4	0.474 0	0.496 8	0.141 5	0.698 5	2.081 3	4.805 7
荆州	湖北		0.605 2	0.454 4	0.476 2	0.135 7	0.669 6	1.995 1	4.606 8
岳阳*	湖南		0.905 7	0.680 0	0.712 6	0.203 0	1.002 0	2.985 5	6.893 5
怀化*	湖南		1.276 7	0.958 6	1.004 6	0.286 2	1.412 5	4.208 7	9.718 0
湘西土家族苗族自治州*	湖南		0.931 2	0.699 1	0.732 7	0.208 7	1.030 3	3.069 7	7.087 9
张家界*	湖南		0.588 6	0.442 0	0.463 2	0.131 9	0.651 3	1.940 5	4.480 6
常德	湖南		0.884 0	0.663 7	0.695 6	0.198 1	0.978 0	2.914 1	6.728 7
邵阳*	湖南		0.784 6	0.589 0	0.617 4	0.175 9	0.868 0	2.586 3	5.971 8
娄底*	湖南		0.471 7	0.354 2	0.371 2	0.105 7	0.521 9	1.555 1	3.590 7
益阳*	湖南		0.713 4	0.535 6	0.561 4	0.159 9	0.789 3	2.351 8	5.430 4

续表

地区	省份	重庆	巢湖	镇江	泰州	常州	无锡	苏州	上海
永州*	湖南		0.992 9	0.745 5	0.781 3	0.222 6	1.098 5	3.273 0	7.557 5
衡阳*	湖南		0.806 3	0.605 4	0.634 5	0.180 7	0.892 1	2.658 1	6.137 6
郴州*	湖南		0.783 3	0.588 1	0.616 4	0.175 6	0.866 6	2.582 1	5.962 1
株洲*	湖南		0.618 2	0.464 1	0.486 4	0.138 6	0.683 9	2.037 8	4.705 2
湘潭*	湖南		0.220 5	0.165 5	0.173 5	0.049 4	0.243 9	0.726 8	1.678 2
长沙*	湖南		0.589 5	0.442 6	0.463 8	0.132 1	0.652 2	1.943 1	4.486 7
咸宁*	湖北		0.795 2	0.597 0	0.625 7	0.178 2	0.879 8	2.621 4	6.052 8
荆门*	湖北		0.176 8	0.132 7	0.139 1	0.039 6	0.195 6	0.582 9	1.345 8
武汉*	湖北		0.269 6	0.202 4	0.212 2	0.060 4	0.298 3	0.888 8	2.052 3
十堰**	湖北		0.380 7	0.285 9	0.299 6	0.085 3	0.421 2	1.255 1	2.898 0
神农架*	湖北		0.035 2	0.026 4	0.027 7	0.007 9	0.038 9	0.115 9	0.267 6
襄樊*	湖北		0.205 4	0.154 2	0.161 6	0.046 0	0.227 2	0.677 1	1.563 3
天门*	湖北		0.076 0	0.057 0	0.059 8	0.017 0	0.084 0	0.250 4	0.578 2
潜江*	湖北		0.067 0	0.050 3	0.052 7	0.015 0	0.074 2	0.220 9	0.510 2
仙桃*	湖北		0.091 0	0.068 3	0.071 6	0.020 4	0.100 7	0.299 9	0.692 5
孝感*	湖北		0.177 6	0.133 3	0.139 7	0.039 8	0.196 5	0.585 4	1.351 6
随州*	湖北		0.173 2	0.130 1	0.136 3	0.038 8	0.191 7	0.571 0	1.318 5
黄冈*	湖北		0.884 7	0.664 2	0.696 2	0.198 3	0.978 8	2.916 5	6.734 1
鄂州*	湖北		0.047 3	0.035 5	0.037 2	0.010 6	0.052 3	0.155 8	0.359 9
黄石*	湖北		0.277 7	0.208 5	0.218 5	0.062 2	0.307 3	0.915 5	2.113 8
九江*	江西		1.288 8	0.967 6	1.014 1	0.288 9	1.425 8	4.248 3	9.809 5
赣州*	江西		2.215 7	1.663 5	1.743 5	0.496 6	2.451 4	7.303 9	16.864 8
吉安*	江西		1.747 1	1.311 7	1.374 8	0.391 6	1.933 0	5.759 4	13.298 5
萍乡*	江西		0.258 3	0.194 0	0.203 3	0.057 9	0.285 8	0.851 6	1.966 3

续表

地区	省份	重庆	巢湖	镇江	泰州	常州	无锡	苏州	上海
新余*	江西		0.252 3	0.189 4	0.198 5	0.056 6	0.279 2	0.831 8	1.920 6
宜春*	江西		1.530 5	1.149 1	1.204 3	0.343 0	1.693 3	5.045 1	11.649 2
抚州*	江西		1.814 1	1.362 0	1.427 4	0.406 6	2.007 0	5.980 0	13.807 9
鹰潭*	江西		0.416 4	0.312 6	0.327 7	0.093 3	0.460 7	1.372 7	3.169 5
景德镇*	江西		0.532 5	0.399 8	0.419 0	0.119 4	0.589 2	1.755 5	4.053 5
上饶*	江西		2.458 0	1.845 4	1.934 1	0.550 9	2.719 4	8.102 6	18.708 9
南昌*	江西		0.573 2	0.430 4	0.451 1	0.128 5	0.634 2	1.889 7	4.363 3
安庆*	江西		0.777 8	0.584 0	0.612 1	0.174 3	0.860 6	2.564 1	5.920 6
池州*	安徽		0.642 2	0.482 2	0.505 3	0.143 9	0.710 5	2.117 0	4.888 2
铜陵*	安徽		0.146 1	0.109 7	0.115 0	0.032 7	0.161 6	0.481 6	1.112 1
巢湖*	安徽								
芜湖*	安徽			0.214 2	0.224 5	0.063 9	0.315 6	0.940 4	2.171 5
黄山*	安徽			0.622 6	0.652 5	0.185 9	0.917 5	2.733 6	6.312 0
宣城*	安徽			0.472 6	0.495 3	0.141 1	0.696 4	2.075 0	4.791 3
六安*	安徽			0.409 6	0.429 3	0.122 3	0.603 6	1.798 4	4.152 5
合肥*	安徽			0.295 2	0.309 4	0.088 1	0.435 0	1.296 2	2.992 9
马鞍山*	安徽			0.022 3	0.023 3	0.006 6	0.032 8	0.097 8	0.225 7
南京*	江苏			0.021 9	0.023 0	0.006 6	0.032 3	0.096 4	0.222 5
滁州*	安徽			0.242 8	0.254 5	0.072 5	0.357 8	1.066 1	2.461 7
扬州*	江苏			0.094 5	0.099 0	0.028 2	0.139 2	0.414 7	0.957 6
镇江	江苏								
泰州	江苏								
常州	江苏								
无锡	江苏								

续表

地区	省份	重庆	巢湖	镇江	泰州	常州	无锡	苏州	上海
苏州	江苏								
南通	江苏								0.664 2
上海	上海								

注：* 该地区处于南水北调东线工程上游地区，需要对该地水源涵养服务的供需平衡量进行核减。行政区排列顺序按照上游-下游的关系，即出现缺口地区的以上各地区均摊缺水量。** 由于丹江口水库位于湖北省十堰市，处于汉江上游地区，而 2016 年水源涵养服务流动已考虑剔除南水北调调水量之后再进行水源涵养服务流量的模拟，因此，中线调水量已从十堰市水源涵养量中扣除。

附表 8　2016 年长江经济带不同受益区水源涵养服务价值流统计

单位:亿元

地区	省份	成都	德阳	重庆	巢湖	马鞍山	南京	镇江	泰州	无锡	苏州	上海
甘孜藏族自治州*	四川	4.748 6	14.134 6	38.517 3	4.733 0	1.423 2	0.753 0	0.980 9	2.604 1	1.706 5	8.734 2	23.746 7
迪庆藏族自治州	云南	0.773 2	2.301 4	6.271 5	0.770 6	0.231 7	0.122 6	0.159 7	0.424 0	0.277 9	1.422 1	3.866 5
丽江*	云南	0.333 7	0.993 2	2.706 6	0.332 6	0.100 0	0.052 9	0.068 9	0.183 0	0.119 9	0.613 7	1.668 7
大理白族自治州*	云南	0.273 4	0.813 7	2.217 3	0.272 5	0.081 9	0.043 3	0.056 5	0.149 9	0.098 2	0.502 8	1.367 0
楚雄彝族自治州*	云南	0.338 0	1.005 9	2.741 2	0.336 8	0.101 3	0.053 6	0.069 8	0.185 3	0.121 4	0.621 6	1.690 0
攀枝花*	四川	0.171 6	0.510 9	1.392 1	0.171 1	0.051 4	0.027 2	0.035 5	0.094 1	0.061 7	0.315 7	0.858 3
凉山彝族自治州*	四川	2.032 6	6.050 2	16.487 0	2.025 9	0.609 2	0.322 3	0.419 9	1.114 6	0.730 4	3.738 6	10.164 6
昆明*	云南	0.739 8	2.202 1	6.000 9	0.737 4	0.221 7	0.117 3	0.152 8	0.405 7	0.265 9	1.360 8	3.699 7
曲靖*	云南	1.590 8	4.735 0	12.903 0	1.585 5	0.476 8	0.252 2	0.328 6	0.872 3	0.571 7	2.925 9	7.955 0
昭通	云南	1.002 3	2.983 5	8.130 2	0.999 0	0.300 4	0.158 9	0.207 1	0.549 7	0.360 2	1.843 6	5.012 4
宜宾*	四川	0.753 2	2.242 0	6.109 4	0.750 7	0.225 7	0.119 4	0.155 6	0.413 0	0.270 7	1.385 4	3.766 6
阿坝藏族羌族自治州*	四川	3.012 5	8.967 0	24.435 4	3.002 6	0.902 9	0.477 7	0.622 3	1.652 0	1.082 6	5.541 0	15.065 0
成都*	四川											
眉山*	四川		0.487 2	1.327 6	0.163 1	0.049 1	0.026 0	0.033 8	0.089 8	0.058 8	0.301 1	0.818 5
乐山*	四川		1.343 1	3.659 9	0.449 7	0.135 2	0.071 5	0.093 2	0.247 4	0.162 1	0.829 9	2.256 4
雅安*	四川		2.496 1	6.801 9	0.835 8	0.251 3	0.133 0	0.173 2	0.459 9	0.301 4	1.542 4	4.193 5
泸州*	四川		1.756 7	4.787 1	0.588 2	0.176 9	0.093 6	0.121 9	0.323 6	0.212 1	1.085 5	2.951 3
德阳*	四川											
资阳*	四川			0.445 2	0.054 7	0.016 5	0.008 7	0.011 3	0.030 1	0.019 7	0.101 0	0.274 5
内江*	四川			0.669 8	0.082 3	0.024 7	0.013 1	0.017 1	0.045 3	0.029 7	0.151 9	0.412 9
自贡*	四川			0.709 8	0.087 2	0.026 2	0.013 9	0.018 1	0.048 0	0.031 4	0.161 0	0.437 6
重庆*	重庆											
广元*	四川				0.959 0	0.288 4	0.152 6	0.198 7	0.527 6	0.345 8	1.769 7	4.811 4
南充*	四川				0.595 2	0.179 0	0.094 7	0.123 4	0.327 5	0.214 6	1.098 4	2.986 3

续表

地区	省份	成都	德阳	重庆	巢湖	马鞍山	南京	镇江	泰州	无锡	苏州	上海
广安*	四川				0.6378	0.1918	0.1015	0.1322	0.3509	0.2300	1.1770	3.2000
巴中*	四川				0.8719	0.2622	0.1387	0.1807	0.4797	0.3144	1.6090	4.3746
达州*	四川				1.7058	0.5129	0.2714	0.3535	0.9385	0.6150	3.1478	8.5582
绵阳*	四川				0.5667	0.1704	0.0902	0.1175	0.3118	0.2043	1.0458	2.8433
遂宁*	四川				0.1487	0.0447	0.0237	0.0308	0.0818	0.0536	0.2744	0.7460
毕节*	贵州				1.6074	0.4833	0.2557	0.3331	0.8844	0.5795	2.9663	8.0648
六盘水*	贵州				0.6680	0.2009	0.1063	0.1384	0.3675	0.2408	1.2327	3.3514
安顺*	贵州				0.7332	0.2205	0.1166	0.1520	0.4034	0.2643	1.3530	3.6786
贵阳*	贵州				0.5393	0.1622	0.0858	0.1118	0.2967	0.1944	0.9952	2.7058
黔南布依族苗族自治州*	贵州				2.0931	0.6294	0.3330	0.4338	1.1516	0.7547	3.8626	10.5018
黔东南苗族侗族自治州*	贵州				2.5200	0.7578	0.4009	0.5223	1.3865	0.9086	4.6504	12.6437
遵义	贵州				1.6258	0.4889	0.2586	0.3370	0.8945	0.5862	3.0002	8.1571
铜仁*	贵州				1.1646	0.3502	0.1853	0.2414	0.6407	0.4199	2.1491	5.8429
恩施土家族苗族自治州*	湖北				2.9144	0.8764	0.4637	0.6040	1.6035	1.0508	5.3782	14.6223
宜昌*	湖北				1.9802	0.5954	0.3150	0.4104	1.0895	0.7140	3.6542	9.9351
荆州	湖北				0.9546	0.2870	0.1519	0.1978	0.5252	0.3442	1.7615	4.7893
岳阳*	湖南				1.7285	0.5198	0.2750	0.3582	0.9510	0.6232	3.1898	8.6726
怀化*	湖南				2.8404	0.8541	0.4519	0.5887	1.5628	1.0241	5.2416	14.2510
湘西土家族苗族自治州*	湖南				1.4494	0.4358	0.2306	0.3004	0.7974	0.5226	2.6747	7.2720
张家界*	湖南				0.8272	0.2487	0.1316	0.1714	0.4551	0.2982	1.5264	4.1501
常德	湖南				1.4962	0.4499	0.2380	0.3101	0.8232	0.5395	2.7611	7.5068
邵阳*	湖南				1.4506	0.4362	0.2308	0.3006	0.7981	0.5230	2.6770	7.2782
娄底*	湖南				0.5665	0.1703	0.0901	0.1174	0.3117	0.2042	1.0454	2.8422
益阳*	湖南				1.2181	0.3663	0.1938	0.2525	0.6702	0.4392	2.2478	6.1114

续表

地区	省份	成都	德阳	重庆	巢湖	马鞍山	南京	镇江	泰州	无锡	苏州	上海
永州*	湖南				1.492 7	0.448 9	0.237 5	0.309 4	0.821 3	0.538 2	2.754 6	7.489 3
衡阳*	湖南				1.223 0	0.367 7	0.194 6	0.253 5	0.672 9	0.440 9	2.256 8	6.135 9
郴州*	湖南				1.559 4	0.468 9	0.248 1	0.323 2	0.857 9	0.562 2	2.877 6	7.823 7
株洲*	湖南				0.879 7	0.264 5	0.139 9	0.182 3	0.484 0	0.317 2	1.623 3	4.413 5
湘潭*	湖南				0.179 1	0.053 8	0.028 5	0.037 1	0.098 5	0.064 6	0.330 4	0.898 4
长沙*	湖南				0.945 0	0.284 2	0.150 3	0.195 9	0.519 9	0.340 7	1.743 9	4.741 5
咸宁*	湖北				1.408 5	0.423 5	0.224 1	0.291 9	0.774 9	0.507 8	2.599 2	7.066 7
荆门*	湖北				0.485 8	0.146 1	0.077 3	0.100 7	0.267 3	0.175 2	0.896 5	2.437 5
武汉*	湖北				0.200 4	0.060 3	0.031 9	0.041 5	0.110 3	0.072 3	0.369 8	1.005 5
十堰**	湖北				0.762 8	0.229 4	0.121 4	0.158 1	0.419 7	0.275 0	1.407 7	3.827 2
神农架*	湖北				0.233 7	0.070 3	0.037 2	0.048 4	0.128 6	0.084 3	0.431 2	1.172 4
襄樊*	湖北				0.980 4	0.294 8	0.156 0	0.203 2	0.539 4	0.353 5	1.809 3	4.919 1
天门*	湖北				0.069 4	0.020 9	0.011 0	0.014 4	0.038 2	0.025 0	0.128 1	0.348 4
潜江*	湖北				0.093 3	0.028 1	0.014 8	0.019 3	0.051 3	0.033 6	0.172 2	0.468 1
仙桃*	湖北				0.089 4	0.026 9	0.014 2	0.018 5	0.049 2	0.032 2	0.165 0	0.448 6
孝感*	湖北				0.252 1	0.075 8	0.040 1	0.052 2	0.138 7	0.090 9	0.465 2	1.264 8
随州*	湖北				0.472 9	0.142 2	0.075 2	0.098 0	0.260 2	0.170 5	0.872 6	2.372 5
黄冈*	湖北				1.219 5	0.366 7	0.194 0	0.252 7	0.671 0	0.439 7	2.250 5	6.118 6
鄂州*	湖北				0.015 3	0.004 6	0.002 4	0.003 2	0.008 4	0.005 5	0.028 3	0.076 9
黄石*	湖北				0.437 0	0.131 4	0.069 5	0.090 6	0.240 4	0.157 6	0.806 4	2.192 5
九江*	江西				2.809 5	0.844 8	0.447 0	0.582 3	1.545 7	1.012 9	5.184 5	14.095 8
赣州*	江西				2.652 2	0.797 5	0.421 9	0.549 7	1.459 2	0.956 2	4.894 3	13.306 7
吉安*	江西				2.625 6	0.789 5	0.417 7	0.544 2	1.444 6	0.946 6	4.845 2	13.173 1
萍乡*	江西				0.410 3	0.123 4	0.065 3	0.085 0	0.225 7	0.147 9	0.757 1	2.058 5

续表

地区	省份	成都	德阳	重庆	巢湖	马鞍山	南京	镇江	泰州	无锡	苏州	上海
新余*	江西				0.330 7	0.099 4	0.052 6	0.068 5	0.181 9	0.119 2	0.610 2	1.659 1
宜春*	江西				2.489 7	0.748 7	0.396 1	0.516 0	1.369 8	0.897 7	4.594 5	12.491 7
抚州*	江西				1.747 6	0.525 5	0.278 0	0.362 2	0.961 5	0.630 1	3.225 0	8.768 3
鹰潭*	江西				0.518 3	0.155 9	0.082 5	0.107 4	0.285 2	0.186 9	0.956 5	2.600 6
景德镇*	江西				0.758 8	0.228 2	0.120 7	0.157 3	0.417 5	0.273 6	1.400 3	3.807 1
上饶*	江西				3.184 1	0.957 5	0.506 6	0.659 9	1.751 9	1.148 0	5.875 9	15.975 4
南昌*	江西				0.646 9	0.194 5	0.102 9	0.134 1	0.355 9	0.233 2	1.193 8	3.245 8
安庆*	江西				1.105 7	0.332 5	0.175 9	0.229 2	0.608 4	0.398 7	2.040 5	5.547 7
池州*	安徽				1.005 7	0.302 4	0.160 0	0.208 4	0.553 3	0.362 6	1.855 9	5.045 8
铜陵*	安徽				0.159 6	0.048 0	0.025 4	0.033 1	0.087 8	0.057 6	0.294 6	0.800 9
巢湖*	安徽											
芜湖*	安徽					0.099 5	0.052 6	0.068 6	0.182 0	0.119 3	0.610 6	1.660 1
黄山*	安徽					0.389 9	0.206 3	0.268 7	0.713 4	0.467 5	2.392 8	6.505 5
宣城*	安徽					0.286 4	0.151 5	0.197 4	0.524 1	0.343 4	1.757 8	4.779 1
六安*	安徽					0.234 8	0.124 2	0.161 8	0.429 6	0.281 5	1.441 0	3.917 8
合肥*	安徽					0.163 9	0.086 7	0.113 0	0.300 0	0.196 6	1.006 1	2.735 3
马鞍山*	安徽											
南京*	江苏											
滁州*	安徽							0.133 7	0.354 9	0.232 6	1.190 4	3.236 4
扬州*	江苏							0.030 4	0.080 8	0.053 0	0.271 1	0.737 1
镇江	江苏											
泰州	江苏											
常州	江苏									0.015 0	0.076 7	0.208 5
无锡	江苏											

续表

地区	省份	成都	德阳	重庆	巢湖	马鞍山	南京	镇江	泰州	无锡	苏州	上海
苏州	江苏											
南通	江苏											0.591 1
上海	上海											

注：* 该地区处于南水北调东线工程上游地区，需要对该地水源涵养服务的供需平衡量进行核减。行政区排列顺序按照上游-下游的关系，即出现缺口地区的以上各地区均摊缺水量。** 由于丹江口水库位于湖北省十堰市，处于汉江上游地区，而 2016 年水源涵养服务流动已考虑剔除南水北调调水量之后再进行水源涵养服务流量的模拟，因此，中线调水量已从十堰市水源涵养量中扣除。

附表 9　2000—2016 年长江经济带生态补偿上下限

单位：亿元

地区	2000 年				2010 年				2016 年			
	直接成本	间接成本	下限	上限	直接成本	间接成本	下限	上限	直接成本	间接成本	下限	上限
甘孜藏族自治州*	6.567	0.160	0.008	0.169	33.559	11.494	0.240	0.012	0.252	58.734	19.977	0.445
迪庆藏族自治州	1.593	0.039	0.002	0.041	8.139	4.504	0.094	0.005	0.099	23.016	3.253	0.072
丽江*	1.140	0.028	0.001	0.029	5.827	1.534	0.032	0.002	0.034	7.840	1.404	0.031
大理白族自治州*	1.403	0.034	0.002	0.036	7.167	1.342	0.028	0.001	0.029	6.856	1.150	0.026
楚雄彝族自治州*	1.167	0.029	0.001	0.030	5.965	0.190	0.004	0.000	0.004	0.973	1.422	0.032
攀枝花*	0.251	0.006	0.000	0.006	1.284	0.138	0.003	0.000	0.003	0.704	0.722	0.016
凉山彝族自治州*	3.280	0.080	0.004	0.084	16.760	5.529	0.115	0.006	0.121	28.253	8.551	0.190
昆明*	0.586	0.014	0.001	0.015	2.993	0.548	0.011	0.001	0.012	2.798	3.112	0.069
曲靖*	2.128	0.052	0.003	0.055	10.875	3.620	0.076	0.004	0.079	18.496	6.692	0.149
昭通	1.584	0.039	0.002	0.041	8.095	3.171	0.066	0.003	0.070	16.201	4.217	0.094
宜宾*	1.297	0.032	0.002	0.033	6.626	2.800	0.058	0.003	0.061	14.307	3.169	0.071
阿坝藏族羌族自治州*	2.620	0.064	0.003	0.067	13.388	9.626	0.201	0.010	0.211	49.190	12.673	0.282
成都*	0.049	0.001	0.000	0.001	0.249	1.064	0.022	0.001	0.023	5.435	−3.086	−0.069
眉山*	0.361	0.009	0.000	0.009	1.847	1.964	0.041	0.002	0.043	10.037	0.657	0.015
乐山*	0.858	0.021	0.001	0.022	4.383	2.694	0.056	0.003	0.059	13.767	1.810	0.040
雅安*	1.078	0.026	0.001	0.028	5.510	4.677	0.098	0.005	0.103	23.899	3.364	0.075
泸州*	1.351	0.033	0.002	0.035	6.906	2.685	0.056	0.003	0.059	13.722	2.367	0.053
德阳*	−6.239	−0.152	−0.008	−0.160	−31.879	0.163	0.003	0.000	0.004	0.833	−10.376	−0.231
资阳*	0.197	0.005	0.000	0.005	1.008	1.299	0.027	0.001	0.029	6.640	0.188	0.004
内江*	0.194	0.005	0.000	0.005	0.992	1.478	0.031	0.002	0.032	7.554	0.283	0.006
自贡*	0.206	0.005	0.000	0.005	1.054	1.010	0.021	0.001	0.022	5.163	0.300	0.007
重庆*	−0.557	−0.014	−0.001	−0.014	−2.844	−40.039	−0.835	−0.043	−0.879	−204.598	−28.633	−0.638
广元*	1.016	0.025	0.001	0.026	5.192	1.899	0.040	0.002	0.042	9.705	1.772	0.039
南充*	1.365	0.033	0.002	0.035	6.975	1.162	0.024	0.001	0.026	5.939	1.100	0.024

续表

地区	2000 年				2010 年				2016 年			
	直接成本	间接成本	下限	上限	直接成本	间接成本	下限	上限	直接成本	间接成本	下限	上限
广安*	0.706	0.017	0.001	0.018	3.609	0.656	0.014	0.001	0.014	3.352	1.178	0.026
巴中*	1.570	0.038	0.002	0.040	8.020	1.627	0.034	0.002	0.036	8.313	1.611	0.036
达州*	2.239	0.055	0.003	0.058	11.439	1.801	0.038	0.002	0.040	9.205	3.151	0.070
绵阳*	0.613	0.015	0.001	0.016	3.134	1.424	0.030	0.002	0.031	7.279	1.047	0.023
遂宁*	0.272	0.007	0.000	0.007	1.391	0.433	0.009	0.000	0.010	2.212	0.275	0.006
毕节*	2.323	0.057	0.003	0.060	11.872	1.391	0.029	0.002	0.031	7.109	2.970	0.066
六盘水*	1.143	0.028	0.001	0.029	5.843	0.701	0.015	0.001	0.015	3.582	1.234	0.027
安顺*	1.322	0.032	0.002	0.034	6.753	1.014	0.021	0.001	0.022	5.182	1.355	0.030
贵阳*	0.849	0.021	0.001	0.022	4.341	0.462	0.010	0.000	0.010	2.361	0.996	0.022
黔南布依族苗族自治州*	3.235	0.079	0.004	0.083	16.530	2.599	0.054	0.003	0.057	13.280	3.867	0.086
黔东南苗族侗族自治州*	3.355	0.082	0.004	0.086	17.145	2.518	0.053	0.003	0.055	12.866	4.656	0.104
遵义	3.174	0.078	0.004	0.082	16.220	2.927	0.061	0.003	0.064	14.954	3.004	0.067
铜仁*	1.700	0.042	0.002	0.044	8.687	2.063	0.043	0.002	0.045	10.544	2.151	0.048
恩施土家族苗族自治州	3.220	0.079	0.004	0.083	16.455	3.238	0.068	0.004	0.071	16.547	5.384	0.120
宜昌*	1.931	0.047	0.002	0.050	9.865	1.826	0.038	0.002	0.040	9.329	3.658	0.081
荆州	0.767	0.019	0.001	0.020	3.921	1.750	0.037	0.002	0.038	8.943	1.763	0.039
岳阳*	1.294	0.032	0.002	0.033	6.614	2.619	0.055	0.003	0.057	13.382	3.193	0.071
怀化*	3.081	0.075	0.004	0.079	15.743	3.692	0.077	0.004	0.081	18.865	5.247	0.117
湘西土家族苗族自治州*	2.178	0.053	0.003	0.056	11.129	2.693	0.056	0.003	0.059	13.760	2.678	0.060
张家界*	0.927	0.023	0.001	0.024	4.739	1.702	0.036	0.002	0.037	8.698	1.528	0.034
常德	1.496	0.037	0.002	0.038	7.643	2.556	0.053	0.003	0.056	13.062	2.764	0.062
邵阳*	2.326	0.057	0.003	0.060	11.887	2.269	0.047	0.002	0.050	11.593	2.680	0.060
娄底*	0.890	0.022	0.001	0.023	4.549	1.364	0.028	0.001	0.030	6.971	1.047	0.023
益阳*	1.254	0.031	0.002	0.032	6.406	2.063	0.043	0.002	0.045	10.542	2.250	0.050

续表

地区	2000 年				2010 年				2016 年			
	直接成本	间接成本	下限	上限	直接成本	间接成本	下限	上限	直接成本	间接成本	下限	上限
永州*	2.010	0.049	0.003	0.052	10.273	2.871	0.060	0.003	0.063	14.671	2.758	0.061
衡阳*	2.546	0.062	0.003	0.065	13.010	2.332	0.049	0.003	0.051	11.915	2.259	0.050
郴州*	2.595	0.063	0.003	0.067	13.260	2.265	0.047	0.002	0.050	11.574	2.881	0.064
株洲*	1.527	0.037	0.002	0.039	7.803	1.787	0.037	0.002	0.039	9.134	1.625	0.036
湘潭*	0.486	0.012	0.001	0.012	2.482	0.638	0.013	0.001	0.014	3.258	0.331	0.007
长沙*	1.241	0.030	0.002	0.032	6.340	1.704	0.036	0.002	0.037	8.710	1.746	0.039
咸宁*	0.715	0.017	0.001	0.018	3.654	2.299	0.048	0.002	0.050	11.750	2.602	0.058
荆门*	0.565	0.014	0.001	0.015	2.889	0.511	0.011	0.001	0.011	2.613	0.898	0.020
武汉*	−1.151	−0.028	−0.001	−0.030	−5.882	0.780	0.016	0.001	0.017	3.984	0.370	0.008
十堰**	1.139	0.028	0.001	0.029	5.823	1.101	0.023	0.001	0.024	5.626	1.409	0.031
神农架*	0.167	0.004	0.000	0.004	0.855	0.102	0.002	0.000	0.002	0.520	0.432	0.010
襄樊*	0.953	0.023	0.001	0.024	4.867	0.594	0.012	0.001	0.013	3.035	1.811	0.040
天门*	0.141	0.003	0.000	0.004	0.718	0.220	0.005	0.000	0.005	1.123	0.128	0.003
潜江*	0.165	0.004	0.000	0.004	0.845	0.194	0.004	0.000	0.004	0.990	0.172	0.004
仙桃*	0.079	0.002	0.000	0.002	0.406	0.263	0.005	0.000	0.006	1.344	0.165	0.004
孝感*	0.353	0.009	0.000	0.009	1.802	0.513	0.011	0.001	0.011	2.624	0.466	0.010
随州*	0.413	0.010	0.001	0.011	2.111	0.501	0.010	0.001	0.011	2.560	0.874	0.019
黄冈*	0.803	0.020	0.001	0.021	4.105	2.558	0.053	0.003	0.056	13.073	2.253	0.050
鄂州*	0.023	0.001	0.000	0.001	0.116	0.137	0.003	0.000	0.003	0.699	0.028	0.001
黄石*	0.187	0.005	0.000	0.005	0.956	0.803	0.017	0.001	0.018	4.104	0.807	0.018
九江*	1.838	0.045	0.002	0.047	9.392	3.727	0.078	0.004	0.082	19.043	5.190	0.116
赣州*	5.045	0.123	0.006	0.130	25.778	6.407	0.134	0.007	0.141	32.739	4.900	0.109
吉安*	3.435	0.084	0.004	0.088	17.552	5.052	0.105	0.005	0.111	25.816	4.851	0.108
萍乡*	0.522	0.013	0.001	0.013	2.668	0.747	0.016	0.001	0.016	3.817	0.758	0.017

续表

地区	2000 年				2010 年				2016 年			
	直接成本	间接成本	下限	上限	直接成本	间接成本	下限	上限	直接成本	间接成本	下限	上限
新余*	0.409	0.010	0.001	0.011	2.089	0.730	0.015	0.001	0.016	3.728	0.611	0.014
宜春*	2.810	0.069	0.004	0.072	14.362	4.426	0.092	0.005	0.097	22.614	4.600	0.102
抚州*	3.126	0.076	0.004	0.080	15.972	5.246	0.109	0.006	0.115	26.805	3.229	0.072
鹰潭*	0.660	0.016	0.001	0.017	3.370	1.204	0.025	0.001	0.026	6.153	0.958	0.021
景德镇*	0.629	0.015	0.001	0.016	3.214	1.540	0.032	0.002	0.034	7.869	1.402	0.031
上饶*	3.492	0.085	0.004	0.090	17.843	7.107	0.148	0.008	0.156	36.319	5.882	0.131
南昌*	0.760	0.019	0.001	0.020	3.884	1.658	0.035	0.002	0.036	8.470	1.195	0.027
安庆*	0.893	0.022	0.001	0.023	4.561	2.249	0.047	0.002	0.049	11.493	2.043	0.045
池州*	0.833	0.020	0.001	0.021	4.255	1.857	0.039	0.002	0.041	9.489	1.858	0.041
铜陵*	0.223	0.005	0.000	0.006	1.142	0.422	0.009	0.000	0.009	2.159	0.295	0.007
巢湖*	−10.666	−0.261	−0.014	−0.274	−54.502	−9.101	−0.190	−0.010	−0.200	−46.508	−16.690	−0.372
芜湖*	0.391	0.010	0.000	0.010	1.997	0.769	0.016	0.001	0.017	3.930	0.547	0.012
黄山*	1.028	0.025	0.001	0.026	5.252	2.236	0.047	0.002	0.049	11.424	2.142	0.048
宣城*	0.886	0.022	0.001	0.023	4.529	1.697	0.035	0.002	0.037	8.672	1.573	0.035
六安*	0.697	0.017	0.001	0.018	3.560	1.471	0.031	0.002	0.032	7.516	1.290	0.029
合肥*	0.430	0.011	0.001	0.011	2.199	1.060	0.022	0.001	0.023	5.417	0.900	0.020
马鞍山*	0.125	0.003	0.000	0.003	0.637	0.080	0.002	0.000	0.002	0.409	−5.249	−0.117
南京*	−5.698	−0.139	−0.007	−0.146	−29.119	0.079	0.002	0.000	0.002	0.403	−2.777	−0.062
滁州*	0.566	0.014	0.001	0.015	2.894	0.872	0.018	0.001	0.019	4.455	1.007	0.022
扬州*	0.169	0.004	0.000	0.004	0.865	0.339	0.007	0.000	0.007	1.733	0.229	0.005
镇江	−5.563	−0.136	−0.007	−0.143	−28.424	−7.302	−0.152	−0.008	−0.160	−37.314	−3.650	−0.081
泰州	−2.307	−0.056	−0.003	−0.059	−11.790	−7.653	−0.160	−0.008	−0.168	−39.107	−9.689	−0.216
常州	−0.672	−0.016	−0.001	−0.017	−3.433	−2.180	−0.045	−0.002	−0.048	−11.140	0.059	0.001
无锡	−7.931	−0.194	−0.010	−0.204	−40.526	−10.760	−0.225	−0.012	−0.236	−54.986	−6.352	−0.141

续表

地区	2000 年				2010 年				2016 年			
	直接成本	间接成本	下限	上限	直接成本	间接成本	下限	上限	直接成本	间接成本	下限	上限
苏州	−17.397	−0.425	−0.022	−0.447	−88.900	−32.061	−0.669	−0.035	−0.704	−163.831	−32.511	−0.724
南通	0.134	0.003	0.000	0.003	0.687	0.130	0.003	0.000	0.003	0.664	0.116	0.003
上海	−59.186	−1.446	−0.075	−1.521	−302.443	−74.159	−1.547	−0.080	−1.628	−378.953	−88.507	−1.971
杭州	0.000	0.000	0.000	0.000	0.000	0.000	0.000	0.000	0.000	0.000	0.000	0.000
湖州	0.000	0.000	0.000	0.000	0.000	0.000	0.000	0.000	0.000	0.000	0.000	0.000
嘉兴	0.000	0.000	0.000	0.000	0.000	0.000	0.000	0.000	0.000	0.000	0.000	0.000

注：* 该地区处于南水北调东线工程上游地区，需要对该地水源涵养服务的供需平衡量进行核减。行政区排列顺序按照上游-下游的关系，即出现缺口地区的以上各地区均摊缺水量。** 由于丹江口水库位于湖北省十堰市，处于汉江上游地区，而 2016 年水源涵养服务流动已考虑剔除南水北调调水量之后再进行水源涵养服务流量的模拟，因此，中线调水量已从十堰市水源涵养量中扣除。

附表 10　2016 年长江经济带各地区区域发展差异测度指标指数

省份	地区	人均GDP	人均收入（人均可支配收入）	人均社会商品零售总额(社会消费品零售总额）	灯光数据（2015 年平均值）	常住人口与户籍人口差值	学龄儿童入学率	城镇化率	人均交通面积	房屋建筑区	林草覆盖	水域
四川	甘孜藏族自治州	0.04	0.34	0.03	0.00	0.27	0.03	0.00	0.18	0.06	1.00	0.34
云南	迪庆藏族自治州	0.23	0.00	0.06	0.00	0.26	0.03	0.88	0.07	0.02	0.15	0.05
云南	丽江	0.08	0.00	0.05	0.01	0.26	0.02	0.74	0.11	0.08	0.12	0.09
云南	大理白族自治州	0.10	0.00	0.06	0.01	0.26	0.03	0.87	0.31	0.20	0.15	0.14
云南	楚雄彝族自治州	0.13	0.00	0.06	0.01	0.26	0.03	0.87	0.25	0.15	0.16	0.06
四川	攀枝花	0.52	0.43	0.33	0.03	0.27	0.02	0.52	0.18	0.10	0.07	0.11
四川	凉山彝族自治州	0.12	0.33	0.10	0.00	0.24	0.03	0.05	0.25	0.23	0.35	0.14
云南	昆明	0.39	0.00	0.08	0.08	0.26	0.04	1.00	0.35	0.27	0.09	0.15
云南	曲靖	0.12	0.00	0.06	0.02	0.26	0.03	0.88	0.31	0.27	0.12	0.07
云南	昭通	0.00	0.00	0.05	0.01	0.26	0.02	0.74	0.20	0.18	0.10	0.06
四川	宜宾	0.17	0.38	0.19	0.01	0.18	0.03	0.25	0.31	0.20	0.15	0.14
四川	阿坝藏族羌族自治州	0.12	0.36	0.06	0.00	0.26	0.03	0.13	0.12	0.05	0.56	0.10
四川	成都	0.48	0.50	0.50	0.19	0.41	0.04	0.60	0.35	0.27	0.09	0.15
四川	眉山	0.18	0.39	0.15	0.03	0.22	0.03	0.21	0.10	0.06	0.08	0.04
四川	乐山	0.22	0.38	0.23	0.02	0.24	0.03	0.28	0.33	0.19	0.15	0.07
四川	雅安	0.16	0.35	0.15	0.01	0.26	0.03	0.21	0.07	0.02	0.15	0.05
四川	泸州	0.15	0.38	0.16	0.01	0.20	0.02	0.27	0.18	0.14	0.10	0.05
四川	德阳	0.27	0.40	0.24	0.07	0.23	0.02	0.30	0.20	0.18	0.10	0.06
四川	资阳	0.18	0.39	0.12	0.02	0.19	0.03	0.16	0.11	0.16	0.02	0.08
四川	内江	0.16	0.37	0.12	0.03	0.23	0.03	0.25	0.25	0.15	0.16	0.06
四川	自贡	0.23	0.38	0.24	0.03	0.22	0.03	0.29	0.31	0.27	0.12	0.07

续表

省份	地区	人均GDP	人均收入（人均可支配收入）	人均社会商品零售总额(社会消费品零售总额)	灯光数据(2015年平均值)	常住人口与户籍人口差值	学龄儿童入学率	城镇化率	人均交通面积	房屋建筑区	林草覆盖	水域
重庆	重庆	0.34	0.41	0.30	0.03	0.00	0.90	0.49	1.00	1.00	0.38	0.58
四川	广元	0.08	0.33	0.12	0.01	0.23	0.03	0.19	0.34	0.12	0.24	0.15
四川	南充	0.09	0.34	0.12	0.04	0.18	0.03	0.23	0.28	0.15	0.15	0.05
四川	广安	0.14	0.37	0.15	0.04	0.15	0.03	0.14	0.09	0.07	0.06	0.04
四川	巴中	0.02	0.33	0.06	0.01	0.23	0.03	0.14	0.10	0.13	0.06	0.04
四川	达州	0.09	0.35	0.14	0.02	0.17	0.03	0.19	0.03	0.02	0.09	0.02
四川	绵阳	0.18	0.40	0.25	0.02	0.21	0.02	0.29	0.11	0.08	0.12	0.09
四川	遂宁	0.12	0.36	0.15	0.04	0.23	0.03	0.26	0.27	0.11	0.11	0.06
贵州	毕节	0.08	0.30	0.00	0.01	0.07	0.02	0.01	0.29	0.26	0.11	0.05
贵州	六盘水	0.24	0.31	0.10	0.04	0.22	0.03	0.32	0.13	0.11	0.04	0.02
贵州	安顺	0.12	0.30	0.04	0.04	0.21	0.02	0.26	0.11	0.11	0.04	0.03
贵州	贵阳	0.41	0.39	0.33	0.12	0.31	0.04	0.33	0.15	0.15	0.03	0.04
贵州	黔南布依族苗族自治州	0.13	0.32	0.04	0.01	0.19	0.03	0.14	0.23	0.17	0.14	0.06
贵州	黔东南苗族侗族自治州	0.10	0.30	0.05	0.01	0.17	0.03	0.04	0.24	0.15	0.17	0.08
贵州	遵义	0.19	0.34	0.10	0.01	0.13	0.02	0.27	0.32	0.30	0.14	0.07
贵州	铜仁	0.10	0.30	0.01	0.01	0.17	0.02	0.17	0.17	0.16	0.09	0.05
湖北	恩施土家族苗族自治州	0.03	0.16	0.12	0.00	0.31	0.01	0.32	0.22	0.17	0.13	0.06
湖北	宜昌	0.61	0.26	0.42	0.02	0.25	0.02	0.27	0.24	0.20	0.10	0.23
湖北	荆州	0.10	0.27	0.18	0.02	0.32	0.03	0.32	0.17	0.24	0.02	0.81
湖南	岳阳	0.31	0.37	0.24	0.02	0.26	0.02	0.38	0.16	0.26	0.06	0.45
湖南	怀化	0.11	0.28	0.10	0.01	0.26	0.03	0.22	0.21	0.20	0.15	0.17

续表

省份	地区	人均GDP	人均收入（人均可支配收入）	人均社会商品零售总额(社会消费品零售总额）	灯光数据（2015年平均值）	常住人口与户籍人口差值	学龄儿童入学率	城镇化率	人均交通面积	房屋建筑区	林草覆盖	水域
湖南	湘西土家族苗族自治州	0.04	0.26	0.07	0.01	0.26	0.02	0.20	0.11	0.11	0.08	0.05
湖南	张家界	0.14	0.27	0.13	0.01	0.26	0.03	0.24	0.05	0.07	0.05	0.04
湖南	常德	0.28	0.36	0.21	0.02	0.26	0.03	0.30	0.19	0.27	0.06	0.48
湖南	邵阳	0.05	0.30	0.10	0.01	0.26	0.02	0.21	0.16	0.28	0.10	0.10
湖南	娄底	0.17	0.31	0.12	0.03	0.26	0.01	0.23	0.10	0.18	0.03	0.06
湖南	益阳	0.15	0.35	0.15	0.01	0.26	0.03	0.27	0.13	0.20	0.05	0.31
湖南	永州	0.11	0.33	0.09	0.01	0.26	0.02	0.25	0.20	0.25	0.11	0.14
湖南	衡阳	0.19	0.41	0.17	0.02	0.26	0.02	0.32	0.20	0.27	0.06	0.21
湖南	郴州	0.25	0.37	0.23	0.02	0.26	0.03	0.33	0.18	0.21	0.10	0.13
湖南	株洲	0.36	0.49	0.29	0.03	0.26	0.03	0.51	0.15	0.21	0.05	0.11
湖南	湘潭	0.39	0.44	0.25	0.06	0.26	0.02	0.45	0.10	0.14	0.02	0.09
湖南	长沙	0.84	0.63	0.78	0.12	0.26	0.04	0.68	0.27	0.40	0.04	0.14
湖北	咸宁	0.17	0.24	0.15	0.02	0.30	0.02	0.36	0.11	0.11	0.04	0.24
湖北	荆门	0.28	0.29	0.25	0.02	0.27	0.03	0.35	0.12	0.15	0.03	0.26
湖北	武汉	0.98	0.35	1.00	0.26	0.08	0.04	0.46	0.29	0.25	0.01	0.55
湖北	十堰	0.20	0.16	0.25	0.01	0.27	0.02	0.33	0.15	0.12	0.14	0.18
湖北	神农架	0.11	0.15	0.22	0.00	0.26	0.00	0.16	0.00	0.00	0.02	0.00
湖北	襄樊	0.37	0.27	0.28	0.02	0.28	0.02	0.30	0.22	0.26	0.07	0.22
湖北	天门	0.11	0.28	0.20	0.03	0.29	0.03	0.27	0.00	0.00	0.02	0.00
湖北	潜江	0.34	0.26	0.25	0.04	0.27	0.02	0.29	0.02	0.03	0.00	0.06
湖北	仙桃	0.21	0.28	0.22	0.02	0.29	0.02	0.33	0.03	0.04	0.00	0.15

续表

省份	地区	人均GDP	人均收入（人均可支配收入）	人均社会商品零售总额(社会消费品零售总额)	灯光数据（2015年平均值）	常住人口与户籍人口差值	学龄儿童入学率	城镇化率	人均交通面积	房屋建筑区	林草覆盖	水域
湖北	孝感	0.12	0.25	0.19	0.03	0.29	0.03	0.42	0.12	0.17	0.02	0.21
湖北	随州	0.15	0.26	0.20	0.01	0.29	0.03	0.39	0.08	0.09	0.04	0.10
湖北	黄冈	0.21	0.38	0.28	0.01	0.25	0.80	0.30	0.07	0.08	0.05	0.06
湖北	鄂州	0.44	0.27	0.35	0.09	0.26	0.02	0.30	0.03	0.04	0.00	0.14
湖北	黄石	0.26	0.24	0.30	0.05	0.28	0.03	0.30	0.06	0.10	0.02	0.16
江西	九江	0.22	0.39	0.14	0.02	0.26	0.02	0.33	0.20	0.22	0.09	0.57
江西	赣州	0.09	0.33	0.07	0.01	0.26	0.02	0.26	0.38	0.43	0.22	0.19
江西	吉安	0.12	0.37	0.06	0.01	0.26	0.01	0.27	0.28	0.27	0.13	0.22
江西	萍乡	0.29	0.42	0.20	0.02	0.26	0.01	0.55	0.05	0.09	0.02	0.02
江西	新余	0.57	0.44	0.25	0.03	0.26	0.02	0.58	0.06	0.06	0.01	0.05
江西	宜春	0.14	0.37	0.09	0.02	0.26	0.02	0.25	0.22	0.29	0.08	0.22
江西	抚州	0.12	0.36	0.11	0.01	0.26	0.02	0.25	0.17	0.19	0.09	0.15
江西	鹰潭	0.36	0.39	0.19	0.02	0.26	0.02	0.41	0.04	0.06	0.01	0.03
江西	景德镇	0.28	0.42	0.21	0.02	0.26	0.02	0.52	0.04	0.07	0.03	0.03
江西	上饶	0.10	0.37	0.09	0.01	0.26	0.02	0.29	0.25	0.34	0.10	0.40
江西	南昌	0.52	0.46	0.48	0.09	0.26	0.03	0.63	0.17	0.20	0.01	0.38
江西	安庆	0.15	0.34	0.16	0.02	0.21	0.81	0.26	0.19	0.31	0.05	0.55
安徽	池州	0.20	0.36	0.17	0.02	0.25	0.82	0.34	0.09	0.10	0.04	0.14
安徽	铜陵	0.35	0.39	0.22	0.06	0.25	0.83	0.36	0.03	0.03	0.00	0.04
安徽	巢湖	0.50	0.48	0.42	0.15	0.31	1.00	0.62	0.27	0.29	0.02	0.45
安徽	芜湖	0.45	0.46	0.28	0.12	0.25	0.92	0.50	0.15	0.16	0.01	0.23

续表

省份	地区	人均GDP	人均收入（人均可支配收入）	人均社会商品零售总额(社会消费品零售总额）	灯光数据（2015年平均值）	常住人口与户籍人口差值	学龄儿童入学率	城镇化率	人均交通面积	房屋建筑区	林草覆盖	水域
安徽	黄山	0.07	0.20	0.13	0.02	0.35	0.03	0.35	0.22	0.28	0.06	0.37
安徽	宣城	0.20	0.41	0.21	0.03	0.25	0.78	0.33	0.15	0.16	0.06	0.17
安徽	六安	0.07	0.32	0.10	0.02	0.18	0.79	0.21	0.24	0.29	0.05	0.36
安徽	合肥	0.50	0.48	0.42	0.15	0.31	1.00	0.62	0.27	0.29	0.02	0.45
安徽	马鞍山	0.39	0.51	0.25	0.13	0.26	0.82	0.54	0.08	0.10	0.01	0.17
江苏	南京	0.86	0.66	0.06	0.34	0.39	0.04	0.77	0.28	0.26	0.01	0.32
安徽	滁州	0.16	0.34	0.12	0.05	0.22	0.81	0.31	0.20	0.22	0.03	0.33
江苏	扬州	0.65	0.49	0.06	0.14	0.25	0.04	0.51	0.21	0.28	0.00	0.46
江苏	镇江	0.81	0.58	0.06	0.24	0.30	0.04	0.58	0.15	0.19	0.00	0.16
江苏	泰州	0.56	0.50	0.06	0.16	0.23	0.04	0.49	0.20	0.29	0.00	0.42
江苏	常州	0.83	0.64	0.06	0.31	0.33	0.04	0.61	0.21	0.27	0.00	0.26
江苏	无锡	0.97	0.69	0.06	0.46	0.39	0.04	0.68	0.26	0.34	0.00	0.34
江苏	苏州	1.00	0.76	0.06	0.64	0.56	0.04	0.67	0.50	0.60	0.01	1.00
江苏	南通	0.60	0.53	0.05	0.20	0.23	0.04	0.51	0.40	0.56	0.00	0.38
上海	上海	0.78	1.00	0.64	1.00	1.00	0.04	0.85	0.40	0.65	0.01	0.22
浙江	杭州	0.84	0.74	0.82	0.15	0.40	0.04	0.68	0.36	0.45	0.08	0.35
浙江	湖州	0.48	0.67	0.50	0.13	0.29	0.04	0.45	0.14	0.21	0.02	0.22
浙江	嘉兴	0.53	0.72	0.49	0.30	0.34	0.04	0.49	0.18	0.30	0.00	0.14

附表 11　2016 年长江经济带各准则层指数

省份	地区	经济发展水平	社会发展水平	居住环境质量	生态环境与资源状况
四川	甘孜藏族自治州	0.09	0.09	0.06	0.74
云南	迪庆藏族自治州	0.10	0.32	0.02	0.11
云南	丽江	0.04	0.29	0.08	0.11
云南	大理白族自治州	0.06	0.39	0.20	0.14
云南	楚雄彝族自治州	0.07	0.37	0.15	0.12
四川	攀枝花	0.37	0.24	0.10	0.09
四川	凉山彝族自治州	0.13	0.12	0.23	0.27
云南	昆明	0.19	0.44	0.27	0.12
云南	曲靖	0.06	0.39	0.27	0.10
云南	昭通	0.01	0.31	0.18	0.08
四川	宜宾	0.19	0.20	0.20	0.14
四川	阿坝藏族羌族自治州	0.13	0.11	0.05	0.38
四川	成都	0.43	0.34	0.27	0.12
四川	眉山	0.18	0.12	0.06	0.07
四川	乐山	0.21	0.22	0.19	0.12
四川	雅安	0.17	0.12	0.02	0.11
四川	泸州	0.17	0.16	0.14	0.08
四川	德阳	0.25	0.18	0.18	0.08
四川	资阳	0.18	0.11	0.16	0.04
四川	内江	0.17	0.18	0.15	0.12
四川	自贡	0.22	0.21	0.27	0.10
重庆	重庆	0.28	0.72	1.00	0.46
四川	广元	0.12	0.19	0.12	0.21
四川	南充	0.13	0.18	0.15	0.11
四川	广安	0.17	0.09	0.07	0.05
四川	巴中	0.09	0.10	0.13	0.05
四川	达州	0.14	0.09	0.02	0.07
四川	绵阳	0.21	0.15	0.08	0.11
四川	遂宁	0.16	0.19	0.11	0.09
贵州	毕节	0.09	0.10	0.26	0.08
贵州	六盘水	0.18	0.17	0.11	0.03
贵州	安顺	0.13	0.14	0.11	0.03
贵州	贵阳	0.33	0.19	0.15	0.03
贵州	黔南布依族苗族自治州	0.13	0.14	0.17	0.11
贵州	黔东南苗族侗族自治州	0.11	0.11	0.15	0.13
贵州	遵义	0.17	0.20	0.30	0.11
贵州	铜仁	0.10	0.13	0.16	0.07

续表

省份	地区	经济发展水平	社会发展水平	居住环境质量	生态环境与资源状况
湖北	恩施土家族苗族自治州	0.07	0.19	0.17	0.10
湖北	宜昌	0.38	0.18	0.20	0.15
湖北	荆州	0.13	0.19	0.24	0.33
湖南	岳阳	0.25	0.19	0.26	0.21
湖南	怀化	0.12	0.16	0.20	0.16
湖南	湘西土家族苗族自治州	0.09	0.13	0.11	0.07
湖南	张家界	0.13	0.12	0.07	0.05
湖南	常德	0.23	0.18	0.27	0.23
湖南	邵阳	0.10	0.14	0.28	0.10
湖南	娄底	0.16	0.13	0.18	0.04
湖南	益阳	0.16	0.15	0.20	0.15
湖南	永州	0.13	0.17	0.25	0.13
湖南	衡阳	0.20	0.19	0.27	0.12
湖南	郴州	0.22	0.19	0.21	0.11
湖南	株洲	0.31	0.23	0.21	0.07
湖南	湘潭	0.31	0.20	0.14	0.04
湖南	长沙	0.64	0.32	0.40	0.08
湖北	咸宁	0.15	0.18	0.11	0.12
湖北	荆门	0.22	0.17	0.15	0.12
湖北	武汉	0.72	0.25	0.25	0.23
湖北	十堰	0.17	0.18	0.12	0.16
湖北	神农架	0.12	0.07	0.00	0.01
湖北	襄樊	0.26	0.19	0.26	0.13
湖北	天门	0.15	0.12	0.00	0.01
湖北	潜江	0.24	0.12	0.03	0.02
湖北	仙桃	0.19	0.14	0.04	0.06
湖北	孝感	0.14	0.20	0.17	0.10
湖北	随州	0.15	0.18	0.09	0.07
湖北	黄冈	0.22	0.37	0.08	0.05
湖北	鄂州	0.32	0.13	0.04	0.06
湖北	黄石	0.22	0.15	0.10	0.07
江西	九江	0.20	0.19	0.22	0.28
江西	赣州	0.12	0.22	0.43	0.21
江西	吉安	0.14	0.20	0.27	0.17
江西	萍乡	0.25	0.21	0.09	0.02
江西	新余	0.37	0.22	0.06	0.03
江西	宜春	0.15	0.17	0.29	0.13

续表

省份	地区	经济发展水平	社会发展水平	居住环境质量	生态环境与资源状况
江西	抚州	0.15	0.16	0.19	0.12
江西	鹰潭	0.27	0.17	0.06	0.02
江西	景德镇	0.24	0.20	0.07	0.03
江西	上饶	0.13	0.19	0.34	0.22
江西	南昌	0.41	0.27	0.20	0.16
江西	安庆	0.16	0.40	0.31	0.25
安徽	池州	0.19	0.40	0.10	0.08
安徽	铜陵	0.28	0.39	0.03	0.02
安徽	巢湖	0.41	0.60	0.29	0.19
安徽	芜湖	0.35	0.50	0.16	0.10
安徽	黄山	0.10	0.21	0.28	0.18
安徽	宣城	0.21	0.40	0.16	0.10
安徽	六安	0.12	0.39	0.29	0.18
安徽	合肥	0.41	0.60	0.29	0.19
安徽	马鞍山	0.34	0.46	0.10	0.07
江苏	南京	0.56	0.37	0.26	0.13
安徽	滁州	0.17	0.42	0.22	0.15
江苏	扬州	0.40	0.25	0.28	0.19
江苏	镇江	0.50	0.26	0.19	0.07
江苏	泰州	0.37	0.24	0.29	0.17
江苏	常州	0.53	0.29	0.27	0.11
江苏	无锡	0.63	0.33	0.34	0.14
江苏	苏州	0.69	0.42	0.60	0.40
江苏	南通	0.39	0.31	0.56	0.16
上海	上海	0.84	0.49	0.65	0.09
浙江	杭州	0.68	0.37	0.45	0.18
浙江	湖州	0.45	0.22	0.21	0.10
浙江	嘉兴	0.51	0.25	0.30	0.06

附表 12 2000—2016 年长江经济带各地区区域发展差异系数

省份	地区	2000 年	2010 年	2016 年
四川	甘孜藏族自治州	0.000	0.000	0.21
云南	迪庆藏族自治州	0.004	0.006	0.15
云南	丽江	0.008	0.027	0.14
云南	大理白族自治州	0.026	0.057	0.20
云南	楚雄彝族自治州	0.015	0.029	0.18
四川	攀枝花	0.081	0.126	0.22
四川	凉山彝族自治州	0.013	0.020	0.18
云南	昆明	0.108	0.147	0.27
云南	曲靖	0.062	0.067	0.21
云南	昭通	0.038	0.033	0.15
四川	宜宾	0.048	0.047	0.18
四川	阿坝藏族羌族自治州	0.002	0.006	0.16
四川	成都	0.215	0.363	0.31
四川	眉山	0.055	0.075	0.12
四川	乐山	0.051	0.060	0.19
四川	雅安	0.031	0.036	0.11
四川	泸州	0.047	0.045	0.14
四川	德阳	0.104	0.198	0.18
四川	资阳	0.040	0.060	0.12
四川	内江	0.072	0.094	0.16
四川	自贡	0.058	0.079	0.20
重庆	重庆	0.046	0.073	0.59
四川	广元	0.016	0.058	0.16
四川	南充	0.041	0.073	0.15
四川	广安	0.047	0.078	0.10
四川	巴中	0.012	0.026	0.09
四川	达州	0.022	0.050	0.09
四川	绵阳	0.045	0.071	0.14
四川	遂宁	0.051	0.097	0.14
贵州	毕节	0.042	0.038	0.13
贵州	六盘水	0.071	0.083	0.13
贵州	安顺	0.055	0.077	0.11
贵州	贵阳	0.128	0.152	0.19
贵州	黔南布依族苗族自治州	0.045	0.046	0.14
贵州	黔东南苗族侗族自治州	0.033	0.034	0.12
贵州	遵义	0.042	0.036	0.19
贵州	铜仁	0.031	0.039	0.12

续表

省份	地区	2000 年	2010 年	2016 年
湖北	恩施土家族苗族自治州	0.015	0.031	0.13
湖北	宜昌	0.046	0.067	0.24
湖北	荆州	0.065	0.073	0.21
湖南	岳阳	0.052	0.072	0.23
湖南	怀化	0.026	0.037	0.16
湖南	湘西土家族苗族自治州	0.028	0.032	0.10
湖南	张家界	0.027	0.036	0.10
湖南	常德	0.046	0.057	0.22
湖南	邵阳	0.031	0.038	0.15
湖南	娄底	0.054	0.072	0.13
湖南	益阳	0.036	0.048	0.16
湖南	永州	0.029	0.043	0.16
湖南	衡阳	0.049	0.070	0.19
湖南	郴州	0.043	0.056	0.19
湖南	株洲	0.052	0.074	0.22
湖南	湘潭	0.098	0.124	0.19
湖南	长沙	0.107	0.172	0.39
湖北	咸宁	0.049	0.074	0.14
湖北	荆门	0.275	0.353	0.17
湖北	武汉	0.275	0.353	0.38
湖北	十堰	0.017	0.034	0.16
湖北	神农架	0.001	0.011	0.06
湖北	襄樊	0.042	0.064	0.21
湖北	天门	0.059	0.077	0.08
湖北	潜江	0.104	0.130	0.12
湖北	仙桃	0.059	0.083	0.12
湖北	孝感	0.060	0.105	0.16
湖北	随州	0.024	0.055	0.13
湖北	黄冈	0.033	0.060	0.20
湖北	鄂州	0.157	0.294	0.15
湖北	黄石	0.093	0.140	0.14
江西	九江	0.030	0.061	0.22
江西	赣州	0.031	0.045	0.23
江西	吉安	0.030	0.038	0.19
江西	萍乡	0.052	0.083	0.16
江西	新余	0.052	0.125	0.20
江西	宜春	0.030	0.064	0.18

续表

省份	地区	2000 年	2010 年	2016 年
江西	抚州	0.023	0.043	0.15
江西	鹰潭	0.046	0.089	0.15
江西	景德镇	0.043	0.076	0.15
江西	上饶	0.026	0.055	0.21
江西	南昌	0.092	0.179	0.28
江西	安庆	0.041	0.075	0.28
安徽	池州	0.024	0.069	0.21
安徽	铜陵	0.190	0.328	0.21
安徽	巢湖	0.070	0.138	0.40
安徽	芜湖	0.144	0.292	0.31
安徽	黄山	0.021	0.060	0.19
安徽	宣城	0.030	0.073	0.24
安徽	六安	0.031	0.065	0.25
安徽	合肥	0.153	0.260	0.40
安徽	马鞍山	0.214	0.406	0.27
江苏	南京	0.361	0.533	0.36
安徽	滁州	0.058	0.122	0.25
江苏	扬州	0.215	0.384	0.29
江苏	镇江	0.277	0.547	0.28
江苏	泰州	0.236	0.421	0.28
江苏	常州	0.295	0.605	0.32
江苏	无锡	0.461	0.846	0.39
江苏	苏州	0.426	0.891	0.53
江苏	南通	0.204	0.414	0.36
上海	上海	1.000	1.000	0.55
浙江	杭州	0.171	0.256	0.44
浙江	湖州	0.184	0.334	0.26
浙江	嘉兴	0.405	0.743	0.30

附表 13　2016 年长江经济带基于支付区区域发展差异各受益区向供给区最终补偿额度

单位：亿元

地区	成都	德阳	重庆	巢湖	马鞍山	南京	镇江	泰州	无锡	苏州	上海
甘孜藏族自治州	1.48	2.60	22.87	1.90	0.39	0.27	0.28	0.73	0.66	4.68	13.05
迪庆藏族自治州	0.24	0.42	3.72	0.31	0.06	0.04	0.05	0.12	0.11	0.76	2.12
丽江	0.10	0.18	1.61	0.13	0.03	0.02	0.02	0.05	0.05	0.33	0.92
大理白族自治州	0.09	0.15	1.32	0.11	0.02	0.02	0.02	0.04	0.04	0.27	0.75
楚雄彝族自治州	0.11	0.18	1.63	0.13	0.03	0.02	0.02	0.05	0.05	0.33	0.93
攀枝花	0.05	0.09	0.83	0.07	0.01	0.01	0.01	0.03	0.02	0.17	0.47
凉山彝族自治州	0.63	1.11	9.79	0.81	0.17	0.12	0.12	0.31	0.28	2.00	5.58
昆明	0.23	0.40	3.56	0.30	0.06	0.04	0.04	0.11	0.10	0.73	2.03
曲靖	0.50	0.87	7.66	0.64	0.13	0.09	0.09	0.24	0.22	1.57	4.37
昭通	0.31	0.55	4.83	0.40	0.08	0.06	0.06	0.15	0.14	0.99	2.75
宜宾	0.23	0.41	3.63	0.30	0.06	0.04	0.04	0.12	0.11	0.74	2.07
阿坝藏族羌族自治州	0.94	1.65	14.51	1.20	0.25	0.17	0.18	0.46	0.42	2.97	8.28
成都	(4.91)	0.00	0.00	0.00	0.00	0.00	0.00	0.00	0.00	0.00	0.00
眉山		0.09	0.79	0.07	0.01	0.01	0.01	0.03	0.02	0.16	0.45
乐山		0.25	2.17	0.18	0.04	0.03	0.03	0.07	0.06	0.44	1.24
雅安		0.46	4.04	0.33	0.07	0.05	0.05	0.13	0.12	0.83	2.30
泸州		0.32	2.84	0.24	0.05	0.03	0.03	0.09	0.08	0.58	1.62
德阳		(9.75)	0.00	0.00	0.00	0.00	0.00	0.00	0.00	0.00	0.00
资阳			0.26	0.02	0.00	0.00	0.00	0.01	0.01	0.05	0.15
内江			0.40	0.03	0.01	0.00	0.00	0.01	0.01	0.08	0.23
自贡			0.42	0.03	0.01	0.00	0.01	0.01	0.01	0.09	0.24
重庆			(86.86)	0.00	0.00	0.00	0.00	0.00	0.00	0.00	0.00
广元				0.38	0.08	0.05	0.06	0.15	0.13	0.95	2.64
南充				0.24	0.05	0.03	0.04	0.09	0.08	0.59	1.64

续表

地区	成都	德阳	重庆	巢湖	马鞍山	南京	镇江	泰州	无锡	苏州	上海
广安				0.26	0.05	0.04	0.04	0.10	0.09	0.63	1.76
巴中				0.35	0.07	0.05	0.05	0.13	0.12	0.86	2.40
达州				0.68	0.14	0.10	0.10	0.26	0.24	1.69	4.70
绵阳				0.23	0.05	0.03	0.03	0.09	0.08	0.56	1.56
遂宁				0.06	0.01	0.01	0.01	0.02	0.02	0.15	0.41
毕节				0.64	0.13	0.09	0.09	0.25	0.22	1.59	4.43
六盘水				0.27	0.06	0.04	0.04	0.10	0.09	0.66	1.84
安顺				0.29	0.06	0.04	0.04	0.11	0.10	0.72	2.02
贵阳				0.22	0.04	0.03	0.03	0.08	0.08	0.53	1.49
黔南布依族苗族自治州				0.84	0.17	0.12	0.12	0.32	0.29	2.07	5.77
黔东南苗族侗族自治州				1.01	0.21	0.14	0.15	0.39	0.35	2.49	6.95
遵义				0.65	0.14	0.09	0.10	0.25	0.23	1.61	4.48
铜仁				0.47	0.10	0.07	0.07	0.18	0.16	1.15	3.21
恩施土家族苗族自治州				1.17	0.24	0.17	0.17	0.45	0.41	2.88	8.03
宜昌				0.79	0.16	0.11	0.12	0.30	0.28	1.96	5.46
荆州				0.38	0.08	0.05	0.06	0.15	0.13	0.94	2.63
岳阳				0.69	0.14	0.10	0.10	0.27	0.24	1.71	4.76
怀化				1.14	0.24	0.16	0.17	0.44	0.40	2.81	7.83
湘西土家族苗族自治州				0.58	0.12	0.08	0.09	0.22	0.20	1.43	4.00
张家界				0.33	0.07	0.05	0.05	0.13	0.12	0.82	2.28
常德				0.60	0.12	0.09	0.09	0.23	0.21	1.48	4.12
邵阳				0.58	0.12	0.08	0.09	0.22	0.20	1.43	4.00
娄底				0.23	0.05	0.03	0.03	0.09	0.08	0.56	1.56
益阳				0.49	0.10	0.07	0.07	0.19	0.17	1.20	3.36

续表

地区	成都	德阳	重庆	巢湖	马鞍山	南京	镇江	泰州	无锡	苏州	上海
永州				0.60	0.12	0.09	0.09	0.23	0.21	1.48	4.11
衡阳				0.49	0.10	0.07	0.07	0.19	0.17	1.21	3.37
郴州				0.62	0.13	0.09	0.09	0.24	0.22	1.54	4.30
株洲				0.35	0.07	0.05	0.05	0.14	0.12	0.87	2.42
湘潭				0.07	0.01	0.01	0.01	0.03	0.03	0.18	0.49
长沙				0.38	0.08	0.05	0.06	0.15	0.13	0.93	2.61
咸宁				0.56	0.12	0.08	0.08	0.22	0.20	1.39	3.88
荆门				0.19	0.04	0.03	0.03	0.07	0.07	0.48	1.34
武汉				0.08	0.02	0.01	0.01	0.03	0.03	0.20	0.55
十堰				0.31	0.06	0.04	0.04	0.12	0.11	0.75	2.10
神农架				0.09	0.02	0.01	0.01	0.04	0.03	0.23	0.64
襄樊				0.39	0.08	0.06	0.06	0.15	0.14	0.97	2.70
天门				0.03	0.01	0.00	0.00	0.01	0.01	0.07	0.19
潜江				0.04	0.01	0.01	0.01	0.01	0.01	0.09	0.26
仙桃				0.04	0.01	0.01	0.01	0.01	0.01	0.09	0.25
孝感				0.10	0.02	0.01	0.01	0.04	0.04	0.25	0.69
随州				0.19	0.04	0.03	0.03	0.07	0.07	0.47	1.30
黄冈				0.49	0.10	0.07	0.07	0.19	0.17	1.21	3.36
鄂州				0.01	0.00	0.00	0.00	0.00	0.00	0.02	0.04
黄石				0.18	0.04	0.02	0.03	0.07	0.06	0.43	1.20
九江				1.13	0.23	0.16	0.17	0.43	0.39	2.78	7.74
赣州				1.06	0.22	0.15	0.16	0.41	0.37	2.62	7.31
吉安				1.05	0.22	0.15	0.15	0.40	0.37	2.60	7.24
萍乡				0.16	0.03	0.02	0.02	0.06	0.06	0.41	1.13

续表

地区	成都	德阳	重庆	巢湖	马鞍山	南京	镇江	泰州	无锡	苏州	上海
新余				0.13	0.03	0.02	0.02	0.05	0.05	0.33	0.91
宜春				1.00	0.21	0.14	0.15	0.38	0.35	2.46	6.86
抚州				0.70	0.15	0.10	0.10	0.27	0.24	1.73	4.82
鹰潭				0.21	0.04	0.03	0.03	0.08	0.07	0.51	1.43
景德镇				0.30	0.06	0.04	0.04	0.12	0.11	0.75	2.09
上饶				1.28	0.27	0.18	0.19	0.49	0.45	3.15	8.78
南昌				0.26	0.05	0.04	0.04	0.10	0.09	0.64	1.78
安庆				0.44	0.09	0.06	0.07	0.17	0.15	1.09	3.05
池州				0.40	0.08	0.06	0.06	0.15	0.14	0.99	2.77
铜陵				0.06	0.01	0.01	0.01	0.02	0.02	0.16	0.44
巢湖				(34.18)	0.00	0.00	0.00	0.00	0.00	0.00	0.00
芜湖					0.03	0.02	0.02	0.05	0.05	0.33	0.91
黄山					0.11	0.07	0.08	0.20	0.18	1.28	3.57
宣城					0.08	0.05	0.06	0.15	0.13	0.94	2.63
六安					0.07	0.04	0.05	0.12	0.11	0.77	2.15
合肥					0.05	0.03	0.03	0.08	0.08	0.54	1.50
马鞍山					(7.43)	0.00	0.00	0.00	0.00	0.00	0.00
南京						(5.09)	0.00	0.00	0.00	0.00	0.00
滁州							0.04	0.10	0.09	0.64	1.78
扬州							0.01	0.02	0.02	0.15	0.40
镇江							(5.30)	0.00	0.00	0.00	0.00
泰州								(13.85)	0.00	0.00	0.00
常州									0.01	0.04	0.11
无锡									(12.59)	0.00	0.00

续表

地区	成都	德阳	重庆	巢湖	马鞍山	南京	镇江	泰州	无锡	苏州	上海
苏州										(88.98)	0.00
南通											0.32
上海											(248.48)
杭州											
湖州											
嘉兴											

附表 14　2016 年长江经济带基于受益区区域发展差异各受益区向供给区最终补偿额度

单位：亿元

地区	成都	德阳	重庆	巢湖	马鞍山	南京	镇江	泰州	无锡	苏州	上海
甘孜藏族自治州	3.74	11.14	30.36	3.73	1.12	0.59	0.77	2.05	1.35	6.89	18.72
迪庆藏族自治州	0.65	1.95	5.31	0.65	0.20	0.10	0.14	0.36	0.24	1.20	3.27
丽江	0.29	0.86	2.34	0.29	0.09	0.05	0.06	0.16	0.10	0.53	1.44
大理白族自治州	0.22	0.65	1.77	0.22	0.07	0.03	0.05	0.12	0.08	0.40	1.09
楚雄彝族自治州	0.28	0.82	2.24	0.28	0.08	0.04	0.06	0.15	0.10	0.51	1.38
攀枝花	0.13	0.40	1.09	0.13	0.04	0.02	0.03	0.07	0.05	0.25	0.67
凉山彝族自治州	1.68	4.99	13.59	1.67	0.50	0.27	0.35	0.92	0.60	3.08	8.38
昆明	0.54	1.62	4.41	0.54	0.16	0.09	0.11	0.30	0.20	1.00	2.72
曲靖	1.26	3.74	10.18	1.25	0.38	0.20	0.26	0.69	0.45	2.31	6.28
昭通	0.85	2.54	6.92	0.85	0.26	0.14	0.18	0.47	0.31	1.57	4.27
宜宾	0.62	1.83	4.99	0.61	0.18	0.10	0.13	0.34	0.22	1.13	3.08
阿坝藏族羌族自治州	2.54	7.55	20.59	2.53	0.76	0.40	0.52	1.39	0.91	4.67	12.69
成都	12.80	0.00	0.00	0.00	0.00	0.00	0.00	0.00	0.00	0.00	0.00
眉山		0.43	1.17	0.14	0.04	0.02	0.03	0.08	0.05	0.27	0.72
乐山		1.09	2.97	0.36	0.11	0.06	0.08	0.20	0.13	0.67	1.83
雅安		2.22	6.04	0.74	0.22	0.12	0.15	0.41	0.27	1.37	3.72
泸州		1.51	4.11	0.50	0.15	0.08	0.10	0.28	0.18	0.93	2.53
德阳		43.33	0.00	0.00	0.00	0.00	0.00	0.00	0.00	0.00	0.00
资阳			0.39	0.05	0.01	0.01	0.01	0.03	0.02	0.09	0.24
内江			0.56	0.07	0.02	0.01	0.01	0.04	0.03	0.13	0.35
自贡			0.57	0.07	0.02	0.01	0.01	0.04	0.03	0.13	0.35
重庆			119.60	0.00	0.00	0.00	0.00	0.00	0.00	0.00	0.00
广元				0.81	0.24	0.13	0.17	0.44	0.29	1.49	4.05
南充				0.51	0.15	0.08	0.11	0.28	0.18	0.94	2.55

续表

地区	成都	德阳	重庆	巢湖	马鞍山	南京	镇江	泰州	无锡	苏州	上海
广安				0.57	0.17	0.09	0.12	0.31	0.21	1.06	2.87
巴中				0.79	0.24	0.13	0.16	0.43	0.29	1.46	3.97
达州				1.56	0.47	0.25	0.32	0.86	0.56	2.88	7.83
绵阳				0.49	0.15	0.08	0.10	0.27	0.18	0.90	2.44
遂宁				0.13	0.04	0.02	0.03	0.07	0.05	0.23	0.64
毕节				1.40	0.42	0.22	0.29	0.77	0.51	2.59	7.04
六盘水				0.58	0.17	0.09	0.12	0.32	0.21	1.07	2.91
安顺				0.65	0.20	0.10	0.14	0.36	0.24	1.21	3.29
贵阳				0.44	0.13	0.07	0.09	0.24	0.16	0.80	2.19
黔南布依族苗族自治州				1.81	0.54	0.29	0.38	1.00	0.65	3.34	9.08
黔东南苗族侗族自治州				2.21	0.67	0.35	0.46	1.22	0.80	4.08	11.10
遵义				1.32	0.40	0.21	0.27	0.72	0.47	2.43	6.60
铜仁				1.03	0.31	0.16	0.21	0.57	0.37	1.90	5.17
恩施土家族苗族自治州				2.53	0.76	0.40	0.52	1.39	0.91	4.66	12.67
宜昌				1.51	0.45	0.24	0.31	0.83	0.54	2.78	7.56
荆州				0.76	0.23	0.12	0.16	0.42	0.27	1.39	3.79
岳阳				1.34	0.40	0.21	0.28	0.73	0.48	2.47	6.70
怀化				2.40	0.72	0.38	0.50	1.32	0.86	4.42	12.03
湘西土家族苗族自治州				1.31	0.39	0.21	0.27	0.72	0.47	2.41	6.55
张家界				0.74	0.22	0.12	0.15	0.41	0.27	1.37	3.73
常德				1.16	0.35	0.19	0.24	0.64	0.42	2.15	5.84
邵阳				1.23	0.37	0.20	0.26	0.68	0.44	2.28	6.19
娄底				0.49	0.15	0.08	0.10	0.27	0.18	0.91	2.47
益阳				1.02	0.31	0.16	0.21	0.56	0.37	1.88	5.11

续表

地区	成都	德阳	重庆	巢湖	马鞍山	南京	镇江	泰州	无锡	苏州	上海
永州				1.25	0.38	0.20	0.26	0.69	0.45	2.31	6.27
衡阳				0.99	0.30	0.16	0.20	0.54	0.36	1.82	4.95
郴州				1.27	0.38	0.20	0.26	0.70	0.46	2.34	6.37
株洲				0.69	0.21	0.11	0.14	0.38	0.25	1.27	3.45
湘潭				0.15	0.04	0.02	0.03	0.08	0.05	0.27	0.73
长沙				0.58	0.18	0.09	0.12	0.32	0.21	1.07	2.92
咸宁				1.21	0.36	0.19	0.25	0.66	0.44	2.23	6.06
荆门				0.40	0.12	0.06	0.08	0.22	0.15	0.74	2.02
武汉				0.12	0.04	0.02	0.03	0.07	0.04	0.23	0.62
十堰				0.64	0.19	0.10	0.13	0.35	0.23	1.19	3.23
神农架				0.22	0.07	0.03	0.05	0.12	0.08	0.41	1.10
襄樊				0.77	0.23	0.12	0.16	0.42	0.28	1.42	3.87
天门				0.06	0.02	0.01	0.01	0.04	0.02	0.12	0.32
潜江				0.08	0.02	0.01	0.02	0.05	0.03	0.15	0.41
仙桃				0.08	0.02	0.01	0.02	0.04	0.03	0.15	0.40
孝感				0.21	0.06	0.03	0.04	0.12	0.08	0.39	1.07
随州				0.41	0.12	0.07	0.09	0.23	0.15	0.76	2.06
黄冈				0.99	0.30	0.16	0.21	0.55	0.36	1.84	4.99
鄂州				0.01	0.00	0.00	0.00	0.01	0.00	0.02	0.07
黄石				0.37	0.11	0.06	0.08	0.21	0.13	0.69	1.88
九江				2.20	0.66	0.35	0.46	1.21	0.79	4.06	11.05
赣州				2.05	0.62	0.33	0.42	1.13	0.74	3.78	10.27
吉安				2.14	0.64	0.34	0.44	1.18	0.77	3.94	10.73
萍乡				0.35	0.10	0.05	0.07	0.19	0.12	0.64	1.73

续表

地区	成都	德阳	重庆	巢湖	马鞍山	南京	镇江	泰州	无锡	苏州	上海
新余				0.27	0.08	0.04	0.06	0.15	0.10	0.49	1.34
宜春				2.04	0.61	0.32	0.42	1.12	0.74	3.76	10.23
抚州				1.48	0.44	0.24	0.31	0.81	0.53	2.73	7.42
鹰潭				0.44	0.13	0.07	0.09	0.24	0.16	0.82	2.22
景德镇				0.64	0.19	0.10	0.13	0.35	0.23	1.19	3.23
上饶				2.52	0.76	0.40	0.52	1.38	0.91	4.64	12.62
南昌				0.47	0.14	0.07	0.10	0.26	0.17	0.86	2.35
安庆				0.80	0.24	0.13	0.17	0.44	0.29	1.47	4.00
池州				0.79	0.24	0.13	0.16	0.44	0.29	1.46	3.98
铜陵				0.13	0.04	0.02	0.03	0.07	0.05	0.23	0.63
巢湖				70.29	0.00	0.00	0.00	0.00	0.00	0.00	0.00
芜湖					0.07	0.04	0.05	0.13	0.08	0.42	1.15
黄山					0.31	0.16	0.21	0.57	0.37	1.91	5.18
宣城					0.22	0.12	0.15	0.40	0.26	1.34	3.65
六安					0.18	0.09	0.12	0.32	0.21	1.09	2.96
合肥					0.10	0.05	0.07	0.18	0.12	0.61	1.65
马鞍山					22.01	0.00	0.00	0.00	0.00	0.00	0.00
南京						11.65	0.00	0.00	0.00	0.00	0.00
滁州							0.10	0.27	0.18	0.90	2.44
扬州							0.02	0.06	0.04	0.19	0.53
镇江							15.29	0.00	0.00	0.00	0.00
泰州								40.60	0.00	0.00	0.00
常州									0.01	0.05	0.14
无锡									26.62	0.00	0.00

续表

地区	成都	德阳	重庆	巢湖	马鞍山	南京	镇江	泰州	无锡	苏州	上海
苏州										136.23	0.00
南通											0.38
上海											370.77
杭州											
湖州											
嘉兴											

附表 15　2000—2016 年长江经济带各受益区补偿额度统计

生态补偿支出地区	2000 年			2010 年			2016 年		
	基于补偿区差异生态补偿额度/亿元	基于受益区差异生态补偿额度/亿元	补偿地区数量/个	基于补偿区差异生态补偿额度/亿元	基于受益区差异生态补偿额度/亿元	补偿地区数量/个	基于补偿区差异生态补偿额度/亿元	基于受益区差异生态补偿额度/亿元	补偿地区数量/个
甘孜藏族自治州	18.04	33.56	11	20.33	58.73	8	48.90	80.47	11
迪庆藏族自治州	4.38	8.11	11	7.97	22.89	8	7.96	14.06	11
丽江	3.13	5.78	11	2.71	7.63	8	3.44	6.20	11
大理白族自治州	3.85	6.98	11	2.37	6.47	8	2.81	4.69	11
楚雄彝族自治州	3.21	5.87	11	0.34	0.94	8	3.48	5.94	11
攀枝花	0.69	1.18	11	0.24	0.62	8	1.77	2.88	11
凉山彝族自治州	9.01	16.55	11	9.78	27.69	8	20.93	36.02	11
昆明	1.61	2.67	11	0.97	2.39	8	7.62	11.68	11
曲靖	5.85	10.21	11	6.40	17.27	8	16.38	26.99	11
昭通	4.35	7.79	11	5.61	15.67	8	10.32	18.35	11
宜宾	3.56	6.31	11	4.95	13.64	8	7.76	13.23	11
阿坝藏族羌族自治州	7.20	13.36	11	17.02	48.91	8	31.02	54.56	11
成都	0.13	0.20	11	1.88	3.47	8	−4.91	−12.80	
眉山	0.99	1.75	11	3.47	9.29	8	1.63	2.96	10
乐山	2.36	4.16	11	4.76	12.95	8	4.51	7.50	10
雅安	2.96	5.34	11	8.27	23.05	8	8.37	15.26	10
泸州	3.71	6.58	11	4.75	13.11	8	5.89	10.38	10
德阳	−3.46	−31.15		0.29	0.67	8	−9.75	−43.33	
资阳	0.67	0.97	10	2.30	6.24	8	0.52	0.84	9
内江	0.66	0.92	10	2.61	6.85	8	0.78	1.22	9
自贡	0.70	0.99	10	1.79	4.76	8	0.83	1.22	9

续表

生态补偿支出地区	2000年			2010年			2016年		
	基于补偿区差异生态补偿额度/亿元	基于受益区差异生态补偿额度/亿元	补偿地区数量/个	基于补偿区差异生态补偿额度/亿元	基于受益区差异生态补偿额度/亿元	补偿地区数量/个	基于补偿区差异生态补偿额度/亿元	基于受益区差异生态补偿额度/亿元	补偿地区数量/个
重庆	−0.15	−2.78		−15.83	−197.31		−86.86	−119.60	
广元	3.53	5.11	9	8.22	9.15	7	4.45	7.62	8
南充	4.75	6.69	9	5.03	5.51	7	2.76	4.80	8
广安	2.46	3.44	9	2.84	3.09	7	2.96	5.40	8
巴中	5.46	7.92	9	7.04	8.10	7	4.04	7.46	8
达州	7.79	11.18	9	7.79	8.74	7	7.91	14.73	8
绵阳	2.13	2.99	9	6.16	6.77	7	2.63	4.59	8
遂宁	0.95	1.32	9	1.87	2.00	7	0.69	1.20	8
毕节	8.08	11.38	9	6.02	6.84	7	7.46	13.24	8
六盘水	3.98	5.43	9	3.03	3.29	7	3.10	5.47	8
安顺	4.60	6.39	9	4.39	4.78	7	3.40	6.18	8
贵阳	2.96	3.79	9	2.00	2.00	7	2.50	4.12	8
黔南布依族苗族自治州	11.25	15.79	9	11.24	12.67	7	9.71	17.09	8
黔东南苗族侗族自治州	11.67	16.58	9	10.89	12.43	7	11.69	20.88	8
遵义	11.04	15.54	9	12.66	14.42	7	7.54	12.42	8
铜仁	5.91	8.42	9	8.93	10.14	7	5.40	9.73	8
恩施土家族苗族自治州	11.20	16.21	9	14.01	16.04	7	13.52	23.85	8
宜昌	6.72	9.42	9	7.90	8.71	7	9.19	14.22	8
荆州	2.67	3.67	9	7.57	8.30	7	4.43	7.14	8
岳阳	4.50	6.27	9	11.33	12.42	7	8.02	12.61	8
怀化	10.72	15.34	9	15.97	18.18	7	13.18	22.63	8

续表

生态补偿支出地区	2000 年			2010 年			2016 年		
	基于补偿区差异生态补偿额度/亿元	基于受益区差异生态补偿额度/亿元	补偿地区数量/个	基于补偿区差异生态补偿额度/亿元	基于受益区差异生态补偿额度/亿元	补偿地区数量/个	基于补偿区差异生态补偿额度/亿元	基于受益区差异生态补偿额度/亿元	补偿地区数量/个
湘西土家族苗族自治州	7.58	10.81	9	11.65	13.32	7	6.72	12.32	8
张家界	3.23	4.61	9	7.36	8.38	7	3.84	7.02	8
常德	5.20	7.30	9	11.06	12.32	7	6.94	10.99	8
邵阳	8.09	11.52	9	9.82	11.16	7	6.73	11.64	8
娄底	3.10	4.31	9	5.90	6.47	7	2.63	4.66	8
益阳	4.36	6.18	9	8.93	10.04	7	5.65	9.62	8
永州	6.99	9.98	9	12.42	14.04	7	6.92	11.79	8
衡阳	8.86	12.38	9	10.09	11.08	7	5.67	9.32	8
郴州	9.03	12.69	9	9.80	10.93	7	7.23	11.98	8
株洲	5.31	7.40	9	7.73	8.46	7	4.08	6.49	8
湘潭	1.69	2.24	9	2.76	2.86	7	0.83	1.37	8
长沙	4.32	5.66	9	7.37	7.22	7	4.38	5.49	8
咸宁	2.49	3.48	9	9.95	10.89	7	6.53	11.39	8
荆门	1.97	2.10	9	2.21	1.70	7	2.25	3.80	8
武汉	−1.64	−5.66		3.37	2.59	7	0.93	1.17	8
十堰	4.00	5.73	8	4.76	5.44	7	3.54	6.07	8
神农架	0.59	0.85	8	0.44	0.51	7	1.08	2.07	8
襄樊	3.34	4.67	8	2.57	2.84	7	4.55	7.29	8
天门	0.49	0.68	8	0.95	1.04	7	0.32	0.60	8
潜江	0.58	0.76	8	0.84	0.86	7	0.43	0.77	8
仙桃	0.28	0.38	8	1.14	1.23	7	0.41	0.74	8

续表

生态补偿支出地区	2000年			2010年			2016年		
	基于补偿区差异生态补偿额度/亿元	基于受益区差异生态补偿额度/亿元	补偿地区数量/个	基于补偿区差异生态补偿额度/亿元	基于受益区差异生态补偿额度/亿元	补偿地区数量/个	基于补偿区差异生态补偿额度/亿元	基于受益区差异生态补偿额度/亿元	补偿地区数量/个
孝感	1.24	1.69	8	2.22	2.35	7	1.17	2.01	8
随州	1.45	2.06	8	2.17	2.42	7	2.19	3.89	8
黄冈	2.82	3.97	8	11.07	12.30	7	5.66	9.39	8
鄂州	0.08	0.10	8	0.59	0.49	7	0.07	0.12	8
黄石	0.66	0.87	8	3.47	3.53	7	2.03	3.53	8
九江	6.45	9.11	8	16.12	17.88	7	13.03	20.78	8
赣州	17.71	24.98	8	27.72	31.27	7	12.30	19.33	8
吉安	12.06	17.02	8	21.86	24.84	7	12.18	20.18	8
萍乡	1.83	2.53	8	3.23	3.50	7	1.90	3.26	8
新余	1.43	1.98	8	3.16	3.27	7	1.53	2.51	8
宜春	9.86	13.93	8	19.15	21.17	7	11.55	19.25	8
抚州	10.97	15.61	8	22.70	25.66	7	8.11	13.97	8
鹰潭	2.31	3.21	8	5.21	5.61	7	2.40	4.18	8
景德镇	2.21	3.08	8	6.66	7.28	7	3.52	6.08	8
上饶	12.26	17.38	8	30.75	34.32	7	14.77	23.75	8
南昌	2.67	3.53	8	7.17	6.96	7	3.00	4.42	8
安庆	3.13	4.37	8	9.73	10.64	7	5.13	7.53	8
池州	2.92	4.15	8	8.03	8.84	7	4.67	7.49	8
铜陵	0.78	0.93	8	1.83	1.45	7	0.74	1.19	8
巢湖	−4.09	−52.50		−6.58	−43.76		−34.18	−70.29	
芜湖	1.51	1.71	7	3.53	2.79	6	1.40	1.94	7

续表

生态补偿支出地区	2000年			2010年			2016年		
	基于补偿区差异生态补偿额度/亿元	基于受益区差异生态补偿额度/亿元	补偿地区数量/个	基于补偿区差异生态补偿额度/亿元	基于受益区差异生态补偿额度/亿元	补偿地区数量/个	基于补偿区差异生态补偿额度/亿元	基于受益区差异生态补偿额度/亿元	补偿地区数量/个
黄山	3.97	5.14	7	10.26	10.75	6	5.50	8.72	7
宣城	3.42	4.39	7	7.79	8.04	6	4.04	6.15	7
六安	2.69	3.45	7	6.75	7.03	6	3.31	4.98	7
合肥	1.66	1.86	7	4.86	4.02	6	2.31	2.78	7
马鞍山	0.48	0.50	7	0.37	0.24	6	−7.43	−22.01	
南京	−10.62	−28.02		0.36	0.19	6	−5.09	−11.65	
滁州	2.26	2.73	6	4.00	3.92	6	2.64	3.88	5
扬州	0.67	0.68	6	1.56	1.07	6	0.60	0.84	5
镇江	−7.97	−27.34		−20.49	−34.93		−5.30	−15.29	
泰州	−2.82	−11.34		−16.57	−36.61		−13.85	−40.60	
常州	−1.02	−3.30		−6.76	−10.43		0.16	0.20	3
无锡	−18.79	−38.98		−46.55	−51.47		−12.59	−26.62	
苏州	−38.14	−85.51		−146.07	−153.36		−88.98	−136.23	
南通	0.69	0.55	1	0.66	0.39	1	0.32	0.38	1
上海	−302.43	−290.80		−378.95	−354.50		−248.48	−370.77	
杭州	0.00	0.00		0.00	0.00		0.00	0.00	
湖州	0.00	0.00		0.00	0.00		0.00	0.00	
嘉兴	0.00	0.00		0.00	0.00		0.00	0.00	